BIBLIOTHEQUE DES PHILOSOPHES CHIMIQUES.

NOUVELLE EDITION,

Revûë corrigée & augmentée de plusieurs Philosophes, avec des Figures & des Notes pour faciliter l'intelligence de leur Doctrine.

Par Monsieur J. M. D. R.

TOME III.

A PARIS.

Chez ANDRÉ CAILLEAU, Place de Sorbonne, au coin de la ruë des Maçons, à S. André.

M. DCC. XI.

Avec Approbation & Privilége du Roi.

LES DOUZE CLEFS
DE
PHILOSOPHIE
DE FRERE
BASILE VALENTIN,
RELIGIEUX DE L'ORDRE DE S. BENOIST.

LIVRE PREMIER.

De la Clavicule de la Pierre précieuse des anciens Philosophes.

AVANT-PROPOS

ANS ma Préface du Traité de la Génération des Planettes, je me suis obligé, mon cher Lecteur, en faveur de ceux qui sont curieux de Science & qui veulent rechercher les Secrets de la Nature, d'enseigner, selon la capacité que Dieu m'en a don-

née, d'où, & de quelle Matiére nos Ancêtres ont prémiérement tiré, & puis préparé la Pierre triangulaire, donnée par la libéralité du souverain Dieu, & de laquelle ils se sont servis pour entretenir leur santé durant le cours de cette vie mortelle, & pour soupoudrer comme d'un Sel céleste les malheurs de ce Monde. Or afin que je tienne ma promesse, & que je ne t'envelope point dans des Sophistications trompeuses, mais que je montre, comme on dit, depuis un bout jusqu'à l'autre, la Source de tous Biens : Sois attentif, & considére diligemment ce que je vais dire, si tu aimes la Science, car je n'aime point à parler en vain, & mon intention n'est pas de me servir à cet effet de paroles frivoles, qui ne servent de rien ou de peu pour enseigner. Au contraire, mon dessein est de montrer en peu de mots des choses, qui soient appuyées sur de bons fondemens, & fondées sur des expériences très-certaines.

Or il faut sçavoir qu'encore que beaucoup de Gens se flattent de pouvoir faire cette Pierre, néanmoins peu de ces Gens là en viennent à bout ; car Dieu n'a communiqué la connoissance de l'Opération qu'à fort peu, & à ceux-là principalement qui haïssent le mensonge, qui embrassent la vérité, & qui s'adonnent aux

Arts & aux Sciences : Sur tout à ceux qui l'aiment de tout leur cœur, & qui lui demandent ce précieux Don avec instance & priéres.

C'est pourquoi je t'avertis, si tu veux chercher notre Pierre, de suivre mon conseil, qui est que tu pries Dieu de favoriser tes œuvres : Et si tu sens ta conscience chargée de péchés, je te conseille de l'en décharger par une vraie contrition & par une bonne confession, prenant une ferme résolution de persévérer dans la vertu, afin que ton cœur soit toujours pur, & que ton esprit soit éclairé de la lumiére de la Vérité. Outre cela, propose toi en toi-même, que si après avoir acquis ce Don divin, tu ès élevé en honneur, tu tendras la main aux Pauvres, qui sont comme embourbez dans le limon de la pauvreté ; que tu redonneras par tes libéralités des forces à ceux qui sont fatiguez de leurs malheurs, & que tu releveras avec tes Richesses ceux qui sont accablez de misére, afin que tu reçoives plus aisément la bénédiction de Dieu, & que ta foi, étant confirmée par tes bonnes œuvres, tu puisses joüir de la Béatitude éternelle.

Outre cela encore, ne méprise pas les Livres des anciens Philosophes, qui certainement ont eu la Pierre avant nous ; mais lis-les entiérement ; car après Dieu, ils font caufe que je l'ai euë. Lis-les plus d'une fois, afin de ne pas oublier tes Principes, de peur que tes Fondemens ne tombent, & que la Lumiére de la Vérité ne s'éteigne.

De plus, fois diligent à la recherche des Chofes qui s'accordent avec la raifon, & avec les Livres des Anciens. Ne fois point variable ni chageant; vife conftamment au but où tirent tous les Sages. Souviens-toi qu'un Efprit mobile n'a point de pied ftable, & qu'un Architecte, qui a la tête légére, peut à peine bâtir un Edifice qui foit ferme & permanent.

De plus encore, notre Pierre ne prend point fon Eftre & fa Naiffance de Chofes combuftibles, parce qu'elle combat contre le feu, & foutient tous fes efforts, fans en être aucunement offencée. Ne la tire donc point de ces Matiéres, dans lefquelles la Nature toute puiffante qu'elle eft, ne la peut mettre.

Par éxemple, fi quelqu'un difoit que notre Pierre eft de nature végétable, ce qui néahmoins n'eft pas poffible, bien qu'il paroiffe en elle je ne fçai quoi de végétable; il faut que tu fçaches que fi notre Lunaire étoit de même nature que les autres Plantes, elles ferviroit auffi bien qu'elles de matiéré propre au feu pour brûler, & ne r'emporteroit autre chofe de lui que le Sel mort, ou comme l'on dit, la Tête morte. Quoique nos Prédécesseurs ayent écrit amplement de la Pierre végétable, si tu n'es aussi clair-voyant que Lincée, leurs Ecrits surpasseront la portée de ton esprit, car ils l'ont seulement appellée végétable, à cause qu'elle croît, & se multiplie comme une chose végétable.

Bref, sçache qu'aucun Animal ne peut étendre son Espéce ni engendrer son semblable, s'il ne le fait par le moyen de choses semblables, & d'une même nature. Voilà pourquoi je ne veux point que tu cherches notre Pierre autre part ni d'autre côté que dans la Semence de sa propre nature, de laquelle la Nature l'a produite. Tire de là aussi une conséquence certaine, qu'il ne te faut aucunement choisir à cet effet une nature animale : car comme la chair & le sang ont été donnez par le Créateur de toutes choses aux seuls Animaux ; aussi du seul sang qui leur est particulier, eux seuls sont nez & naissent tous les jours. Mais notre Pierre, que j'ai euë par succession des anciens Philosophes, est faite & composée de deux choses, & d'une, dans lesquelles la troisiéme est cachée, & telle est la vérité sans aucune ambiguité ni tromprie, car le Mari & la Femme n'étoient pris par les anciens Philosophes que pour un même Corps, non pas à cause de leurs accidens externes, mais à cause de leur amour reciproque, & de la vertu uniforme productive de leur semblable, née & inserée dans l'une & dans l'autre, dès leur prémiére naissance. Et tout ainsi qu'ils ont une vertu conservative & propagative de leur Espéce, tout de même la Matiére, dont notre Pierre est produite, peut se multiplier & s'étendre par la vertu séminale qu'elle a. C'est pourquoi, si tu es un véritable Amateur de notre Science, tu ne feras pas peu d'estime de ce que je viens de te dire, & tu le considéreras attentivement, de peur de te laisser attirer avec les autres Sophistes, aveuglez en cet endroit dans la fosse d'ignorance, de te précipiter dans ce gouffre, & enfin de ne pouvoir jamais t'en retirer.

Or, mon Ami, afin que je t'enseigne d'où cette Semence, & cette Matiére est puisée, songe en toi-même à quelle fin & à quel usage tu veux faire la Pierre ; alors tu sçauras qu'elle ne s'extrait que de Racine Métallique, ordonnée par le Créateur à génération seulement des Métaux. Or comprends en peu de paroles comment cela se fait.

Au commencement, lorsque l'Esprit du Seigneur étoit porté sur les Eaux, & que toutes choses étoient enveloppées dans les obscurités ténébreuses du Cahos, alors Dieu, Tout-puissant & Eternel, Commencement sans fin, dont la Sagesse est de toute Eternité, créa de rien par ses conseils inscrutables & providens, le Ciel & la Terre, & tout ce qui est en eux visible & invisible, quelque nom qu'on donne ou qu'on puisse leur donner. Car Dieu fit toutes choses de rien. Or comment se fit cette merveilleuse Création ? j'estime que ce n'est point ici le lieu de s'en enquérir, & qu'il faut en cela se soumettre à la Foi & à la Sainte Ecriture. Dans cette Création, Dieu donna à chaque Nature sa semence, de peur qu'elles ne périssent, étant sujétes à corruption, & afin que, par cette vertu séminalle, elles pûssent se garentir de la mort, & que les Hommes, les Animaux, les Plantes & les Métaux, pûssent être perpétuellement conservez. Dieu ne donna pas à l'Homme la vertu de pouvoir, contre sa volonté, faire de nouvelles Semences, mais il lui permit seulement d'étendre & de multiplier son Espéce : Et Dieu se réserva la puissance de faire de nouvelles Semences ; autrement la Création seroit possible à l'Homme, comme étant la plus noble Créature ; ce qui ne peut pas se faire, & doit être réservé au seul Créateur de toutes choses.

Quant à la vertu séminale des Métaux, je veux que tu la connoisses de cette manière. L'Influence céleste, par la volonté & par le commandement de Dieu, décend du Ciel, se mêle avec les vertus & les propriétés des Astres. Etant mêlées ensemble, il s'en forme comme un tiers presque terrestre. Ainsi se fait le Principe de notre Semence, & telle est sa prémière production, par laquelle elle peut donner un témoignage assez suffisant de son origine. De ces trois se font les Elémens, à sçavoir, l'Eau, l'Air, & la Terre, lesquels, moyennant l'aide du Feu, continuellement appliqué, on regit & gouverne jusqu'à ce qu'ils ayent produit une Ame, qui ait une moyenne nature entre les deux, un Esprit incompréhensible, & un Corps visible & palpable. Quand ces trois Principes sont joints ensemble par une vraie union, ils font, par une continuation de temps, & par le moyen du Feu deûment appliqué, une Substance sensible, à sçavoir, *la Mercurielle*, *la Sulfureuse*, & *la Saline*, qu'Hermès & tous les autres d'avant moi, ne pouvant rien par de-là, dès le commencement du Magistére, ont appellé les trois Principes, lesquels y étant mis proportionnément, on coagule, selon les diverses opérations de Nature, & la disposition de la Semence, ordonnée de Dieu à cet effet.

Quiconque donc se propose de chercher la source de cette salutaire Fontaine, & espére de remporter le prix dans notre Art, qu'il me croye; car j'ateste le Souverain Dieu de cette vérité, Que là où se trouvent l'Ame Métalique, l'Esprit Métalique, & le Corps Métalique, là se trouvent aussi infailliblement, *le Mercure, le Soufre & le Sel Métaliques*, lesquels nécessairement ne sçauroient faire qu'un Corps parfait Métalique.

Si tu ne veux pas entendre ce qu'il faut que tu apprennes, ou tu n'auras jamais été élevé dans l'Ecole de la Sagesse, ou tu ne seras pas Enfant de la Science, ou bien Dieu t'estimera indigne & incapable de telle Doctine.

Je te dis donc en peu de mots, qu'il te sera impossible de tirer aucun profit des Matiéres Métaliques, si tu n'assembles éxactement en une Forme Métalique ces trois Principes. Outre cela, il faut que tu sçaches que tous les Animaux terrestres, composez de chair & de sang, sont doüez d'ame & d'esprit vital, mais qu'ils sont dépourvûs de l'entendement, qui est particulier à l'Homme seul. C'est pourquoi, quand ils ne sont plus en vie, on n'en sçauroit rien tirer de bon, tout étant mort en eux.

Mais quand l'Ame de l'Homme est contrainte, par la mort & par la disjonction d'avec le Corps, de tourner à son Créateur d'où elle étoit venuë, elle ne cesse point de vivre & revient habiter avec le Corps purifié & clarifié par le feu; de manière que l'Ame, l'Esprit & le Corps s'illuminent l'un l'autre d'une certaine clarté céleste, & s'embrassent de telle sorte, qu'ils ne peuvent plus ensuite être desunis l'un de l'autre.

Voilà pourquoi l'Homme, à cause de son Ame, doit être estimé Créature fixe, d'autant que quoiqu'il semble mourir, il vivra perpétuellement. A cause de cela, la mort de l'Homme n'est autre chose qu'une clarification, par laquelle, avant que de passer comme par certains dégrés ordonnez de Dieu, il doit, après avoir quitté cette vie mortelle, vivre glorieusement d'une vie immortelle. N'en étant pas ainsi des autres Animaux, on doit les estimer Créatures non-fixes; car après la mort, ils n'ont aucune espérance de ressusciter ni de revivre, parce qu'ils sont dépourvûs d'Ame raisonnable, pour laquelle le véritable Médiateur & unique fils de Dieu a versé son Sang précieux & s'est livré à la mort.

Si l'Esprit habite le Corps, il ne s'ensuit pas de-là qu'ils soient liez ensemble, bien qu'ils soient en paix, & qu'ils n'ayent rien de discordant l'un de l'autre; car ils ont encore besoin d'un lien plus fort, à sçavoir de l'Ame pure, noble & incompréhensible, qui puisse les lier tous deux fermement, leurs garantir de tous les dangers, & les déffendre contre tous leurs ennemis. Car quand l'Ame se sépare, il n'y a plus de vie, & il n'y a aucune espérance de la recouvrer. Voilà pourquoi une chose sans Ame est grandement imparfaite. C'est un grand Sécret, que doit nécessairement sçavoir le Sage qui cherche notre Pierre. Ma conscience m'a obligé de ne point passer sous silence un tel Mistére, mais de le découvrir aux Amateurs de notre Science. Pése donc attentivement mes paroles, & apprens que les Esprits qui sont cachez dans les Métaux, différent beaucoup entr'eux, les uns étant plus volatils, les autres plus fixes, & là même différence se trouve dans leur Ame & dans leur Corps. Tout Métail donc, qui est composé de tels Esprits vraiment fixes (ce qui est donné de particulier au seul Soleil) a une grande force & vertu, par laquelle il combat même contre le feu, & par sa puissance surmonte tous ses ennemis.

La Lune a en soi un Mercure fixe, par lequel elle soutient plus longuement la violence du feu que les autres Métaux imparfaits, & la victoire qu'elle remporte, montre assez combien elle est fixe, vû que le ravissant

Saturne ne lui peut rien ôter ni diminuer.

La lascive Vénus est bien colorée, & tout son corps n'est presque que Teinture, & couleur semblable à celle du Soleil, laquelle, à cause de son abondance, tire grandement sur le rouge ; mais d'autant que son corps est lépreux & malade, la Teinture fixe n'y peut faire sa demeure, & ce corps s'envolant, la Teinture doit nécessairement suivre, car ce même corps périssant, l'ame n'y peut pas demeurer, son domicile étant consommé par le feu, & ne lui restant aucun siége ni refuge. Cette ame au contraire étant accompagnée, demeure avec un corps fixe.

Le Sel fixe, fournit au guerrier Mars un corps dur, fort, solide & robuste, d'où lui provient sa magnanimité & son grand courage. C'est pourquoi il est très-difficile de surmonter ce valeureux Capitaine ; car son corps est si dur, qu'à grand peine peut-on le blesser. Mais si l'on mêle sa force & sa dureté avec la constance de la Lune & la beauté de Vénus, & si on les accorde par un moyen spirituel, on pourra faire une douce harmonie, par le moyen de laquelle un pauvre Homme, s'étant à cet effet servi de quelques Clefs de notre Art, après avoir monté au haut de cette Echelle, & parvenu jusqu'à la fin de l'Oeuvre, pourra particuliérement gagner sa vie; car la nature phlegmatique & humide de la Lune peut être échauffée & desséchée par le sang chaud & colérique de Vénus, & sa grande noirceur corrigée par le Sel de Mars.

Il ne faut pas que tu cherches cette Semence dans les Elémens, car elle n'est pas si éloignée de nous, la Nature nous l'a mise plus près, & tu l'obtiendras, si tu rectifies tellement le Mercure, le Soufre & le Sel (j'entens des Philosophes) que l'Ame, l'Esprit & le Corps soient si bien unis, qu'ils ne puissent jamais se quitter. Alors sera fait le vrai lien d'amour, & sera bâtie la Maison de gloire & d'honneur : Et sçaches que tout ceci n'est rien autre chose que la Clef de la vraie Philosophie, semblable aux propriétés célestes, & l'Eau séche conjointe avec une Substance terrestre ; toutes lesquelles choses reviennent toujours au même point, comme n'étant qu'une même chose, qui prend son origine de trois, de deux, & d'une. Si tu touches ce but & parviens jusques-là, tu auras & tu accompliras sans doute le Magistére. Après, joins l'Epoux avec l'Epouse, afin qu'ils soient nourris de leur chair & de leur sang propres, & soient multipliez par leur semence à l'infini. Quoi que par charité je voulusse bien t'en dire davantage, néanmoins je ne le ferai pas, de peur de paſſer les bornes que Dieu m'a preſcrites. Je ne dirai donc rien de plus, craignant qu'on n'abuſe des Dons de Dieu & que je ne ſois l'auteur & la cauſe des méchancetés qui pouroient ſe commettre, car j'encourerois l'ire divine, & ſerois condamné aux peines éternelles avec les Méchans.

Mon Ami, ſi ces choſes ſont ſi obſcures que tu n'y puiſſes rien comprendre, je t'enſeignerai encore ma Pratique, par le moyen de laquelle j'ai fait, avec l'aide de Dieu, la Pierre occulte. Conſidére la diligemment, prends bien garde aux douze Clefs, & les lis plus d'une fois; puis travaille ſelon que je t'ai inſtruit. A la vérité cette Pratique eſt un peu obſcure, mais elle n'en eſt pas moins éxacte.

Prends de bon Or, mets-le en piéces, & le diſſous comme la Nature enſeigne aux Amateurs de la Science, & le réduits en ſes prémiers Principes, comme le Médecin a coûtume de faire la diſſection d'un corps humain pour connoître ſes parties intérieures & tu trouveras une Semence, qui eſt le *Commencement*, le *Milieu* & la *Fin* de l'Oeuvre, de laquelle notre Or & ſa Femme ſont produits, ſçavoir un ſubtil & pénétrant Eſprit, une Ame délicate, nette & pure, & un Sel & Baûme des Aſtres, leſquels, étant unis enſemble, ne ſont qu'une Liqueur, & qu'une Eau Mercurielle.

On mena cette Eau au Dieu Mercure, son Pére, pour être examinée. Il voulut l'épouser, & en effet il l'époufa, & des deux il fe fit une Huille incombuſtible. Mercure en devint ſi orgueilleux & ſi ſuperbe, qu'il ne ſe reconnut plus pour être ſoi-même. Ayant jetté ſes aîles d'Aigle, il dévora ſa queuë gliſſante de Dragon, déclara la guére à Mars, qui ayant aſſemblé ſa Compagnie de Chevaux légers, fit prendre Mercure, le mit priſonnier, & conſtitua Vulcain pour Géollier de la Priſon, juſqu'à ce qu'il fût de nouveau délivré par le Sèxe féminin.

Auſſi-tôt que la nouvelle en fut ſçûë dans le Païs, les autres Planettes s'aſſemblérent & conſultérent ſur ce qu'il faudroit faire dans la ſuite pour que tout fût gouverné avec prudence & avec maturité de conſeil. Alors Saturne, avec une gravité nompareille, commença en cette façon à dire le prémier ſon avis.

Moi Saturne, le plus haut des Planettes, je confeſſe & proteſte devant vous, que je ſuis le moindre de toutes, ayant un corps foible & corruptible, de couleur noire, ſujet à toutes les adverſités de ce miſérable Monde : C'eſt moi toutes fois qui éprouve toutes vos forces, parce que je ne ſçaurois demeurer en une place,

& qu'en m'envolant, j'emporte tout ce que je trouve de semblable à moi. Je ne rejette la faute de ma calamité sur aucun autre que Mercure, qui par sa négligence & par son peu de soin, m'a causé tous ces malheurs. C'est pourquoi, je vous prie & vous conjure toutes, de prendre sur lui la vengeance de ma misére; & que, puisqu'il est en prison, vous le mettiez à mort, & le laissiez tellement corrompre & pourrir, qu'il ne lui reste aucune goutte de sang.

Après Saturne, Jupiter, tout chenu & cassé de vieillesse, se leva, & ayant fait la révérence, & étendu son Sceptre, il salua chacun selon sa qualité. Ensuite d'un petit exorde, il loüa l'avis de son compagnon Saturne, & voulut que tous ceux, qui ne trouveroient pas bonne cette opinion, fussent proscrits & éxilez, & finit ainsi son Discours.

Après Jupiter, Mars, s'avança avec une Epée nuë, diversifiée d'admirables couleurs; on eût dit qu'elle étoit entrelassée comme de Miroirs, jettans feu & flamme, à cause des rayons épars çà & là qui en sortoient. Et il la donna à Vulcain, Geollier de la Prison, pour éxécuter la Sentence prononcée, & réduire en poudre les os de Mercure, après qu'il seroit mort: Vulcain lui obéit comme un Exécuteur de Justice, prêt

prêt à faire ce qu'on lui commandoit.

Quand Vulcain se sût acquitté de son devoir, on vit venir comme une belle Femme blanche, vétuë d'un habit long, de couleur grise & argentine, tissu & entrelassé d'Eaux, & dès que les Assistans l'eûrent considérée de plusprès, ils connûrent tous que c'étoit la Lune, Epouse du Soleil, laquelle se jetta à leurs pieds, & après plusieurs soûpirs, accompagnez de larmes, elles les pria avec une voix tremblante & entrecoupée de sanglots, de délivrer le Soleil son Mari, qui étoit emprisonné par la tromperie de Mercure, ou qu'il faudroit qu'il pérît avec Mercure, dèja condamné à mort par le jugement des autres Planettes. Mais Vulcain, sçachant bien ce qu'il avoit à faire, & ce qui lui avoit été ordonné, ferma l'oreille à ses priéres, & ne cessa d'éxécuter la Sentence sur ces pauvres Criminels, jusqu'à l'arrivée de Vénus, qui parût vétuë d'une robbe bien rouge, & & doublée de vert. Elle étoit extrêmement belle de visage & avoit une voix douce & gracieuse; son maintien & sa façon de faire étoient tout-à-fait agréables. Elle portoit un bouquet de fleurs odoriférantes, qui, à cause de leur admirable diversité de couleurs, apportoient un merveilleux contentement aux Hommes. Elles pria en

Langue Caldaïque Vulcain de délivrer le Soleil, & le fit reffouvenir qu'il devoit être racheté & délivré par le Séxe feminin; mais fa priére ne le toucha point, & il ne voulut pas feulement l'écouter.

Comme ils parloient enfemble, le Ciel s'ouvrit, & il en fortit un grand Animal avec une infinité de petits, lequel tua Vulcain, & à gueulle ouverte dévora la belle Vénus, qui prioit pour lui. Il cria à haute voix : Les Femmes m'ont engendré; les Femmes ont femé & répandu par tout ma femence; elles en ont rempli tout le monde, & leur ame eft unie avec moi : C'eft pourquoi auffi je vivrai de leur fang. Ayant proféré hautement ces paroles, il fe retire, accompagné de tous fes petits : Et cela fe fit par tant de fois, que tout le monde en fut rempli.

Ceci s'étant paffé de la forte, plufieurs doctes Perfonnages du Païs s'affemblérent, & fe mîrent conjointement à chercher le moyen de connoître ce miftére, pour avoir une plus parfaite connoiffance du fait; mais ne s'accordant point enfemble, ils fe donnérent une peine inutile, jufqu'à ce qu'on vit venir un Vieillard, qui avoit la barbe & les cheveux auffi blancs que la nége. Il étoit vétu d'écarlate depuis les pieds jufqu'à la tête, avec une Couronne d'Or, entrelaffée de Pierres précieufes de grande valeur. Outre cela, il avoit une ceinture de toute gloire & de tout bon-heur, & marchoit nuds pieds. Il parloit par un singulier Esprit, qui étoit en lui ; ses paroles pénétroient tout son Corps, & de telle façon que son Ame s'en ressentoit. Cet Homme s'elevoit un peu plus haut que les autres, & faisoit faire silence aux Assistans, parce qu'il étoit envoyé du Ciel pour leur déclarer & expliquer, par un Discours phisique, la Parabole ou Enigme, qu'ils avoient entenduë ; & il leur recommandoit de l'écouter avec attention.

Le silence se faisant donc dans cette Assemblée, le Vieillard commença ainsi son discours : Eveille-toi, Peuple mortel, & regarde la lumiére, de peur que les ténébres & les obscurités ne te trompent. Les Dieux du bon-heur, & les grands Dieux m'ont révélé ceci en dormant. O qu'heureux est celui qui a les yeux éclairez pour voir la lumiére qui lui étoit cachée auparavant ! Il s'est levé, par la bonté des Dieux, deux Etoilles aux Hommes, pour chercher la véritable & profonde Sagesse. Regarde-les, & marche à leur clarté, parce que l'on y trouve la Sagesse.

Un Oiseau Méridional, vîte & léger, arrache le cœur du corps d'un grand Animal d'Orient. L'ayant arraché, il le dévore. Il donne aussi des aîles à l'Animal d'Orient, afin qu'ils foient femblables; car il faut qu'on ôte à la Bête Orientale fa peau de Lion, & que derechef fes aîles difparoiffent, & qu'ils entrent dans la grande Mer falée, & en refortent une feconde fois ayant une pareille beauté. Alors jette fes efprits remuans dans un puits bien crueux, où l'eau ne tariffe jamais, afin qu'ils foient rendus femblables à leur Mére, qui y eft cachée, qui en a été compofée, & qui a pris fa naiffance des trois.

La Hongrie m'a prémiérement engendré; le Ciel & les Aftres me nourriffent, & la Terre m'alaite. Et quoi que je meure & fois enterré, je prends néanmoins vie & naiffance par Vulcain. C'eft pourquoi la Hongrie eft mon Païs; & la Terre, qui contient toutes chofes, eft ma Mére. Les Affiftans ayant entendu cela, il recommença encore à parler.

Faits que ce qui eft deffus foit deffous; que le vifible foit invifible; que le corporel foit incorporel: Et faits encore que ce qui eft deffous foit deffus; que l'invifible foit rendu vifible, & l'incorporel corporel. De ceci dépend entiérement toute la perfection de l'Art, où habite la mort & la vie, la generation & la corruption. C'eft une boulle ronde, fur laquelle fe tourne l'inconftante Rouë de la Fortune; elle apporte aux Hommes divins toute fageffe & tout bonheur, & de son propre nom, on l'appelle *Toutes choses*. Toutes fois Dieu seul est Souverain, & a le seul commandement sur les choses éternelles.

Or celui qui sera curieux de sçavoir ce que c'est que *Toutes choses* dans *toutes choses*, qu'il fasse à la Terre de grandes aîles, & la presse tellement qu'elle monte en haut, & vole par dessus toutes les Montagnes, jusqu'au Firmament, & alors qu'il lui coupe les aîles à force de feu, afin qu'elle tombe dans la Mer Rouge & s'y noye. Ensuite, qu'il fasse calciner la Mer, & desséche ses Eaux par Feu, & par Air, afin que la Terre renaisse. Alors en vérité il aura *Toutes choses* dans *toutes choses*. Et s'il ne peut le trouver, qu'il regarde dans son propre sein ; qu'il cherche & visite tout ce qui est autour de lui, & en tout le Monde, & il trouvera *Tout* dans *Tout* ce qui n'est rien autre chose qu'une vertu *stiptique* & *astringente* des Métaux & des Minéraux, provenans du Sel & du Soufre, & deux fois née du Mercure. Je te jure que je ne sçaurois te déclarer plus amplement *Toutes choses* dans *toutes choses* vû que *Toutes choses* sont comprises dans *toutes choses*.

Ayant achevé ce discours, mes Amis, dit le Vieillard, je crois qu'en entendant ainsi la Sagesse, vous avez appris & recueilli de mon Discours, de quelle Matiére, & par quel moyen vous devez faire la Pierre précieuse des anciens Philosophes. Or cette Pierre ne guérit pas seulement les Métaux lépreux & imparfaits, en les convertissant par régénération en une nature tout-à-fait accomplie, mais aussi elle conserve la santé des Hommes; les fait vivre long-temps, & par sa vertu céleste, elle m'a conduit à une telle vieillesse, que, m'ennuyant de vivre si longuement, je voudrois dèja quitter le Monde.

A Dieu en soit la loüange, l'honneur, la vertu & la gloire, aux Siécles des Siécles, pour la grace & la sagesse qu'il y a si long-temps qu'il m'a libéralement donnée. Ainsi soit-il.

Ayant dit cela, il disparut, & s'envola dans l'air. Ces choses s'étant passées de la sorte, tous s'en retournérent d'où ils étoient venus, appliquérent leur esprit à ce qu'ils avoient entendu, & chacun opera selon la sagesse que Dieu lui avoit donnée.

Fin du prémier Livre.

LIVRE II.
PREMIE'RE CLEF
de l'Oeuvre des Philosophes

De la préparation de la premiére Matiére.

Sçache, mon Ami, que tous Corps impurs & lépreux ne sont pas propres à notre Oeuvre ; car leur impureté & leur lépre ne peuvent non seulement rien produire de bon, mais elles empêchent même que ce qui y est puisse produire.

Toute marchandise de Marchand, tirée des Miniéres, est venduë chacune à son prix ; mais lorsqu'elle est falsifiée, elle est renduë inutile, parce qu'elle est gâtée ; & n'étant pas semblable à la naturelle, elle ne peut faire les opérations dûës.

Comme le Médecin purge le dedans du corps & nettoye de toutes les ordures par les Médicamens ; de même aussi, nos Corps doivent être purgez & nettoyez de toutes leurs impuretés, afin qu'en notre

Génération, ce qui est parfait puisse éxercer des Opérations parfaites ; car les Sages demandent un Corps net, sans tache ni souillure d'aucun Corps impur, parce que le mélange des choses étrangéres est la lépre & la destruction de nos Métaux.

Que la Couronne du Roi soit d'Or très-pur & qu'on lui joigne sa chaste Epouse. Si donc tu veux opérer en nos Matiéres, prends un Loup affamé & ravissant ; sujet, à cause de l'étimologie de son nom, au guerrier Mars ; mais de race tenant de Saturne, comme étant son Fils.

On le trouve dans les Vallées & sur les Montagnes, toujours mourant de faim. Jette-lui le Corps du Roi, afin qu'il s'en soûle. Après qu'il l'aura mangé, jette-le dans un grand feu pour y être entiérement consumé, & alors le Roi sera délivré. Quand tu auras fait cela trois fois, le Lion [1] aura surmonté le Loup ; & le Loup ne pourra plus rien consumer du Roi, & notre Matiére sera préparée & prête à commencer l'Oeuvre.

Apprens que ce n'est que par cette voie-là qu'on peut rendre nos Matiéres pures ; car on lave & purge le Lion du sang du Loup, & la nature du Lion se délecte merveilleusement en la Teinture du Loup, parce qu'il y a une grande affinité & com-

[1] Le Lion, c'est le Roi, ou l'Or, & le Loup, c'est l'Antimoine.

me un parentage entre le sang de l'un & l'autre. Quand donc le Lion se sera soûlé & que son esprit se sera fortifié, ses yeux reluiront & éclaireront comme le Soleil, & sa force intérieure sera bien grande, & très-utile à tout ce que vous voudrez. Et après qu'il aura été deûment préparé, il servira de grand reméde aux Epileptiques, & à ceux qui seront attaquez de griéves maladies. Et dix Lépreux le suivront, voulant boire de son sang, & tous Malades, de quelque mal qu'ils soient affligez, se plairont grandement en son Esprit. Bref, tous ceux qui boiront de cette Fontaine découlante d'Or, seront rendus joyeux de corps & d'esprit, joüiront d'une santé parfaite, sentiront un rétablissement de leurs forces, une restauration de sang, une confortation de cœur, & une entiére disposition de tous leurs membres, tant au dedans qu'au dehors, parce que cette Fontaine conforte les nerfs, & ouvre les conduits pour chasser les maladies, & introduire en leur place la santé.

Mon Ami, prends garde soigneusement à ce que la Fontaine de vie soit très-pure, & qu'aucune Eau étrangére ne se mêle avec elle, de peur qu'il ne s'engendre un Monstre, & que le salutaire Poisson ne se change en venimeux poison. Et si l'on a ajoûté quelque eau forte & corrosive pour dissoudre les Matiéres, qu'on l'ôte ; & qu'on lave diligemment toute force corrosive, car nulle acrimonie ni corrosion n'est propre à donner la fuite aux maladies, parce qu'elle pénétre, avec destruction & corruption du Sujet, & engendre d'autres maladies. Et comme on pousse une cheville, par une cheville, de même il faut chasser le poison par le poison ; il est néanmoins nécessaire que notre Fontaine en soit totalement purgée,& renduë entiérement exempte de toute corrosion.

On coupe tout Arbre qui ne porte pas de bon fruit, & l'on ente sur le tronc une meilleure greffe. Cela fait, le tronc produit un rameau, & de-là se fait un Arbre fructifiant, selon le désir du Jardinier.

Le Souverain, voyage par six Villes célestes, (1) & fait sa résidence dans la septiéme, parce que son Palais Royal y est orné & embelli d'Or, & de Bâtimens dorés.

Si tu entens ce que je viens de dire, tu as ouvert la prémiére porte de la prémiére Clef, & tu as passé la prémiére barriére ; mais si tu ne le comprens pas, & si tu n'y vois aucune clarté,tu auras beau manier &

---

(1) Les six Régimes ; le premier de Mercure ; le 2 de Saturne ; le 3 de Jupiter ; le 4 de la Lune ; le 5 de Vénus,le 6 de Mars.

Après ces six Régimes, vient celui du Soleil, désigné ici sous le nom du Palais Royal, embelli d'Or, regarder le verre, cela ne te servira de rien, & ne t'aydera aucunement la vûe corporelle, pour trouver à la fin ce qui te manque au commencement, car je ne parlerai pas davantage de cette Clef, comme m'a enseigné Luce Papirius.

DEUXIEME CLEF
De l'Oeuvre des Philosophes.

ON trouve dans les Cours des Princes diverses sortes de breuvages; & il n'y en a pas un qui soit semblable à l'autre, en odeur, en couleur & en goût, car ils sont préparez de diverses façons, & à diverses fins, & cela est nécessaire pour en donner à différentes sortes de Gens.

Quand le Soleil darde & épand ses rayons entre les nuës, l'on dit communément: Le Soleil attire l'eau à soi, c'est pourquoi nous aurons de la pluie; & si cela se fait souvent, il s'ensuit presque toujours une année fertile.

Pour bâtir une superbe & magnifique Maison on a besoin de beaucoup d'Ouvriers avant qu'elle soit achevée & embellie comme il faut, car le bois ne peut pas suppléer au deffaut de la pierre.

Les Païs contigus & proches voisins de la Mer sont enrichis par son flux & reflux, causez par la simpathie & influence des Corps célestes, car à chaque reflux elle ne leur améne pas peu de Biens, mais grande quantité de précieuses Richesses.

On habille de beaux & riches vétemens une Fille à marier, afin que son Epoux la trouve belle, & la voyant ainsi parée, en devienne amoureux. Mais quand ils doivent coucher ensemble, on lui ôte toutes ces sortes d'habits, & on ne lui laisse que celui qu'elle a apporté du ventre de sa Mére en venant au monde.

Tout de même aussi, quand on doit marier notre Epoux Appollon avec sa Diane, on doit leur faire diverses sortes de vétemens; leur laver la tête, & même tout le corps, avec de l'Eau qu'il faudra préparer par plusieurs Distillations, car il y a de plusieurs sortes d'Eaux, les unes plus exellentes, & les autres moins, & selon que le requiert leurs divers usages à peu près, comme je viens de dire, que l'on se sert de diverses sortes de breuvages dans les Cours des Princes & des Seigneurs.

Si quelques vapeurs s'élévent de la Terre, & se condensent dans l'Air, sçache qu'elles retombent, à cause de la pesanteur naturelle de l'Eau, & que la Terre reçoit derechef son humidité perduë; de laquelle elle se délecte & se nourrit, &

par laquelle elle est renduë plus propre à produire son fruit. C'est pourquoi l'on doit réitérer ces préparations d'Eaux par beaucoup de Distillations ; de manière que la Terre soit souvent imbibée de son humeur, & que cette humeur soit tirée autant de fois que l'Euripe laisse de fois à sec la Terre, vers laquelle il retourne toujours jusqu'à ce qu'il ait achevé son cours ordinaire.

Quand donc le Palais Royal sera bâti avec bien de la peine, & paré avec grand soin, & que la Mer de verre l'aura par son flux & reflux enrichi de beaucoup de Richesses, le Roi y pourra surement entrer & s'y loger.

Mais, mon Ami, prends garde que la conjonction du Mari avec son Epouse ne se fasse qu'après avoir ôté tous leurs habits & ornemens, tant du visage que de tout le reste du corps, afin qu'ils entrent dans le tombeau aussi nuds que quand ils sont venus au monde, de peur que leur demeure ne se rende pire, & ne se gâte par le mélange de quelque chose étrangère.

Je veux encore t'apprendre, comme par supplément, que la précieuse Eau, de laquelle il faut laver le Roi, doit se faire avec grand soin & beaucoup d'industrie, par le combat de deux Champions (j'entens de deux diverses Matiéres) car l'un d'eux doit donner le défi à l'autre, pour se rendre plus prompts & plus encouragez à remporter la victoire. Car il ne faut pas que l'Aigle seul fasse son nid au haut des Alpes, parce que ses Aiglons mouroient à cause des néges qui en couvrent le sommet. Mais si tu joins un horrible Dragon, qui est toujours dans les Cavernes de la Terre, & qui a toujours habité les Montagnes froides, & couvertes de nége, Pluton soufflera de telle sorte, qu'enfin il chassera du froid Dragon un Esprit volant & igné, qui, par la violence de sa chaleur, brûlera les ailes de l'Aigle, & jettera une chaleur pendant un si long-temps, que la nége, qui est au haut des Montagnes, se fondra & se réduira en eau, afin de bien préparer un Bain minéral propre & très-sain pour le Roi.

TROISIEME CLEF

De l'Oeuvre des Philosophes.

LE feu peut être étouffé & éteint par l'eau, & beaucoup d'eau versée sur un peu de feu s'en rend maîtresse. De même notre Soufre igné doit être modéré, & dûment vaincu par l'Eau, & ensuite sa force ignée doit à son tour surmonter & dominer, les Eaux se retirant. Mais on ne sçauroit ici remporter la victoire, si le Roi n'a empreint, sa force & sa vertu à son Eau, & s'il ne lui a donné une clef de sa livrée ou couleur Royale, pour être dissout par elle & rendu invisible. Il doit néanmoins reparoître & se présenter à la vûë. Et quoi que cela ne se puisse faire qu'avec dommage & lésion de son corps, cette lésion toutes fois se fera avec augmentation de sa nature & de sa vertu.

Un Peintre peut mettre une autre couleur sur un blanc jaunâtre, comme un jaune rougeâtre & un vrai rouge. Et quoi que toutes ces couleurs demeurent ensemble, cependant la derniére est la plus en vûë, & tient le prémier rang par dessus les autres. Il faut faire de même en notre Magistére. Quand tu l'auras fait, sçache que la lumiére de toute sagesse s'enléve, laquelle resplendit même dans les ténébres, & toutes-fois ne brûle pas & n'est pas brûlée; car notre Soufre ne brûle point & n'est point brûlé, encore qu'il espande & darde sa lumiére bien au long. Il ne teint point, s'il n'est auparavant préparé & teint de sa propre teinture, pour pouvoir teindre ensuite les Métaux malades & imparfaits. Et ce Soufre ne peut teindre, si l'on ne lui donne & empreint vivement cette couleur; car jamais le plus foible ne remporte la victoire, parce que le plus fort la lui ôte, & le plus foible est contraint de la céder au plus fort.

Ainsi, de ce que je t'ai dit, tire cette conséquence, que le foible jamais ne peut rien forcer n'y aider le foible, & qu'une Matiére combustible ne peut préserver d'embrasement une autre Matiére combustible comme elle. Si l'on a donc besoin de Protecteur pour deffendre la Matiére combustible, tel Protecteur doit nécessairement avoir plus de force & de vertu que la Partie qu'il a à deffendre, & étant hors de danger de combustion, il doit par sa vertu naturelle vivement résister au feu. Quiconque voudra préparer notre Soufre incombustible, qu'il le cherche dans une Matiére où il est incombustiblement incombustible. Ce qui ne se peut faire avant que la Mer salée a't englouti un Corps, & ensuite rejetté, lequel Corps doit être sublimé jusqu'à tel dégré qu'il surmonte de beaucoup en splendeur les autres Astres, & que son sang soit tellement augmenté & perfectionné, qu'il puisse, comme le Pélican béquetant sa poitrine sans faire aucun tort à sa santé, ni sans incommoder les autres parties de son corps, nourrir tous ses Petits de son propre sang. C'est cette Rosée des Philosophes, de couleur purpurine, & ce Sang rouge du Dragon, duquel ils ont tant parlé dans leurs Ecrits. C'est cette Ecarlate de l'Empéreur de notre Art, de laquelle est couverte la Reine de salut, & cette Pourpre de laquelle tous les Métaux froids & imparfaits sont échauffez & rendus accomplis.

C'est ce superbe Manteau, avec le Sel des Astres, qui suit ce Soufre céleste, gardé soigneusement, de peur qu'il ne se gâte, & qui les fait voler comme un Oiseau, autant qu'il est besoin, & le Cocq mangera le Renard, & se noyera & s'étouffera dans l'Eau, & puis reprenant vie par le feu, sera (afin de joüer chacun leur tour) dévoré par le Renard.

QUATRIEME CLEF
De l'Oeuvre des Philosophes.

Toute chair née de la Terre sera dissoute, & retournera en Terre, afin que le Sel terrestre, aidé par l'Influence des Cieux, fasse lever un nouveau Germe ; car s'il ne se fait aucune terre, il ne se pourra aussi faire aucune résurrection en notre Oeuvre, parce que le Baume de Nature est caché dans la terre, comme l'est le Sel de ceux qui y ont cherché la connoissance de toutes choses.

Au jour du Jugement, le Monde sera jugé par le feu, & ce qui a été fait de rien, sera par le feu réduit en cendre, de laquelle renaîtra un

Phœnix, car en elle est caché le vrai Tartre, lequel étant dissout, on peut ouvrir les plus fortes serrures du Palais Royal.

Après l'embrasement général, il se fera une nouvelle Terre, & de nouveaux Cieux, & un Homme nouveau, bien plus splendide & plus glorieux qu'il n'étoit lorsqu'il vivoit dans le prémier Monde, parce qu'il sera clarifié.

De cendres & de sable décuit au feu, un Verrier fait du verre à l'épreuve du feu, & de couleur semblable à de claires Pierries, & l'on ne le regarde plus comme cendres. L'Ignorant attribuë cela à une grande perfection; mais non pas l'Homme docte, d'autant que par l'expérience, & la connoissance qu'il en a, cette opération lui est devenuë familiére.

On change les pierres en chaux propre à beaucoup de choses, & avant que la chaux soit faite par le moyen du feu, ce n'est autre chose que pierre, de laquelle on ne se peut servir au lieu de chaux ; mais elle se cuit par le feu, & recevant de lui un haut dégré de chaleur, elle acquiert une vertu tellement propre, que l'esprit ignée de la chaux est venu à sa perfection, & qu'il n'y a rien qui puisse lui être comparé.

Toute chose réduite en cendres, montre & manifeste son Sel. Si, dans sa Dissolution, tu sçais garder séparément son Soufre & son Mercure, & de ces deux derniers redonner avec industrie ce qu'il faut en donner au Sel, il se pourra faire le même Corps que devant sa dissolution: Ce que les Sages de ce Monde appellent folie, & disent qu'il est impossible à l'Homme pécheur de faire une nouvelle Créature, ne prenant pas garde que ça été auparavant une Créature, que l'Artiste, en faisant démonstration de sa science, a seulement multiplié la semence de la Nature.

Celui qui n'a point de Cendres, ne peut faire de Sel propre à notre Oeuvre, car elle ne sçauroit se faire sans Sel, parce qu'il n'y a que lui qui donne de la force à toutes choses.

Comme le Sel commun conserve toutes choses, & les préserve de pourriture; de même le Sel des Philosophes deffend & préserve tous les Métaux, & empêche qu'ils ne soient entiérement détruits, conservant son baume & son esprit qu'ils ont en eux; car autrement il demeureroit un corps mort, qui ne pourroit plus servir à rien, parce que les Esprits métaliques le quitteroient, lesquels étant ôtez & perdus par la mort naturelle; laissoient leur domicile vuide & mort, dans lequel on ne pourroit plus remettre de vie.

Mais, mon Ami, sçache que le Sel, provenant des Cendres, a le plus souvent une vertu oculte, néanmoins il ne peut servir de rien, si son dedans n'est tourné au dehors; car il n'y a que l'Esprit qui donne la vie & la force; Le Corps ne peut rien seul. Si tu peux trouver cet Esprit, tu auras le Sel des Philosophes, & l'Huile vraîment incombustible, si renommée dans les Livres des anciens Sages.

CINQUIEME CLEF

De l'Oeuvre des Philosophes.

LA vie, qui est cachée dans la Terre, produit les choses qui en prennent naissance. Quiconque donc dit que la Terre n'est point animée, ne dit pas la vérité; car ce qui est mort ne peut rien donner à un vivant, & n'est susceptible d'aucune chose, parce que l'Esprit de vie s'en est séparé. C'est pourquoi l'Esprit est la vie & l'ame de la Terre, où il demeure & acquiert ses vertus, empreintes à la Nature terrestre, par l'Etre céleste & les propriétés des Astres. Car toutes les Herbes, les Arbres, les Racines, les Métaux & les Minéraux reçoivent leur force & nourriture de l'Esprit de la Terre, parce que c'est la vie, que cette Esprit, qui étant nourri de l'influence des Astres, substante toutes choses qui croissent sur la Terre. Et comme la Mére nourrit elle même l'Enfant qu'elle porte dans son ventre ; de même la Terre produit & nourrit de l'Esprit, décendu du Ciel, les Minéraux qu'elle porte dans ses entrailles.

Ce n'est donc pas la Terre qui donne les Formes à chaque Nature, mais bien l'Esprit de vie qu'elle contient : Et si elle étoit une fois destituée de son Esprit, elle seroit morte, & ne pourroit donner aucun aliment, parce qu'elle manqueroit de l'Esprit de son Soufre, qui conserve la vertu vitale, & qui de sa vertu fait germer toutes choses.

Deux Contraires demeurent bien ensemble, néanmoins ils ne peuvent bien s'accorder ; car vous voyez qu'en mettant le feu dans la poudre à Canon, ces deux Esprits, dont elle est composée, se séparent l'un de l'autre avec un grand bruit & une grande violence ; & s'envolant dans l'Air, ils ne peuvent plus être vûs de personne. On ne sçait où ils sont allez, ni ce qu'ils sont devenus, si l'on n'a pas appris ce qu'ils sont, & en quelle matiére ils étoient cachez.

Par-là tu connoîtras que la vie n'est qu'un Esprit ; c'est pourquoi tout ce que l'Ignorant estime être mort, doit vivre d'une vie incompréhensible, visible néanmoins & spirituelle, & être conservé en elle. Si tu veux que la vie coopére avec la vie, ces Esprits sont alimentez & nourris de la Rosée du Ciel, & prennent leur extraction d'un Estre céleste, élémentaire & terrestre, que l'on nomme Matiére sans Forme.

Et comme le Fer attire à soi l'Aiman par la sympathie & la qualité occulte qui est entre eux deux ; de même il y a dans notre Or de l'Aiman, qui est la prémiére Matiére de notre Pierre précieuse. Si tu entens ceci, te voilà assez riche & assez heureux pour toute ta vie.

Je veux encore t'apporter un éxemple. En regardant dans un Miroir, on voit la réflexion des Espéces, la même ressemblance de celui qui regarde ; & si celui-là veut toucher de la main son image, il ne touche que le Miroir, qu'il a regardé. De même aussi, on doit tirer de cette Matiére un Esprit visible, qui soit néanmoins incompréhensible. Cet Esprit est la Racine de vie de nos Corps, & le Mercure des Philosophes, duquel l'on prépare industrieusement la Liqueur de notre Art, que tu rendras derechef matérielle, & feras parvenir par certains moyens d'un dégré très-bas, à la souveraine perfection de la plus parfaite Médecine. Car notre Commencement est un Corps bien lié & bien solide ; le Milieu est un Esprit fuyant & une Eau d'Or sans aucune corrosion, par le moyen de laquelle les Sages joüissent de leurs désirs en cette vie ; & la Fin est une Médecine bien fixe, tant pour le Corps humain, que pour les Corps Métaliques, la connoissance de laquelle a été plûtôt donnée aux Anges qu'aux Hommes, quoi que quelques-uns l'ayent euë, qui l'ont demandée instamment & avec priéres continuelles à Dieu, & qui n'usent d'ingratitude ni envers lui ni envers les Pauvres.

Et par surcroît, je te dis avec vérité, qu'un travail doit succéder à un travail, & une opération suivre une autre opération ; car au commencement on doit bien purger & nettoyer notre Matiére, puis la dissoudre, la mettre en pieces, & la réduire en poudre & en cendres. Après quoi on doit en faire un Esprit volatil, aussi blanc que nége, & un autre aussi volatil & aussi rouge que sang. Ces deux-là en contiennent un troisiéme ; & ce n'est toutes fois qu'un seul Esprit, & ce sont eux trois qui conservent & prolongent la vie. Conjoins-les ensemble, & leur donne une boisson & un manger, qui soient propres à leur nature, & les tiens en un lit de rosée, qui soit chaud jusqu'au terme de la génération. Et tu verras quelle Science Dieu t'a donnée ainsi que la Nature. Et sçache que jamais je ne me suis tant ouvert & allé si loin, que de découvrir tels Sécrets, & Dieu a tant donné de force à la Nature & lui fait faire tant de miracles, qu'à peine l'Homme peut-il les croire. Mais il m'a été donné certaines bornes & limites pour écrire, afin que ceux qui viendroient après moi pûssent publier les effets admirables de la Nature, lesquels, quoi que Dieu permette d'en traiter sont néanmoins estimez par les Ignorans illicites & surnaturels. Mais le naturel prend son origine du surnaturel, & toutes fois si tu conjoints toutes ces choses, tu ne trouveras rien que de purement naturel.

SIXIEME CLEF

De l'Oeuvre des Philosophes.

LE Mâle sans Fémelle n'est qu'un demi Corps, de même que la Fémelle sans Mâle; car étant l'un sans l'autre, ils ne peuvent engendrer ni multiplier leurs Espéces. Mais quand ils sont mariez & mis ensemble, ils font un Corps parfait, & propre à la génération.

Un Champ trop ensemencé, étant surchargé, devient infructueux, & ses fruits ne peuvent parvenir à maturité. Aussi ne l'étant pas assez, il ne vient que bien peu de grain, & encore mêlé avec beaucoup d'yvraie inutile.

Le Marchand, qui veut acheter & débiter sa marchandise avec conscience, la
donne

donne à son prochain selon le taux de Justice, de peur d'encourir la malédiction, mais pour sembler faire plaisir aux Pauvres.

Beaucoup de Gens se noyent dans les grandes & profondes Riviéres; mais aussi les Ruisseaux sont aisément taris & desséchez par la chaleur du Soleil & nous en sommes aisément privez.

Voilà pourquoi, afin d'avoir bonne issuë de ton entreprise, tu prendras garde diligemment à choisir avec prudence, un certain poids & mesure en la conjonction des Liqueurs Phisiques, afin que le plus grand ne pése pas plus que le moindre, & de peur que l'action du moindre, étant debilitée ou empêchée, la génération ne soit aussi retardée; car les trop grandes pluies ne sont pas bonnes aux fruits de la Terre, & la trop grande sécheresse les avance trop tôt, & les fait mourir devant le temps. Puis le Bain étant entiérement préparé par Neptune, mesure avec grande industrie & diligence ton Eau permanente, & garde toi bien de manquer, en donnant ou trop ou trop peu.

On doit donner à manger un Cigne blanc à l'Homme double igné, afin qu'ils se tuent l'un l'autre, & ressuscitent l'un avec l'autre. Que l'Air qui vient des quatres Parties du Monde occupe les trois parts du Logis fermé de cet Homme igné, afin que l'on puisse entendre le chant du Cigne, disant son dernier adieu, & le Cigne rôti sera pour la table du Roi. Et la voix mélodieuse de la Reine plaira grandement aux oreilles du Roi igné ; il l'embrassera amiablement pour la grande affection qu'il lui porte, & en sera repû jusqu'à ce qu'ils disparoissent tous deux, & que d'eux deux il ne soit fait qu'un Corps.

Un seul est aisément vaincu & surmonté par deux autres, principalement s'ils peuvent éxercer leur malice. Propose-toi donc cela comme une chose toute arrêtée, qu'il est besoin du souffle d'un double vent que l'on appelle *Vulturne ou Sud Sudest*, puis d'un vent simple qui se nomme *Eurus ou vent du Levant & du Midi*. Après qu'ils se seront apaisez, & que l'Air sera converti en Eau, tu croiras à bon droit qu'il se fera une chose corporelle d'une incorporelle, & que le nombre prendra la domination sur les quatres Saisons de l'année au quatriéme Ciel, après que les sept Planettes auront l'une après l'autre fait le temps de leur domination, qu'il achevera son cours dans le bas du Palais, & sera rigoureusement examiné. Ainsi les deux auront surmonté le seul & l'auront mis à mort.

Si tu désires acquérir par ton Art de grandes Richesses, tu as besoin d'une grande prudence & de beaucoup de doctrine, afin que tu fasses comme il faut la division & la conjonction : Ne mets pas un poids faux, & le prémier qui se rencontroit par hazard devant toi. C'est ici le vrai fondement solide de tout le Magistére, que tu mettes à fin & perfection ce que je t'ai dit, par le Ciel de l'Art, par l'Air, & par la Terre, vraie Eau & Feu semblable, & par conjonction & par admission de poids, mise comme je t'ai enseigné avec toute vérité.

SEPTIEME CLEF

De l'Oeuvre des Philosophes.

La chaleur naturelle conserve la vie de l'Homme ; étant dissipée & perduë, il faut qu'il meure.

L'usage moderé du feu nous deffend des injures du froid ; mais si tu en veux user outre raison & plus qu'il ne faut, il nuit & apporte de la corruption.

Il n'est pas besoin que le Soleil touche la Terre de près de son Corps & Substance ; il suffit qui lui communique sa vertu & lui donne des forces, par le moyen de ses rayons dardez vers elle ; car par leur réfléxion, il a assez de force pour s'acquiter de sa charge, & par la continuelle concoction, il fait meurir toutes choses, parce que ses rayons brûlans se dispersant par l'Air, en sont temperez ; de sorte que le Feu, moyennant l'Air, & l'Air moyennant le Feu, s'entraidant l'un l'autre, produisent leurs effets.

La Terre ne peut rien produire sans l'Eau ; ni l'Eau sans la Terre ne peut rien faire germer. Or de même que l'Eau & la Terre, ne s'entr'aidant point, ne peuvent rien engendrer séparément ; de même aussi le Feu ne peut se passer de l'Air, ni l'Air du Feu ; car ôtant l'Air au Feu vous lui ôtez sa vie. Le Feu aussi étant éteint, l'Air ne peut faire aucune de ses fonctions, ni par sa chaleur vivifier ni consumer l'humidité superfluë de l'Eau.

Les Vignes ont besoin d'une plus grande chaleur en Automne pour avancer & faire parfaitement meurir les Raisins, déja presque murs, qu'au commencement du Printemps ; plus il a fait chaud en Automne, plus elles rendent de meilleur vin & plus délicat. Au contraire, moins il y a eu de chaleur, moins aussi rapportent-elles de vin, qui même n'a pas de force, & qui ne sent que l'eau.

En Hiver, le commun Peuple, voyant la Terre toute gelée & ne pouvant rien produire de verd, estime que tout est mort ; venant le Printemps, & le froid se retirant, vaincu par la chaleur du Soleil, qui monte sur notre Horison, toutes choses lui semblent reprendre la vie. Les Arbres & les Herbes commencent à pousser; les Animaux, qui, fuyant la rigueur de l'Hiver, s'étoient cachez dans les Cavernes de la Terre, sortent de leurs Grottes; tout sent bon, & l'agréable diversité de couleurs & de fleurs fait preuve des vertus & des forces de tout ce qui commence à reverdir. L'Eté venant après, il naît de cette variété de fleurs toutes sortes de fruits. L'Automne qui le suit, les perfectionne & les meurit. C'est pourquoi nous remercions éternellement Dieu, qui a constitué un si bel ordre, & une telle suitte dans les choses naturelles.

Ainsi se suivent & coulent toutes les Saisons, après une année vient l'autre, & cela se continuera jusqu'à ce que Dieu fasse périr le Monde, & que ceux qui possédent la Terre soient glorieusement élevez par le Dieu de gloire, & mis en honneur. De là cessera toute action de Créature terrestre & sublunaire, & à sa place, il viendra une autre Créature céleste & infinie.

En Hiver, le Soleil faisant sa course bien loin de nous, ne peut traverser ni fondre les grandes néges; mais au Printemps, s'étant approché il échauffe l'air, & sa force étant augmentée, il fond la nége, & la resout en eau; car le plus foible est contraint de céder au plus fort.

Il faut prendre garde & gouverner prudemment le feu, de peur que l'humeur de Rosée ne soit desséchée plûtôt qu'il ne faut, & qu'il ne se fasse une trop prompte liquéfaction, & dissolution de la Terre des Sages. Si tu fais autrement, tu ne peupleras ton Vivier que de Scorpions au lieu de bon Poisson. Si donc tu veux bien mener toutes tes Opérations, prends l'Eau céleste sur laquelle étoit porté & se mouvoit au Commencement l'Esprit de Dieu, & ferme la porte du Palais Royal ; car par après tu verras le Siége mis devant la Ville céleste par les Ennemis mondains. C'est pourquoi il faut fortifier & entourer ton Ciel de triple Muraille, Rempart & Fossé, & ne laisser qu'une seule Avenuë ouverte & libre, & bien munie de fortes Garnisons. Ayant mis ordre à cela, cherche avec la lumiére de sagesse, la dragme perduë, & éclaire autant qu'il sera nécessaire. Sçache que les Animaux rampans, & autres imparfaits, habitent la Terre à cause de la froidureuse disposition de leur nature. Mais il est assigné à l'Homme un domicile au dessus de la Terre, à cause de l'excellent tempérament de sa nature. Et les Esprits célestes n'étans pas composez d'un corps terrestre, & sujet à péchés & à corruption, comme celui de l'Homme, mais d'un corps céleste & incorruptible, ils ont un tel dégré de perfection, qu'ils peuvent, sans être aucunement offensez, supporter indifféremment le froid & le chaud. Mais l'Homme clarifié ne sera pas moindre que les Esprits célestes, & leur sera en tout semblable. Dieu gouverne le Ciel & la Terre & fait tout dans toutes choses.

Enfin, si nous-gouvernons bien nos Amis, nous serons Enfans & Héritiers de Dieu, afin de mettre en exécution ce qui nous semble maintenant impossible ; mais cela ne peut se faire avant que toute l'Eau soit tarie & desséchée & que le Ciel & la Terre ne soient jugez avec le Genre Humain & consumez ensemble par le feu.

HUITIEME CLEF

De l'Oeuvre des Philosophes.

IL ne se peut faire aucune génération d'Homme, ni d'aucun autre Animal sans la putréfaction ; & aucune Semence jettée en terre, ou quelque chose que ce soit de végétable ne peut germer, sans que prémiérement elle ne se pourrisse : beaucoup d'Animaux imparfaits même prennent leur vie & leur origine de la seule pourriture, ce qu'on doit à bon droit mettre entre les merveilles de la Nature, qui fait ceci, parce qu'elle a caché dans la Terre une grande vertu productive, qui se léve, excitée par les autres Elémens, & par l'influence de la Semence céleste.

Les bonnes Femmes des Champs en sçavent donner un éxemple; car elles ne peuvent élever une Poule pour leur ménage sans la putréfaction de l'Oeuf, dont est éclos le petit Poulet.

De pain, mis dans du miel, naissent des Fourmis, par la pourriture qu'en attire le miel; ce qui n'est pas aussi une petite merveille de la Nature.

Nous voyons tous les jours qu'il s'engendre des Vers de chair gâtée & pourrie dans le corps des Hommes, des Chevaux; & d'autres Bêtes : Comme aussi des Arraignés, des Vers & autres Vermines, dans les Noix pourries, dans les Poires & autres fruits semblables. Enfin, qui peut nombrer les especes infinies des Animaux insectes & imparfaits, qui naissent de pourriture & de corruption?

Cela se montre aussi manifestement dans les Plantes, où l'on voit qu'il croît beaucoup de sortes d'herbes, comme Orties & autres, de la seule pourriture dans les lieux mêmes où telles herbes n'ont jamais été ni semées ni plantées. La raison en est que la terre de tels lieux a une certaine disposition à produire ces méchantes herbes, étant engrossée de leurs semences, infuses dans ses entrailles, par les Corps célestes,

leſtes, & éxcitée par leur propre pourriture à germer & reverdir, leſquelles Semences venant à aider le concours des autres Elémens, produiſent une Subſtance corporelle, convenante en leur nature. Ainſi les Aſtres peuvent faire lever, par le moyen des Elémens, une nouvelle Semence que l'on n'ait point encore vûë, laquelle étant plantée en terre & pourrie, peut croître & multiplier. Mais l'Homme n'a pas la puiſſance ni la vertu de produire une nouvelle Semence ; car on ne lui a pas commis le gouvernement des opérations élémentaires & céleſtes ; & il s'engendre diverſes ſortes d'herbes de la ſeule pourriture ; ce qui étant rendu trop familier au Peuple, par la fréquente expérience qu'il en a, il ne conſidére pas éxactement ces Générations, & ne pouvant s'en imaginer aucunes Cauſes, il penſe qu'elles ſe font par coûtume. Mais toi, qui dois avoir une Science plus relevée, pénétre plus avant que le Vulgaire, & cherche par raiſons les Principes & les Cauſes, d'où (moyennant la putréfaction) provient une telle vertu vitale, non pas comme la connoît le ſimple Peuple par l'accoûtumance; mais comme le doit ſçavoir le ſage & diligent Inquiſiteur des Effets de la Nature, vû que toute vie provient de pourriture.

 Chaque Elément eſt ſujet à génération

& corruption; c'est pourquoi tout Amateur de la Sagesse doit sçavoir qu'en chacu d'eux les trois autres sont occultement contenus; car l'Air contient en soi le Feu, l'Eau & la Terre, ce qui est très-vrai, quoique cela semble incroyable. De même le Feu comprend l'Air, l'Eau & la Terre: La Terre contient l'Eau, l'Air, & le Feu; autrement il ne se pourroit faire aucune génération. Enfin l'Eau enclôt en soi la Terre, l'Air & le Feu, autrement elle ne seroit pas propre à produire aucune chose, & quoi que chaque Elément soit distingué formellement de chacun des autres, ce n'est pas-à-dire pour cela qu'ils soient séparez d'ensemble, comme on le voit clairement en la séparation des Elémens par distillation.

Pour que l'Ignorant n'estime pas mon discours frivole & ne servant à rien, je veux te le démontrer par des preuves suffisantes. Apprens donc, toi, qui es curieux de sçavoir la dissection & l'anatomie de la Nature, & la séparation des Elémens, que dans la distillation de la Terre, l'Air, comme plus léger que les deux autres, se distille le prémier & puis après l'Eau: Le Feu, à cause de sa nature spirituelle, commune à l'un & à l'autre, & sa naturelle simpathie, est conjoint avec l'Air, & la Terre demeure au fond du Vaisseau, &

contient le Sel de gloire. Dans la distillation de l'Eau, le Feu & l'Air sortent les prémiers, & ensuite l'Eau, dont la partie terrestre demeure toujours au fond. De même du Feu, réduit en Substance visible & plus materielle que de coûtume, on en peut tirer le Feu, l'Air, l'Eau & la Terre & les conserver à part. Semblablement l'Air est dans les trois autres, pas un d'eux ne pouvant se passer de lui. la Terre n'est rien, & ne peut rien produire sans l'Air. Le Feu ne peut brûler ni subsister sans lui. L'Eau, manquant d'Air, ne cause aucune génération. Outre cela, l'Air ne consume rien, & ne dessèche aucune humidité sans chaleur naturelle. Se trouvant donc une chaleur dans l'Air, par conséquent il doit y avoir du Feu; car tout ce qui est de nature chaude & séche, doit aussi participer de la nature du Feu. C'est pourquoi tous les quatre Elémens doivent être conjoints ensemble, & ils ont toujours soin l'un de l'autre. Aussi voit-on qu'ils sont mêlez ensemble dans la production de toutes choses. Celui qui contredit une telle Doctrine, n'est jamais entré dans le cabinet de la Nature, & n'a pas visité ses Sécrets les plus cachez.

Sçache que ce qui naît par putréfaction, est ainsi engendré. La Terre se corrompt aucunement à cause de l'humeur qu'elle a, laquelle est le Principe de putréfaction ; car rien ne peut pourrir sans humeur, à sçavoir sans l'Elément humide de l'Eau. Or si la génération doit provenir de pourriture, elle doit être excitée par la chaleur qui se rapporte à l'Elément du Feu ; car rien ne peut venir au monde sans chaleur naturelle. Pour conclusion, si la chose, qui doit être produite, a besoin d'Esprit vital & de mouvement, il lui faut aussi de l'Air ; car s'il ne coopéroit point avec les autres, & ne faisoit sa fonction, la génération, ou plûtôt la matière de la chose qui doit être produite, s'étoufferoit elle-même par faute d'Air ; & la génération redeviendroit corruption, D'où il est plus clair que le jour, que les quatre Elémens sont grandement nécessaires en toute génération. Et davantage, chacun d'eux fait voir clairement ses forces & opérations en chacun des autres ; mais principalement dans la corruption ; car sans elle rien ne peut & ne pourra jamais venir au monde. Et tiens cela pour constant, que les quatre Elémens sont requis à toute production de quelque chose que ce soit.

On doit connoître par-là qu'Adam, que Dieu créa du limon de la Terre, n'éxerça aucune action vitale, & ne vêcut point jusqu'à ce que Dieu lui eût imprimé le souffle ou esprit de vie, & qu'aussi tôt que cet esprit lui fut infus, il commença à vivre. Le Sel, c'est-à-dire son Corps, se rapportoit à la Terre ; l'Air inspiré, étoit le Mercure, c'est-à-dire l'Esprit ; & le souffle de l'inspiration lui donnoit une chaleur vitale, & c'étoit le Soufre, c'est-à-dire le Feu. Aussi-tôt Adam commença à se mouvoir, & donna par ce mouvement un assez suffisante preuve d'une Ame vivante; car le Feu ne peut pas être sans l'Air, ni de même l'Air sans le Feu; l'Eau étoit mêlée à tous deux avec une égale proportion.

Adam fut donc prémiérement composé de Terre, d'Eau, d'Air & de Feu & après d'Ame, d'Esprit & de Corps ; puis de Mercure, de Soufre & de Sel.

Eve semblablement, la prémiére Femme, notre prémiére Mére, participa de toutes ces choses; car elle fut tirée & produite d'Adam, qui en étoit composé. Remarque ce que je viens de dire. Or, pour retourner à mon propos de la putréfaction, il faut que tout Amateur & Inquisiteur de Sagesse tienne pour certain, que semblablement aucune Semence Métallique ne peut opérer, & ne peut être aucunement multipliée, si elle n'a été entiérement pourrie de soi-même, & sans mêlange d'aucune chose étrangere; & comme nulle Semence végétable ou animale ne peut, comme il a déja été dit, étendre ni multiplier son espèce sans putréfaction, de même faut-il en juger des Métaux : Et cette putréfaction doit se faire par les opérations des Elémens ; non qu'ils soient comme j'ay dèja enseigné, leur Semence ; mais parce que la Semence Métalique, prenant sa naissance d'un Estre céleste, astral & élémentaire, étant réduite en un Corps sensible, elle doit être putréfiée par le moyen des Elémens.

De plus, remarque que le vin a un esprit volatil ; car en le distilant l'esprit sort le prémier, & le phlégme le dernier. Mais étant, par chaleur continuë, tourné en vinaigre, son esprit n'est plus si volatil; car en la distillation du vinaigre, le phlégme aqueux monte le prémier au haut de l'Alembic, & l'esprit le dernier, quoi que ce soit une même matiére en l'un & l'autre. Il y a bien néanmoins d'autres qualités dans le vinaigre que dans le vin, parce que le vinaigre n'est plus vin, mais une pourriture du vin, qui par la continuelle chaleur, s'est changé en vinaigre: Et tout ce qui est tiré par le vin ou par son esprit, & rectifié dans un Vaisseau circulatoire, a bien d'autres forces & d'autres opérations que ce qui est tiré par le vinaigre: Car si on tire le verre de l'Antimoine par le vin ou par son esprit, il est trop laxatif & purge avec trop de véhémence par en haut, d'autant que sa vertu vénimeuse, n'étant pas surmontée & éteinte, il est encore empreint de poison; mais si on le tire par vinaigre distillé, ce qui en viendra, sera de belle couleur. Et puis, si, tirant le vinaigre par le Bain-marie, on lave la poudre jaune qui demeure au fond, en versant beaucoup de fois de l'eau commune dessus, & la retirant autant de fois & qu'on ôte toute la force du vinaigre, alors il se fait une Poudre douce, qui ne lâche par le ventre comme devant; mais qui est un excellent Reméde, qui guérissant beaucoup de maladies, est à bon droit réputé entre les merveilles de la Médecine.

Cette Poudre mise dans un lieu humide, se résout en Liqueur, qui, sans faire aucune douleur, est très-souveraine pour les maladies externes. Que cela suffise.

En ceci consiste tout le principal de cette huitiéme Clef; à sçavoir, Qu'une Créature céleste, la vie de laquelle est nourrie par les Astres, & alimentée par les quatre Elémens, meure, & puis se putréfie. Après cela, les Astres, moyennant les Elémens, qui ont cette charge, redonneront de nouveau la vie à ce Corps pourri, afin qu'il s'en fasse un céleste, qui prendra sa plume en la plus haute ville du Firmament. Ayant fait cela, tu verras le terrestre entiérement consumé par le céleste; & le Corps terrestre toujours en célefte Couronne d'honneur & de gloire.

NEUVIEME CLEF
De l'Oeuvre des Philosophes.

SATURNE, le plus haut des Planettes, est le plus bas & le plus abjet en notre Magistére. Il tient néanmoins la principale Clef, & étant le vil, & n'ayant presque point d'autorité, il tient le plus beau lieu. Et quoique par sa volonté il soit monté au plus haut par dessus les plus hautes Planettes, il doit toutes-fois décendre au plus bas, en lui couppant les aîles. Sa lumiére obscure doit être grandement diminuée, & toute la perfection de l'Oeuvre doit venir par sa mort, afin que le noir soit changé en blanc, & que le blanc prenne la couleur rouge. Il doit aussi surmonter toutes les autres Planettes par l'avenement de toutes les couleurs qui font au Monde, que l'on verra jusqu'à ce que vienne la couleur surabondante du Roi triomphant & comblé d'honneur; marque très-certaine de la victoire. Et encore que Saturne semble le plus vil & le moindre de toutes les Planettes, il ne laisse pas d'avoir une si grande vertu & une telle efficace, que sa noble Essence, qui n'est autre chose qu'un froid par trop excédant, étant conjointe avec un Corps Métalique volatil & igné, il le rend fixe, solide, & même meilleur & plus ferme & permanent qu'il ne l'est lui-même. Cette Transmutation prend son origine du Mercure, du Soufre & du Sel, & se faisant par eux, on prend aussi sa fin & son dernier période. Ceci passera la portée de plusieurs, ce Mistére étant à la vérité si haut, que difficilement peut-on le comprendre. Mais d'autant plus que la Matiére est vile & abjecte, d'autant plus l'Esprit doit être relevé & subtil, afin d'entretenir l'inégalité du Monde, & que les Maîtres puissent être distinguez des Serviteurs, & les Serviteurs reconnus à leur ministére d'avec les Maîtres.

De Saturne, préparé avec industrie, sortent beaucoup de couleurs, comme la noire, la grise, la jaune & la rouge & d'autres moyennes entre celles-ci. De même la Matiére des Philosophes doit prendre & laisser beaucoup de couleurs, devant qu'elle parvienne à la fin & perfection desirée; car autant de fois qu'on ouvre une nouvelle porte au feu, autant de fois le Roi emprunte de ses Créanciers de nouveaux habits, jusqu'à ce que se remettant en crédit, il devienne riche, & n'ait plus affaire d'aucun Créancier.

Vénus, tenant en main le gouvernement du Royaume, & distribuant, selon sa coutume, les Offices à chacun, paroît la prémiére, brillante & éclatante d'une maniére Royale : La Musique porte devant elle un Etendart rouge, au milieu duquel est artistement dépeinte la Charité, vétuë d'un habit vert : Saturne est son Prevôt de l'Hôtel & Intendant de sa Maison, & lorsqu'il est en quartier, l'Astronomie marche devant lui, portant une Enseigne, qui, à la vérité est noire, mais qui est néanmoins le portrait de la Foi, habillée de jaune & de rouge.

 Jupiter, avec son Sceptre, vient en qualité de Viceroi. La Réthorique porte devant lui la Science, de couleur blanchâtre & grise, où est représentée l'Espérance avec de fort agréables couleurs.

 Mars, Capitaine expérimenté au fait de la guerre, commande aussi, tout échauffé par la chaleur. La Géometrie le devance, lui portant son Guidon teint de sang, au milieu duquel est empreint l'effigie de la Force, vétuë d'un habit rouge. Mercure est le Chancelier de tout. L'Arithmétique porte son Enseigne, diversifiée de toutes les couleurs du monde, car il y en a une variété indicible & la Tempérance est au milieu, dépeinte d'une admirable diversité.

 Le Soleil est Gouverneur du Royaume. La Grammaire tient son Etendard jaune, sur lequel on voit la Justice peinte en Or,

& quoi qu'un tel Gouverneur dût avoir plus de puissance & d'autorité dans son Royaume, Vénus l'a néanmoins surmonté par sa grande splendeur, & lui a fait perdre la vuë.

Enfin la Lune paroît aussi. La Dialectique porte sa Banniére de couleur très-blanche & reluisante, sur laquelle on voit la Prudence peinte de bleu. Et parce que le Mari de la Lune est mort, elle doit lui succéder au Royaume. C'est pourquoi, ayant fait rendre le compte à Vénus, elle lui recommandera l'administration & surabondance du Royaume; & par l'aide du Chancelier, elle reformera l'Etat; y mettra une nouvelle police, & ils prendront tous deux domination sur la noble Reine Vénus. Remarque donc qu'une Planette doit faire perdre à l'autre, Office, Domination & Royaume, & lui ôter toute puissance & majesté Royale, jusqu'à ce que les principales d'elles tiennent le Royaume en main, le conservant par leur constante & permanente couleur, remportant la victoire avec leur Mére &, elle dès le commencement conjointe, & en joüissent d'une perpetuelle & naturelle associacion & amour. Alors l'ancien Monde ne sera plus Monde; il en sera fait un autre nouveau en sa place, & une Planette aura tellement consommé spirituellement l'autre, que les plus fortes s'étant nourries des autres, feront feules demeurées de refte, & deux & trois auront été vaincus par un feul.

Remarque enfin qu'il te faut foulever la Balance célefte & mettre dans le côté gauche le Bélier, le Taureau, l'Ecreviffe, le Scorpion, & le Capricorne, & au côté droit, les Gémeaux, le Sagittaire, le Verfeau, les Poiffons & la Vierge : Et fais que le Lion porte-Or, fe jette au fein de la Vierge, & que ce côté-là de la Balance péfe le plus : Enfin, faits que les douze Signes du Lion Zodiaque, faifant leurs Conftellations avec les fept Gouverneurs de l'Univers, fe regardent tous de bon œil, & qu'après que toutes les Couleurs feront paffées, la vraye conjonction fe faffe & le mariage, afin que le plus haut foit rendu le plus bas & le plus bas le plus haut.

Si de l'Univers la nature
Mife étoit fous une figure,
Et ne pourroit être changée
Ni par aucun Art alterée.
Perfonne ne la connoîtroit
Ni les miracles qu'elle feroit,
C'eft pourquoi remercier devons
Ce grand Dieu qui nous a fait tels dons.

DIXIEME CLEF
De l'Oeuvre des Philosophes.

Dans notre Pierre, que les anciens Sages, mes Prédécesseurs, ont faite long-temps avant moi, tous les Elémens sont contenus, toutes les Formes & Propriétés Minérales & Métalliques, même aussi toutes les Qualités qui sont au Monde; car on y doit trouver une extrême chaleur d'une grande efficace, parce que le Corps froid de Saturne doit être échauffé & rendu pur par la véhémence de son feu interne. On doit aussi y trouver un extrême froid, pour en tempérer la grande Vénus, qui brûle & consume tout & congéle le Mercure vif, & il faut en faire un Corps solide. La cause en est, parce que la Nature a donné à la Matiére de notre divine Pierre toutes ses propriétés, qu'il faut par certains dégrés de chaleur, comme cuire, faire meurir & mener à perfection; ce qui ne peut s'exécuter avant que le Mont Gibel de Sicile ait mis fin à ses embrasemens, & ne se puisse plus trouver aucune froidure sur les Montagnes Hiperborées, lesquelles, tu pourras bien aussi appeller Fougeraye, toujours gelées de froid, & couvertes de néges.

Toutes Pommes cueillies avant que d'être mûres fe fannent & ne font prefque bonnes à rien. Il en eft de même des Vaiffeaux des Potiers, qui ne peuvent fervir, s'ils ne font cuits à un affez grand feu; parce qu'un moindre ne leur a pas donné leur perfection. Il faut prendre garde à la même chofe en notre Elixir, auquel on ne doit faire tort d'aucun jour dédié & confacré à fa génération, de peur que notre Fruit étant trop tôt cueilli, les Pommes des Hefpérides ne puiffent venir à une maturité extrêmement parfaite, & que la faute n'en foit rejettée fur l'Ouvrier peu fage, qui fe feroit follement hâté ; car il eft notoire à tout le monde qu'il ne fe peut produire aucun fruit d'une fleur arrachée d'un Arbre. Parquoi toute hâtiveté doit s'éviter dans notre Art, comme dangereufe & nuifible ; car on peut rarement venir par elle au bout de fon deffein, & l'on va toujours de mal en pis.

C'eft pourquoi le diligent Explorateur des Effets merveilleux de l'Art & de la Nature doit prendre garde à ne pas fe laiffer emporter par une curiofité dommageable, de peur qu'il ne recueille rien de notre Arbre avant le temps, & que la Pomme, en lui tombant des mains, ne lui en laiffe qu'une marque & un veftige miférable. Car fi l'on ne laiffe meurir notre Pierre, véritablement elle ne pourra jamais donner maturité à aucune chose.

La Matiére s'ouvre & se dissout dans l'Eau, se conjoint & est renduë grosse en la putréfaction. Dans la Cendre elle acquiert des Fleurs, dignes Avant-courieres du Fruit. Toute l'humidité superfluë se desseche dans le Sable. La flamme du feu la rend entiérement mûre, & fermement fixe, non pas qu'il faille nécessairement se servir du Bain-marie, du Fient de Cheval, de Cendres & de Sable: Mais parce qu'il faut par tels dégrés régir & gouverner son feu. Car notre Pierre, enfermée dans le Fourneau vuide, & munie de triple boulevart, se forme & cuit toujours jusqu'à ce que tous les nuages & vapeurs soient dissipées & disparoissent & qu'elle soit vétuë & ornée d'habits de triomphe & de gloire, & demeure en la plus basse ville des Cieux, & s'arrête en courant. Car quand le Roi ne peut plus élever ses mains en haut, on a remporté la victoire de toute la gloire mondaine; parce qu'étant alors comblé de tout bon-heur, & doué de constance & de force, il ne sera dorénavant sujét à aucun danger. Je te dis donc que tu desséches la Terre dissoute en sa propre humeur, par feu dûment appliqué. Etant desséchée, l'Air lui donnera une nouvelle vie; cette vie inspirée sera une

Matière, qui à bon droit doit être appellée, La grande Pierre des Philosophes, laquelle comme un Esprit, pénétre les Corps humains & métalliques, & est un Réméde général à toutes maladies; car elle chasse ce qui est nuisible, & conserve ce qui est utile, en donnant à toutes chose un être accompli. Elle accorde & associe parfaitement le mauvais avec le bon. Sa couleur tire du rouge incarnat sur le cramoisi, ou bien de couleur de Rubis sur la couleur de Grénade. Quant à sa pésanteur, elle pése beaucoup plus qu'elle n'a de quantité.

Que celui qui aura trouvé cette Pierre, remercie Dieu, pour ce Beaume céleste, & le suplie de lui accorder la grace de pouvoir franchir heureusement la carriére de cette vie misérable, & enfin de joüir de la béatitude éternelle.

Loüange soit à Dieu, pour ses Dons infinis & les singuliers plaisirs qu'il nous a faits, & lui en rendons graces éternellement. Ainsi soit-il.

ONZIÉME CLEF
De l'Oeuvre des Philosophes.

JE t'expliquerai l'Onziéme Clef, qui sert à multiplier notre céleste Pierre par cette Similitude.

Il y avoit dans les Païs du Levant un brave Chevalier, nommé Orphée, grandement riche, car il avoit des Richesses à foison, & ne manquoit d'aucune chose, Il avoit épousé sa Sœur propre, appellée Euridice. Mais ne pouvant en avoir aucuns Enfans, & croyant que ce mal-heur lui étoit envoyé pour punition de son inceste, il prioit Dieu continuellement, espérant d'en obtenir miséricorde.

Un jour qu'il dormoit profondément, il lui sembla voir un Homme volant vers lui, nommé Phébus, qui l'ayant touché de ses pieds grandement chauds, lui parla de cette sorte : Courageux Chevalier, après avoir voyagé par beaucoup de Royaumes, de Pays, de Provinces & de Villes, après t'être hazardé sur Mer à beaucoup de dangers, & avoir renversé à la guére de ton bras victorieux ce qui te faisoit résistance, on t'a donné à bon droit le Collier de Chevalier: De plus, d'autant que tu as dans les Joûtes & dans les Tournois rompu beaucoup de Lances, & que mainte-fois les Dames t'ont, aux acclamations de tous les Affiftans, adjugé le prix & l'honneur de la victoire, le Pére célefte m'a commandé de venir t'annoncer qu'il a éxaucé tes priéres. C'eft pourquoi tu prendras du fang de ton côté droit, & du côté gauche de ta Femme, comme auffi du fang, qui étoit au cœur de ton Pére & de ta Mére. Ce fang, de fa nature, eft feulement double, & néanmoins, feulement fimple. Conjoints-les, & les mets dans le Globe des fept Sages bien fermé, & l'Enfant nouveau né, trois fois grand, fera nourri de fa propre chair, & fon glorieux fang lui fervira de breuvage. Si tu fais bien cela, il te viendra de grandes Richeffes & tu auras beaucoup d'Enfans. Mais apprens qu'il faut, pour perfectionner ta derniére Semence, la huitiéme partie du temps qu'a mis à fe faire la prémiére, de laquelle tu as pris naiffance. Si tu fais ceci fouvent, & que tu recommences toujours, tu verras les Enfans de tes Enfans, & une multiplication à l'infini de ta Race. Et le grand Monde tellement rempli par la fertilité & fécondité du petit, qu'on pourra aifément poffédet le Royaume célefte du Créateur de l'Univers.

Phébus ayant fini fon difcours, s'envola, & le Chevalier s'étant auffi-tôt réveillé, il se leva pour éxécuter ce qui lui avoit été commandé. L'ayant mis en éxécution, il ne fut pas seulement assisté sur le champ de bonheur en toutes ses entreprises, mais s'appuyant toujours sur la bonté de Dieu, il engendra plusieurs Enfans, qui devenus les Héritiers des Biens de leur Pére, s'acquirent une grande renommée, & conservérent toujours l'Ordre de Chevalerie qu'ils avoient euë de sa succession.

Si tu es Sage & si tu aimes la Sagesse, tu n'as pas besoin d'une plus ample démonstration. Si tu n'es pas tel, tu n'en dois pas rejetter la faute sur moi, mais sur ton ignorance; car il ne m'est pas permis d'en déclarer davantage, ni mettre en vûë tous les Sécrets. Cela sera assez clair & manifeste à celui que Dieu en jugera digne; car j'ai tout écrit aussi clairement qu'il est possible de le faire, & j'ai montré toute l'Oeuvre en Figures, comme les anciens Philosophes l'ont fait aux Maîtres; mais encore plus clairement qu'aucun autre, ne t'ayant rien caché. Si tu chasses de toi les ténébres de l'Ignorance, & que tu sois clairvoyant des yeux de l'entendement, tu trouveras une Pierre précieuse qu'ont cherchée beaucoup de Gens, & que peu ont trouvée; car je t'ai comme entiérement nommé la Matiére, & suffisamment démontré le Commencement, le Milieu & la Fin de l'Oeuvre.

DOUZIEME CLEF
De l'Oeuvre des Philosophes.

L'Epée d'un Escrimeur, qui ne sçait pas tirer, ne peut lui servir de rien, parce que ne la maniant pas comme il faut, il est aisément vaincu & terrassé par un autre qui sçait mieux tirer & porter un coup que lui. Mais celui qui entend parfaitement l'escrime, remporte aisément la victoire sur son Adversaire.

Il en arrivera de même à celui qui, avec l'aide de Dieu, aura acquis la Teinture, & ne sçaura pas s'en servir, comme il en arrive au Gladiateur, qui ne sçait pas son métier. Mais d'autant que voicy la douziéme & derniére Clef qui ferme ce Livre, je ne parlerai plus avec aucune ambiguité Philosophique, & j'expliquerai nuëment & clairement cette Clef touchant la Teinture. Comprenez donc la Doctrine suivante.

Prends une partie de cette Médecine ou Pierre des Philosophes, dûment préparée & faite du Lait Virginal, avec trois parties de très-pur Or, passé par la Coupelle avec de l'Antimoine, & battu en lames très-menuës. Conjoints-les dans un Creuset & leur donne un feu modéré aux douze premiéres heures ; puis fonds-les, & les tiens dans ce feu l'espace de trois jours naturels; & la Pierre sera changée en vraie Médecine, d'une nature subtile, spirituelle & pénétrante. Elle ne tiendroit pas aisément, à cause de sa grande subtilité, sans le Ferment de l'Or ; mais quand elle est fermentée de son semblable, la Teinture entre facilement. Prends ensuite une partie de cette Masse fermentée, & la jette sur mille parties de Métail fondu, & le tout sera changé en très-bon Or. Car un Corps prend aisément un autre Corps ; & quoi qu'il ne lui soit pas semblable, néanmoins il doit lui être conjoint, & lui être, par sa grande force & vertu, rendu semblable, vû que le Semblable a été engendré de son Semblable.

Celui qui aura mis ce moyen en pratique, sçaura toutes les autres circonstances : Les portes du Palais Royal sont ouvertes à la fin. Une si grande subtilité ne peut être comparée à aucune chose créée, car elle seule comprend & posséde toutes choses dans toutes choses, qu'on peut trouver par raisons naturelles, contenuës & encloses dans la circonférence de l'Univers.

O Commencement du Commencement! souviens-toi de la Fin. O Fin, derniére Fin! souviens-toi du Commencement, & ayes en grande recommandation le Milieu de l'Oeuvre. Et Dieu le Pere, le Fils & le Saint Esprit vous donnera ce qui est nécessaire à l'Esprit, à l'Ame & au Corps.

Fin des douze Clefs.

DE LA PREMIERE MATIERE

De la Pierre des Philosophes.

UNe Pierre se voit, qui à vil prix se vend,
D'elle un Feu fugitif son origine prend.
Notre Pierre de lui est faite & composée,
Et de blanche couleur & de rouge parée.
Elle est Pierre & non Pierre, & la Nature en elle,
Peut seule démontrer sa vertu nompareille,
Pour d'elle faire yssir un Ruisseau clair coulant,
Dans lequel elle ira son Pére suffoquant,
Et puis d'icelui mort, gourmande se paîtra,
Jusqu'à ce que son Ame en son Corps renaîtra.
Et sa Mére, qui est de nature volante,
En puissance lui soit, & en tout ressemblante,
Et à la vérité son Pére renaissant,
A bien plus de vertu qu'il n'avoit par avant.

La Mére du Soleil surpasse les années,
En âge, à cet effet, par toi Vulcain ai-
 dées.
Son Pére néanmoins précéde en origine,
Par son spirituel Etre & Essence divine.
L'Esprit, l'Ame, le Corps sont contenus
 en deux.
Le Magistére vient d'un, qui seul & un
 étant,
Peut ensemble assembler le Fixe & le
 Fuyant.
Elle est deux, elle est trois, & toutes-fois
 n'est qu'une.
Si tu n'ès sage en cela, n'entendras chose
 aucune.
Fais laver dans un Bain Adam le pré-
 mier Pére,
Où se baigne Vénus, des Voluptés la Mére,
D'un horrible Dragon ce Bain l'on prépa-
 roit,
Quand toutes ses vertus & ses forces il per-
 doit;
Et comme dit fort bien le Génie de Nature,
On ne peut le nommer que le double Mer-
 cure.
Je me tais, j'ai fini, j'ai nommé la Ma-
 tiére,
Heureux, trois fois heureux, qui comprend
 ce mistére.
Que le soucieux ennuy ne te surprenne point,
L'issue te fera voir ce tant désiré point.

LIVRE III.

CONTENANT EN ABREGE'
une répétition de tout ce qui est enseigné dans les Traités des Douze Clefs de la Pierre précieuse des Philosophes.

La Lumiére des Sages, mise en lumière par le même Auteur, Fr. Bazile Valentin.

MOI, Bazile Valentin, Religieux de l'Ordre de S. Benoît, j'ai composé ces Traités précédens, dans lesquels, en suivant les traces des anciens Philosophes, j'ai déclaré par quelle voye ou moyen on peut chercher & trouver ce précieux Trésor, avec lequel les Sages ont conservé leur santé & prolongé leur vie de beaucoup d'années. Et quoi que je ne me sois éloigné en aucun point de la vérité, comme ma conscience en rendra témoignage devant Dieu, qui connoît le fond de nos cœurs, j'ai même encore tellement

lement mis en vûë cette vérité, qu'un Amateur de la Science, tant soit peu intelligente, ne devroit pas avoir besoin d'autre flambeau pour l'éclairer : Car la Théorie que je lui ai donnée jointe aux douze Clefs de Pratique que je lui donne, sera plus que suffisante pour le dispenser de passer comme moi des nuits à veiller, & de perdre un repos que je ne prenois point en ne dormant pas. Les diverses pensées, qui me travailloient toujours l'imagination, m'ont enfin déterminé à m'expliquer plus clairement, en réduisant en abrégé le Livre de la Lumiére des Sages, que je mets dans une lumiére plus éclatante, pour mieux éclairer, & pour conduire plus surement à la connoissance de notre Pierre, ceux qui sont Amateurs de l'Art, & qui désirent connoître la Nature : Et encore que je sçache qu'on dira que j'enseigne trop clairement, & que par-là je charge ma conscience de beaucoup de péchés, je ne m'en mets pas en peine, & je répondrai que ce que j'écris est encore assez obscur pour les Ignorans & pour les Gens de peu d'esprit, & qu'il n'est clair que pour les Enfans de la Science. C'est pourquoi écoute & pése bien mes paroles. Si tu suis ce qu'elles t'enseigneront, tu parviendras à la connoissance des Mistéres les plus cachez de l'Art & de la Nature.

Tome III.   G*

Je n'écris rien que je ne doive approuver, & dont je ne fois prêt à rendre compte au jour du Jugement.

Tu trouveras dans cet Abrégé des Inftructions écrites d'un ftile fimple, car je ne m'applique point à chercher des mots affectez & trompeurs, & je dis nuëment la vérité.

J'ai enfeigné dans le précédent Traité, Que toutes chofes naiffent & font compofées de trois; à fçavoir de Mercure de Soufre & de Sel. C'eft une chofe certaine.

Mais apprens encore, Que notre Pierre eft compofée de deux, de trois, de quatre & de cinq. De cinq, c'eft à dire de fa Quinteffence; de quatre, c'eft-à-dire des quatre Elémens; de trois, c'eft-à-dire des trois Principes des chofes naturelles; de deux, c'eft-à-dire du Mercure double; & d'un, c'eft-à-dire du prémier Principe de toutes chofes, qui fut produit pur au moment de la création du Monde, *fiat*, foit fait.

Afin que perfonne ne fe poine à comprendre les chofes, & à en chercher le Sens miftique, & la vraie explication, je vais traiter en peu de mots du Mercure, du Soufre & du Sel, qui font les Principes matériels de notre Pierre.

DU MERCURE,

Prémier Principe de l'Oeuvre des Philosophes.

Remarque prémiérement que nul Argent-vif commun ne fert à notre Oeuvre; car notre Argent-vif fe tire du meilleur Métal par Art Spargirique & qu'il eft pur, fubtil, reluifant, clair comme eau de Roche, diaphane comme Chriftal, & fans aucune ordure. Réduis cet Argent-vif en Eau ou en Huile incombuftible, parce que felon les Sages, le Mercure a été Eau au commencement. Diffous en cette huile incombuftible fon propre Mercure, duquel cette Eau a été faite. Précipite-le dans fa propre Huile, & tu auras le Mercure double. Mais remarque bien que le Soleil, après avoir été purifié, comme je te l'ai enfeigné dans la prémiére Clef, doit être diffout par une certaine Eau particuliére, que je t'ai donnée dans la feconde Clef, & réduit en Chaux fubtile, comme je te l'ai auffi enfeigné dans la quatriéme. Cette Chaux doit paffer par l'Alambic avec l'Efprit de Sel, & être précipité dans cet Efprit & réduit à feu de réverbére en Poudre fubtile, afin que fon Soufre puiffe plus facilement entrer dans fa propre nature, & l'embraffer plus étroitement par un amour réciproque. Alors tu auras deux Substances dans une, qu'on appelle le Mercure des Philosophes, qui n'est qu'une Nature, & le prémier Ferment.

DU SOUFRE,

Second Principe de l'Oeuvre des Philosophes.

TU chercheras ton Soufre dans le mème Métail. Il faut le tirer, sans aucune corrosion par feu de réverbére, d'un Corps purifié & dissout. Comment cela se peut-il faire ? Je te l'ai déclaré en ne t'en disant rien, & je te l'ay assez clairement montré dans la troisiéme Clef. Tu dissoudras ce Soufre dans son propre sang, duquel il a pris naissance, observant le poids que je t'ai ordonné dans la sixiéme Clef. L'ayant fait ainsi, tu auras dissout & nourri le vrai Lion du sang du Lion vert ; car le sang fixe du Lion rouge est fait du sang volatil du Lion vert. C'est pourquoi ils sont tous deux d'une mème nature. Le sang volatil de l'un, rend aussi volatil le sang fixe de l'autre. Comme au contraire, le fixe rend le volatil aussi fixe qu'il étoit avant la solution. Entretiens les dans une chaleur modérée, jusqu'à ce que le Soufre soit entiérement dissout, & tu auras, suivant tous les Philosophes, le second Ferment & le Soufre fixe, nourri du volatil, qu'on tire dans l'Alembic par l'esprit de vin, qui est rouge comme sang; ce qu'on appelle Or potable, qu'on ne peut consolider, ni réduire en Substance corporelle.

DU SEL,

Troisiéme Principe de l'Oeuvre des Philosophes.

LE Sel, selon qu'on le prépare, a des effets divers. Il rend le Corps fixe, volatil. Car l'esprit du Sel de Tartre, tiré sans aucun ingrédient, rend, par la résolution & la putréfaction, tous les Métaux volatils, & les réduit en un Mercure vif, comme te l'enseignent mes Minéraux. Le Sel de Tartre a aussi une vertu grandement fixative, sur-tout si l'on ajoûte de la Chaux vive avec sa chaleur; car étant joints ensemble, ils ont une merveilleuse vertu pour fixer. Selon donc qu'on prépare le Sel végétable de Tartre, il peut fixer & rendre volatil; ce qui est un Sécret admirable de la Nature, & un effet merveilleux de l'Art Philosophique.

Il se fait un Sel volatil & bien clair de l'urine d'un Homme, qui n'aura bû pendant quelque temps que du vin pur. Ce Sel diſſout toutes choſes fixes, & les tire avec ſoi par l'Alembic. Il ne fixe pas néanmoins, quoi que cet Homme n'ait bû que du vin, duquel par ſon urine eſt tiré ce Sel de Tartre. Car il s'eſt fait dans le corps de ce même Homme une certaine tranſmutation, par laquelle la partie végétable, c'eſt-à-dire l'eſprit végétable du vin, s'eſt changée en animale, c'eſt-à-dire en l'eſprit animal du Sel de l'urine ; comme, par exemple, dans les Chevaux, il ſe fait une tranſmutation d'avoine, de foin & d'autres nourritures ſemblables, les changeant en leur propre Subſtance, à ſçavoir en chair, & en autres parties de leurs corps.

Les Abeilles auſſi, font du miel des meilleurs particules des herbes & des fleurs; & ainſi des autres choſes, dont la Clef & la principale Cauſe eſt dans la putréfaction, d'où proviennent toutes ces ſortes de ſéparations & de tranſmutations.

L'eſprit de Sel commun, tiré par un moyen que je t'ai montré dans ma derniére Inſtruction, étant mis avec un peu de l'eſprit du Dragon, diſſout l'Or & l'Argent, & les faits monter au haut de l'Alembic, tout de même comme l'Aigle, joint avec l'eſprit du Dragon, Hôte perpetuel des Rochers & des Montagnes. Mais ſi l'on fond quelque choſe avec le Sel avant la féparation de l'efprit d'avec le corps, il eſt plûtôt rendu fixe que diſſout.

Je te dis davantage, l'efprit de Sel commun, joint avec l'efprit de vin, & diſtillé par trois fois avec lui, devient doux & perd toute corroſion & accrimonie. Cet efprit ne combat plus corporellement contre l'Or; mais ſi on le fond ſur la Chaux de l'Or, dûment préparée, il tire ſa grande rougeur, & ſi l'on procéde comme il faut, la Chaux donne & empreint à la Lune purifiée une couleur ſemblable à celle qu'a eu prémiérement le Corps, d'où elle a pris ſon origne.

Ce Corps peut recevoir ſa prémiére couleur, ſe mêlant & joignant à la laſcive Vénus, d'autant qu'au commençement il a pris avec elle ſa naiſſance de ſon ſang, ou du moins d'un ſang ſemblable au ſien, & je ne t'en dirai pas davantage.

Remarque bien que l'efprit de Sel diſſout auſſi la Lune préparée, & la réduit, comme t'enſeignent mes Inſtructions, en une nature ſpirituelle, de laquelle on peut faire la Lune potable. Ces Eſprits, du Soleil & de la Lune, doivent être conjoints comme le Mari à la Femme, par l'entremiſe de l'Efprit du Mercure, ou de ſon Huile.

L'Efprit eſt dans le Mercure, la Couleur dans le Soufre, & la Congélation dans le Sel, & ce font ces trois qui peuvent reproduire le Corps parfait, c'est-à-dire, l'Esprit du Soleil, fermenté de sa propre Huile. Le Soufre, qu'on trouve abondamment dans la nature de Vénus, est enflammé de sang fixe, par elle engendré. L'Esprit, provenant du Sel Phisique, donne, en fortifiant & endurcissant, la victoire entiére, encore que l'esprit de Tartre, d'Urine & de Chaux vive, avec du vray Vinaigre ait bien de la vertu ; car l'esprit du Vinaigre est froid, & celui de la Chaux vive est chaud; c'est pourquoi on le juge à bon droit être de nature contraire, comme on le voit par expérience. Je viens de parler en Philosophe ; mais il ne m'est pas permis de passer outre, ni de montrer comment les portes sont fermées & remparées au dedans.

Je te donne encore ceci, pour te dire adieu : Cherche ta Matiére dans la Nature Métalique. Fais-en un Mercure, & le fermente d'un Mercure, puis d'un Soufre, & le fermente pareillement de son propre Soufre. Dispose & mets tout en ordre par le Sel. Tire-le une fois par l'Alembic ; mêle le tout par juste poids, & il viendra Un, qui a pris aussi auparavant son origine d'Un. Fixe-le, & le coagule par chaleur continuë, puis le multiplie, comme je t'ai appris dans les deux derniéres Clefs,

& le fermente pour la troisiéme fois, & tu viendras à bout de ton dessein, Quant à l'usage de la Teinture, la douziéme Clef t'en a assez instruit.

PREMIERE ADDITION,

Continuant les enseignemens de l'Oeuvre des Philosophes.

Pour ne te laisser rien à désirer, je veux t'apprendre que du noir Saturne & du doux Jupiter on peut aussi tirer un Esprit, qui par après se réduit en Huile douce comme en sa plus grande perfection, qui peut particuliérement & fermement ôter la vie au Mercure, & le rendre beaucoup meilleur, comme je te l'ai enseigné dans mes Minéraux.

SECONDE ADDITION,

Pour les mêmes Opérations.

Ayant préparé ta Matiére, sois seulement soigneux de gouverner ton feu, car toute l'Oeuvre en dépend, depuis le commencement jusqu'à la fin.

Notre Feu n'est que commun & naturel, & le Fourneau vulgaire. Et bien que les anciens Sages mes Prédécesseurs, ayent écrit que notre feu n'est pas un feu commun : Je te dis néanmoins en vérité, que c'est qu'ils ont tout caché selon leur coûtume. Car notre Matiére est vile, & l'Oeuvre, que l'on conduit seulement par le Régime du feu, est aisée à faire.

Le Feu de Lampe, fait avec l'esprit de vin, n'y est pas propre, parce qu'il conduit à de trop grandes dépenses. Le fient de Cheval n'est que perte & destruction, & notre Matiére ne peut jamais par son moyen venir à sa perfection.

La multitude & variété de Fourneaux est superfluë, car il ne faut en notre triple Vaisseau que varier & changer les dégrés du feu.

Prends donc garde que les Trompeurs ne te deçoivent en la variété des Fourneaux, car le nôtre est vulgaire, commun & la Matiére vile & abjecte. Le Matras ressemble en figure au contour & à la rondeur de la Terre. Tu n'as pas besoin d'autres instructions pour sçavoir gouverner ton Feu, & bâtir ton Fourneau, parce que celui qui a la Matiére trouvera bien-tôt un Fourneau, comme celui qui a de la Farine ne tarde guéres à trouver un Four, & n'est pas beaucoup embarassé pour faire cuire du Pain.

Il n'est pas nécessaire d'écrire plus amplement sur ce point. Prends seulement garde à la chaleur, & fais ensorte que tu puisses dicerner le chaud d'avec le froid. Si tu frappes le but, tu auras tout fait, & tu seras parvenu à la fin désirée de l'Art, pour la reconnoissance de laquelle, soit perpetuellement loüé Dieu, Auteur de toute la Nature. Ainsi soit-il.

Fin des Additions.

L'AZOTH,
OU
LE MOYEN
DE FAIRE L'OR CACHÉ
DES PHILOSOPHES,
DE FRERE BASILE VALENTIN.

PREMIERE PARTIE

LE VIELLARD, ADOLPHE.

ADOLPHE.

JE vous saluë, vénérable Vieillard; il y a dèja long temps que je vous considére de loin, réfléchissant en vous même, auprès de cet Arbre, sur quelque chose d'intéressant, & je ne puis résister à la tentation de vous demander quel est le sujet de vos réfléxions.

LE VIEILLARD.

Je puis, jeune Adolescent, connoître maintenant des choses, qui, dans ma jeunesse, me sembloient incroyables & hors de raison, & je me souviens que lorsque j'étudiois, mon orgueil étoit tel, que je présumois posséder toutes les Sciences. Mais à présent, que je suis sur le déclin de mon âge, je pense différemment, & je cherche à pénétrer dans ce grand Livre de la Nature, si rempli de difficultés. En sorte que je commence à me plaire dans mes Recherches, quand je m'apperçois que le temps s'écoule comme une onde fugitive, & c'est de quoi j'ai bien sujet de me plaindre.

ADOLPHE.

Je ne puis, respectable Vieillard, m'empêcher de vous admirer, en voyant des affections si contraires entre vous & moi. Il vous semble que le temps s'envole trop vîte, & il me paroît que les jours passent trop lentement. C'est pourquoi je veux voyager avec quelque Compagnie agréable qui me tire de cette mélancolie, où je m'absorbe, en voyant le temps couler avec tant de lenteur.

Le Vieillard.

Vous êtes encore, cher Ami, dans la fleur de votre âge ; vous avez un visage resplendissant, une phisionomie heureuse, & je voudrois sçavoir votre nom & votre origine. Peut-être ne seriez-vous pas fâché de m'apprendre l'un & l'autre, ainsi que la Profession que vous éxercez.

Adolphe.

Je m'appelle Adolphe, & ma Patrie se nomme Hassie. J'ai étudié pendant ma jeunesse ; & dans un âge plus avancé, j'ai quitté mes études pour apprendre le Commerce. N'ayant personne qui administrât les Biens que mes Parens m'ont laissé, j'ai formé le dessein de parcourir le Monde, &, comme je viens de vous dire, je veux trouver quelque Compagnie, avec laquelle je puisse commencer mes voyages par celui de Rome, cette Capitale de l'Univers. Mais avant que de me mettre en chemin, je serois bien aise de prendre vos conseils, parce que vous me paroissez avoir une grande expérience de toutes choses.

Le Vieillard.

Je vous aiderai volontiers des mes conseils, si vous vous sentez de la disposition à les suivre, & je suis plus propre que personne à vous donner de bons avis, parce que j'ai une connoissance parfaite des Lieux que vous pourrez allez visiter]

ADOLPHE.

Je suivrai d'autant plus volontiers ce que vous me conseillerez, que je suis persuadé qu'à votre âge vous ne me recommanderez rien qui ne soit fondé sur l'usage que vous avez du Monde. Ainsi daignez instruire un jeune Homme, qui cherche à ne pas tomber dans l'erreur, & vous aurez en moi un Auditeur docile, qui écoutera vos Préceptes avec beaucoup d'attention.

LE VIEILLARD.

Vous venez de me dire, mon Fils, que vous voulez commencer vos voyages par celui de Rome ; à la bonne-heure, & j'ai commencé, comme vous avez dessein de faire, par visiter cette Maîtresse du Monde ; mais l'âge m'ayant rendu plus sage que je n'étois alors, je suis maintenant plus prudent, & je prévois mieux les périls où l'on peut s'exposer. Ensorte que si vous voulez suivre mon conseil, vous ne vous arrêterez pas long-temps dans cette Ville-là, car elle est ce que je vous dirai plus amplement dans la suite. Mais pour revenir à ce que vous difiez il n'y a qu'un moment, je suis étonné de ce que dans une santé auſſi parfaite que celle dont vous joüiſſez dans le Printemps de vos jours, vous trouviez que le temps s'écoule avec trop de lenteur. Je vous conſeille donc d'en eſtimer la durée, ſi vous déſirez apprendre, comme moi, beaucoup de choſes ; de ne point l'employer dans l'oiſiveté, & d'en paſſer la meilleure partie à la recherche de la connoiſſance de Dieu & de ſes Oeuvres ; car nous ſommes créez à ſon image, & non pas à la reſſemblance des Bêtes, qui n'ont été créées que pour notre uſage. Que nos yeux ſoient donc ouverts pour contempler la Nature ; que nos oreilles ſoient attentives aux enſeignemens qu'elle nous donne ; que notre bouche chante les loüanges de ſon Créateur, & au lieu de mener une vie oiſive, employons le temps à des études, qui nous deviennent profitables.

Adolphe.

Il me ſemble, ſage Vieillard, que j'ai dèja appris les choſes qui me ſont néceſſaires, ayant aſſez bien étudié la Langue Latine, & m'étant appliqué à la connoiſſance des Langues étrangéres. Je ne crois pas qu'il ſoit utile de trop s'adonner aux Etudes, car j'ai reconnu que toutes les Sciences ſont imparfaites, & il n'y a aucucun Maître, dans quelque Art que ce soit, qui puisse conduire son Disciple à la fin qu'il désire. L'Astronomie, par exemple, qui, entre tous les Arts, devroit être un Art certain, n'est cependant qu'un tissu d'incertitudes, ainsi que l'Art de la Médecine. Quelles Erreurs ne se glissent pas dans la Théologie ? la Vérité n'est-elle pas Une, & peut-on douter de celle des Saintes Ecritures ? Cependant elle est prise en des sens différens par les Théologiens, & leurs Controverses ne finissent point. Quoique jeune, je ne puis approuver ces choses, & si je ne m'applique plus à l'étude, c'est à cause que j'ai remarqué que presque personne ne va au vrai but de la Science. Un Villageois me disoit l'autre jour, que les véritables Sçavans sont les plus méchans, & qu'ils porteront la peine de leur méchanceté. Je conviens néanmoins contre ce que je viens de dire, qu'aucune raison ne doit nous détourner de la Doctrine céleste, & que nous devons en faire le principal objet de nos méditations, puisque nous la tenons de la bouche divine du Verbe Incarné. Mais, pour conclure, je pense qu'il manque quelque chose à la perfection de la Sagesse humaine, & que le Cercle des diverses Doctrines n'a point encore acquis la sienne. Je crois que vous êtes de mon sentiment là-dessus.

LE VIEILLARD.

Cela peut bien être. J'ai, comme vous, appris la Langue Latine; mais l'usage des Langues Etrangéres ne nous est pas nécessaire, à moins que ce ne soit celui de la Grecque & de l'Hébraïque, par le secours desquelles nos Prédécesseurs ont connu les Arts, dont ils nous ont ensuite communiqué la connoissance. Je ne blâme pourtant point l'étude de ces Langues, parce qu'elles sont utiles aux Princes, à cause des affaires qu'ils ont à traiter avec les Etrangers, & je les regarde même comme un excellent Don de Dieu, tel qu'il le fit aux Apôtres, bien différent de celui qu'il fit aux Orgueilleux, qui édifioient la Tour de Babel, parmi lesquels il mit une confusion de Langage si étrange, qu'ils ne pûrent plus s'entendre, qu'ils abandonnérent leur entreprise, & qu'ils se dispersérent par toute la Terre. Toutes choses étant gouvernées par un Dieu très bon & très-grand, cette Tour, par la puissance de son Saint Esprit, a été, en présence des Gentils assemblez, convertie en Temple, dans lequel les Apôtres ont fait entendre les loüanges de Dieu; car la confusion ne plaît point à sa divine Majesté, & les Démons sont seuls les Auteurs de toute discorde. Dieu en Trinité nous demande la paix, &

c'est dans la paix qu'il a créé le Monde, de laquelle Jesus-Christ, notre Sauveur, nous a laissé un exemple, que nous devons imiter. Il ne faut donc pas employer son temps à acquérir la connoissance des diverses Langues Etrangeres, il suffit de sçavoir celles qui nous sont nécessaires pour entendre les Sermons des Prédicateurs, & pour lire les Saintes Ecritures; je veux dire, les trois Langues principales, la Latine, la Grecque & l'Hébraïque. Pour la Langue Maternelle, nous ne devons pas l'ignorer, non plus que la Philosophie Naturelle, & le moyen d'acquerir légitimement des Biens de la Fortune. Mais les prétendus Sages du Siécle prennent une route différente, & peu contens du Gouvernement que Dieu a établi, ils en cherchent qui lui sont contraires. D'où il s'ensuit que le temps, qui est un trésor précieux, se dissipe en recherches vaines, & que les Ames seront en danger de succomber, lorsque le Souverain Juge visitera la derniére Jerusalem, & qu'il jugera le Monde Universel. Alors on verra paroître les trois Ennemis principaux. Les Spirituels paroîtront tels qu'ils étoient avant la venuë de Jesus-Christ; mais à son dernier Avenement ils se trouveront confondus devant son Tribunal. S'il arrive qu'ils paroissent pendant que nous vivons, nous connoîtrons par leur présence que la fin du Monde approche, & nous verrons se lever en même temps les différentes Sectes des Pharisiens, des Sadducéens & des Esséens. Les Pharisiens n'étoient-ils pas attachez à la terre, & seulement occupez aux œuvres extérieures, n'ayant aucune connoissance de l'Esprit, ni de la venuë du Messie ? Les Sadducéens ne nioient-ils pas la Résurrection des Morts? Les Esséens, véritables Anabatistes, ne combattoient-ils pas contre la Sainte Trinité ? Les prémiers blasphêment contre la puissance de Dieu, les seconds contre sa miséricorde, & les troisiémes contre son Esprit. Ce qui montre que les Hommes sont toujours opposez à la Loi de Dieu. Quoique ceux-ci fussent partagez en diverses Sectes, néanmoins elles étoient nommées les principales, parce que ceux qui en étoient, tant d'Orient que d'Occident, détruisoient, autant qu'ils pouvoient, la Doctrine de la Sainte Trinité ; & les Juifs, qui suivoient le vrai Culte, étoient en petit nombre, menoient une vie cachée, & fuyoient les embûches du Monde. Il faut donc éprouver tout Esprit ; mais il faut aussi que chacun de nous s'éprouve soi-même par le Verbe Divin, comme par la Pierre de touche. Toute Conscience étant ainsi éprouvée, elle demeurera à toute épreuve. Comme il n'appartient qu'à l'Homme de tomber dans l'Erreur, on ne doit pas, pour sa conservation naturelle, s'attacher seulement à en connoître le corps animal, mais à acquerir la perfection des deux parties, dont il est composé, c'est-à-dire du corps & de l'esprit au Verbe Divin, & après qu'on a pourvû à ce qui est nécessaire pour le conserver, on doit s'appliquer à une connoissance parfaite de la Nature, parce que nous venons de Dieu, que nous retournons à Dieu, que nous nous arrêtons à Dieu, & que le Verbe étant le Sceptre, la Nature est la régle de toutes les Créatures, préparant la voye pour l'habitation du corps & de l'ame. C'est ce qui fait connoître le Sage, qui aime véritablement Dieu. Quelque docte qu'ait été Aristote, quelque excellent qu'il ait été en subtilité de raison humaine, il n'a point eu une vraie connoissance de toutes ces choses, & il en a ignoré les principales. Il en faut dire de même de ceux qui suivent sa Doctrine, quoique quelquesuns d'eux soient dans une grande estime. Par préférence à toute occupation, nous devons considérer le temps, en partager éxactement l'emploi, & s'adonner de tout son pouvoir à l'étude de la Justice & de la Vérité, en implorant le S. Esprit de nous donner la connoissance des choses spirituelles, & en prenant garde que les Vices ne nous fassent tomber dans le

Labyrinte de ce Monde. Après quoi, marchant dans le chemin de l'équité, sans nous en écarter, & ne laissant passer aucun jour ni aucune heure sans nous occuper au travail, nous dirigerons nos actions à la gloire de Dieu & à l'avantage de notre Prochain.

ADOLPHE.

Vous venez, ô bon Vieillard, de dire tant de choses excellentes, que je n'ai pû en retenir qu'une partie. Je sçais qu'il faut suivre la bonne voye & faire le bien ; mais je ne sçais pas si j'agirois prudemment en répondant à toutes ces choses ensemble, ou s'il ne me seroit pas plus avantageux de ne repondre qu'à chacune d'elles en particulier, & même qu'après y avoir bien réfléchi auparavant.

LE VIEILLARD.

Il faut, mon Fils, que vous appreniez les choses que vous ignorez encore ; c'est par l'étude des anciens Sages que je me suis ouvert le chemin où je voulois entrer; ne désespérez pas de vous l'ouvrir à votre tour par le même moyen, & vous y entrerez si vous en avez la volonté.

ADOLPHE.

Je ne désire rien davantage que d'apprendre toutes choses de vous, parce que vous êtes Sage comme les Anciens dont vous me parlez, & je mettrai volontiers toute mon application à satisfaire mon désir, en connoissant que toutes choses sont utiles & honnêtes.

Le Vieillard.

Vous devez d'abord considérer la noblesse & l'excellence des sept Dignités, que je vais vous mettre par ordre, lesquelles sont la santé heureuse, & le juste emploi du temps, qui est triple ; mais il faut rejetter le soin de briguer la faveur, l'autorité, & l'estime des Hommes, & ne point se prévaloir de la force, de la puissance, des richesses, ni même rechercher sa propre commodité; parce que ces quatre dernières sont ces Dons, desquels on a coûtume d'abuser, sans y prendre garde. Si Dieu, à cause de ces Dons, ne nous visitoit par les afflictions, par les tentations, & quelque-fois par la mort subite, nous parviendrions facilement à la connoissance de ces Biens. En travaillant au salut de notre ame, nous devons aussi avoir soin de notre santé, d'une paix durable, de l'angelique Beauté, de la céleste Sagesse, & des trésors de la Gloire, toutes choses qui nous sont promises, & dont nous attendons la communication par Jesus-Christ, notre Sauveur, si nous persévérons jusqu'à la fin à marcher dans la sainte voye qu'il nous a enseignée ; car si nous obéissons toujours à sa volonté divine, qui nous est manifestée dans le Livre de vie, notre nom ne sera point effacé de ce Livre, & nous vivrons éternellement avec lui, parce que nous sommes tous appellez à la vie éternelle. Je pourrois dire quelque chose de la gloire de ce Monde, qui ne laisse pas, dans un sens, que d'avoir de la solidité ; mais, quoique je la regarde comme un trésor précieux, quand elle s'acquiert par des voyes légitimes, néanmoins ce n'est qu'une ombre vaine, en la comparant à la Gloire céleste, qui est Jesus-Christ. Heureux, vraiment heureux sont ceux, dont Dieu éprouve le cœur par les tentations, parce que s'ils les surmontent en les combattant, ils font voir une force plus que naturelle dans ce combat, & cette force leur vient uniquement du Verbe de Dieu, qui ne l'accorde souvent aux Hommes qu'aux approches de la mort. Mais, malheureux, & plus malheureux qu'on ne peut dire, ceux, qui méprisant la vie céleste, en ménent une terrestre & voluptueuse ; car les remors de conscience, leur feront envisager la mort comme un objet bien terrible. Plût à Dieu que nous pûssions tourner les yeux vers sa Gloire toutes les fois que sa Grace nous

nous y invite, & que son Verbe, en qui sont cachez les Trésors éternels, nous y appelle par de saintes inspirations. Tout est rempli de Dieu ; ses Créatures & les Oeuvres de ses mains portent témoignage de sa puissance dans le Ciel & sous le Ciel, sur la Terre & sous la Terre, & l'on contemple en toutes choses sa Divine Majesté. L'Homme peut contempler Dieu en esprit, & se réjouir en Dieu, quand il pense que son esprit est l'image de Dieu, & qu'il veut diriger les actions de sa vie selon la Loi de Jesus-Christ. Dans la vie future, nous aurons sans étude une connoissance entière de la Gloire Divine, & nous apprendrons sans peine ce que nous nous efforçons inutilement de vouloir connoître en celle-ci. Dans celle-là, l'honneur du nom de Dieu sera parfait, & demeurera perpetuellement. Sa miséricorde se renouvelle tous les jours, & les Anges ne peuvent assez chanter ses merveilles. Pour nous, Pécheurs que nous sommes, nous ne pouvons loüer ses divins Mistéres, si le Saint Esprit ne nous aide à le faire. A l'égard des Méchans, qui ne songent qu'à leur intérêt particulier, ils ont toujours devant les yeux les flammes éternelles; la faim & la soif les suivent en tous les lieux, & la vision des Démons les effraye sans cesse. C'est pourquoi nous devons bien réfléchir sur l'Eternité, dont la durée n'aura point de fin, & prier Dieu tous les jours de notre vie de nous délivrer de l'Ennemi, qui ne cherche qu'à nous faire perdre sa grace par des tentations continuelles, & de nous deffendre des Corps célestes, des Elémens & des Esprits, qui nous nuiroient s'il ne nous mettoit sous sa sainte garde. C'est donc par des priéres ferventes que nous devons demander l'assistance du Saint Esprit, afin que nous entendions la parole de Dieu, qui est la régle de notre vie, puisqu'il dit lui-même : Faites cela & vous vivrez : Qui a péché, fasse pénitence, & ne péche plus. Il ne veut pas la mort du Pécheur, mais sa conversion, & qu'il vive. Si nous nous en tenions à nos foibles connoissances, il sembleroit d'abord qu'il n'y auroit aucune Puissance céleste, dont nous dûssions craindre la colére, parce que nous ne voyons de nos yeux que des choses terrestres & que nous n'entendons pas de nos oreilles les Commandemens du Créateur du Ciel & de la Terre ; mais nous avons Moyse, les Prophétes & la Voix qui crie au Désert, lesquels nous annoncent la parole de Dieu & sa volonté. Tâchons de nous y conformer, afin d'être trouvez Justes au moment de notre mort, & de comparoître sans crainte au Jugement Universel, où toutes les actions des Hommes seront examinées selon la régle du Livre de vie, & le témoignage de l'Esprit, car une Sentence irrévocable y sera renduë contre toute Chair vivante. Ce sera dans ce Jour terrible que les Infidelles verront celui, dont ils ont percé le sacré côté, & qu'ils n'ont point voulu reconnoître, à moins que de mettre auparavant leurs doigts dans les payes que les Juifs lui ont faites, parce que leurs esprits terrestres & grossiers, ne connoissant que ce qui est du ressort des Sens, n'ont pû, sur les aîles de la Foi, élever leurs pensées jusques dans les Cieux pour y contempler sa Divinité.

ADOLPHE.

Vous venez de me prêcher comme un véritable Pasteur; vos paroles ont fait de l'impression dans mon ame; mais je doute que je puisse régler mes actions de maniére qu'elles ne s'écartent en rien de vos préceptes; cependant je les y conformerai autant qu'il me sera possible, car on est toujours satisfait quand on a rempli son devoir. Vous avez aussi parlé de Trésors; je voudrois sçavoir s'il y en a d'autres que les Richesses de ce Monde, & vous m'obligeriez, si vous vouliez m'en instruire.

LE VIEILLARD.

Je ne suis point surpris de votre curiosité; presque tous les Hommes brûlent de sçavoir ce que vous me demandez; mais sçachez que ce Trésor est une Essence Spirituelle, & d'une vertu, non-seulement abondante en Richesses, mais aussi en Science de Médecine, & que par son breuvage les Hommes, par la permission de Dieu, sont délivrez des maladies les plus enracinées, même de celles ausquelles les Médecins ne peuvent apporter de soulagement. C'est une Oeuvre qui surpasse l'éxcellence de l'Or & de l'Argent, qui étonne la Raison humaine, ou si vous voulez; c'est un Mistére presque incompréhensible. Pour en concevoir quelque idée, lisez la Révélation Hermétique de Théophraste. Je ne veux pas encore vous dire ce que c'est que ce Mistére, qui est un Sécret caché dès le commencement du Monde par la volonté de Dieu, & il ne m'est permis de vous le révéler qu'à la façon des Philosophes, qui en parlent assez ouvertement dans leurs Livres; mais la Providence Divine n'en accorde la connoissance parfaite qu'aux pieux Sectateurs de cet Art.

ADOLPHE.

Quoique vous vous efforciez à couvrir ce

Sécret d'un voile spirituel, je conçois néanmoins que vous entendez parler de la Pierre des Philosophes, dont les Écrits nous apprennent qu'elle se compose de la prémiére Matiére; c'est-à-dire, de Sel, de Soufre & de Mercure. On met tous les jours en lumiére de cette sorte d'Ecrits & j'ai connu des Sçavans, adonnez à cet Art, qui me communiquoient les leurs, que je corigeois de moi-même en quelques endroits. Les anciens Philosophes ont soigneusement travaillé leurs Livres, mais on les a malicieusement corrompus. Ce qui fait que les bons Artistes sont rares comme le Merle blanc ou le Cigne noir, & par conséquent, que nous ne voyons point l'Effet de la Fin que ce grand Art nous propose. J'ai vû de doctes Personnages traiter d'Imposteurs des Artistes, à cause de l'incertitude de leur Science, & je ne sçaurois croire, non plus que ces Sçavans, qu'ils puissent convertir en Soleil & en Lune les Métaux inférieurs, à moins que ce ne soit par une vertu divine ou par le ministére des Démons, avec lesquels j'ai oüi dire que ces Artistes avoient de la familiarité. Ce seroit vous, Homme vénérable, qui pourriez mieux que personne m'instruire des Sécrets de la Nature, & de la Transmutation des Métaux ; mais puisque vous ne jugez pas à propos de me révéller les Mistéres principaux de l'Art, apprenez moi du moins si c'est de Dieu que les Hommes obtiennent un Don si précieux. Je suis dans l'étonnement quand je me souviens d'avoir lû sur ce sujet plusieurs Ecrits, sans en avoir pû comprendre le sens, & lorsque je me rappelle dans la mémoire que j'ai vû des Gens, qui ne les entendoient pas mieux que moi, travailler dans cette Art aux dépens de ceux qui les en croyoient capables, d'où s'ensuivoit la perte de leur temps & de leur argent. Ce qui me faisoit dire avec ces Personnes trompées, que l'espérance, dont se repaissent les Enfans de l'Art, n'est pas fondée sur la Démostration, puisqu'aucun d'eux n'en faisoit voir la Certitude par les Effets.

Le Vieillard.

Je vous montrerai, moi, la Fin & l'Effet de cet Art, pour que vous en connoissiez la Certitude, & que vous sçachiez que je le posséde véritablement. Persuadez-vous par avance que je connois la Racine de l'Arbre, ainsi que toutes les choses, qui sont nécessaires dans cette Science. Cette Racine est connuë de peu de Sçavans, & elle est entiérement ignorée du Vulgaire. Si je vous semble m'étendre trop, en vous parlant de cette même

Science, ne vous laſſez pas de m'écouter; la raiſon le demande de la ſorte, & les choſes les plus éxcellentes doivent être traitées avant celles qui le ſont le moins. Au reſte en répondant à vos Queſtions, je vous ferai voir clairement que je n'aurai dit que des choſes véritables.

ADOLPHE.

Avant que d'entrer en matiére, je voudrois ſçavoir pourquoi nous ne trouvons aucun Artiſte, qui ſoit parvenu à la perfection de ce grand Art, ni qui ſçache éxactement la Tranſmutation des Métaux. Et pourquoi auſſi cette Science eſt mépriſée par des Sçavans, qui devroient en avoir une pleine connoiſſance, puiſqu'elle eſt ſi fructueuſe & ſi utile, quoiqu'en quelque lieu que je me ſois trouvé, je n'aye point entendu dire qu'aucun, par ſon moyen, ait acquis les Richeſſes de Créſus. Vous-même, vénérable Vieillard, vous me dites que vous poſſédez cet Art, & cependant vous êtes vêtu pauvrement comme l'eſt un Solitaire. Pour moi, je vous l'avouë, ſi j'avois la connoiſſance d'un Art qui procure tant de Biens, j'amaſſerois de grands Tréſors, & j'achepterois des Dignités & des Etats ſi étendus, que les plus puiſſans Princes du Monde en prendroient l'épouvante, & porteroient envie à ma fortune. C'eſt ce que tous les Artistes promettent à ceux qui leur ouvrent leur bourse. De grace, dites-moi ce que vous pensez là-dessus.

Le Vieillard.

Je pense que vous raisonnez en jeune Homme, ou comme les Foux, qui ne désirent des Richesses que pour satisfaire leur volupté. L'intention des Philosophes est bien différente, & ceux qui courent après ces choses corruptibles & périssables, sont indignes de ce nom, qui n'appartient qu'aux Sages, qui s'adonnent à la connoissance des Mistéres divins, qui consacrent leurs travaux au service de Dieu, & qui étouffent en eux tout sentiment de vaine gloire & d'ambition. Je ne condamne pas le désir des Richesses, quand il se borne à ce que Dieu nous en envoye pour les besoins de cette vie; mais je blâme cette cupidité déréglée, qui porte l'Homme à n'en souhaiter que pour satisfaire son orgueil. Et c'est par cette raison que les Philosophes ne parlent que mistérieusement de leur Art, de peur d'encourir la disgrace de la Famille de Nembrot; car si cet Art n'étoit caché aux Faiseurs de tours de passe-passe, il s'ensuivroit de la connoissance qu'ils en auroient, une confusion étrange dans les Ordres de ce bas Monde, dont Dieu lui-même a établi les différences, qui sont nécessaires pour entretenir la concorde entre les Hommes, & il les a établies dans le dessein que les uns serviroient les autres, dans l'union & dans la paix, jusqu'à ce qu'il les séparât les uns des autres, comme le Philosophe artiste *sépare l'un de l'autre*, je veux dire, le *Corps*, *l'Ame* & *l'Esprit*, & ensuite les *réunit ensemble*. Aucun ne doit faire cette divine séparation à moins que le Verbe de Dieu ne lui ait commandé de réprimer les Méchans, parce qu'il est seul la Justice & la Vérité, & que ce qui est hors de lui, n'est que mensonge & abomination devant Dieu. C'est de ce Verbe, que reçoit une puissance divine, le Magistrat qui tient ici bas la place de Dieu, aussi sera-t-il puni sévérement s'il prévarique dans son Office, & s'il verse injustement le sang humain, contre le Précepte de Dieu ; car Dieu ne fait acception de personne, tout étant égal devant lui. Cette Séparation divine est donc d'une grande considération. Il semble que ces choses soient dites hors de propos; cependant elles apportent un grand profit au Genre Humain, & elles ne lui sont pas d'une moindre utilité ; c'est pourquoi il m'a paru convenable de les dire. Il est parlé dans le Prophéte Ezéchiel de quatre Vents, qui soufflérent sur des Os de Morts, lesquels se placérent aussi-tôt chacun dans sa jointure, & sur lesquels se formérent des nerfs, & des chairs, qui les environnérent ; comme aussi de l'Esprit, que leur souffle fit entrer dans ces Os, lequel Esprit, par la volonté de Dieu, les anima & les rendit vivans. A l'agonie de la mort, toutes les parties de l'Homme se séparent les unes des autres ; car alors les quatre Elémens, l'Esprit & l'Ame sont divisez, & se séparent l'un de l'autre. En leur place, l'Eau & la Terre élémentaires sont conjointes, & un autre Air avec un autre Feu sont épaissis. L'Esprit astral de la vie, l'Homme intérieur & invisible, retourne au Ciel, où il est élevé au dessus des Elémens, & l'Ame va au sein d'Abraham, suivant la promesse de Dieu, & y repose jusqu'à ce que vienne la consommation de ce Monde, que toutes choses seront accomplies. Nous voyons la Terre nous fournir toutes les choses nécessaires à la vie, dans lesquelles l'Esprit des Elémens est caché comme nourriture & céleste Essence. Nous avons aussi la nourriture du Feu & de l'Eau, & nous conservons par l'un & l'autre le tempéramment du Corps terrestre, qui contient l'Eau & le Feu spirituels pour donner de nouvelles forces à l'Esprit intérieur. Car, comme la Terre a en soi ces deux choses, le Ciel les contient pareillement, ce qu'on appelle

Quintessence, laquelle est plus noble que les Elémens, & est la nourriture de l'Esprit, comme le Verbe de Dieu est la nourriture de l'Ame. Et il s'est fait Corps, afin de donner la béatitude céleste au Corps, à l'Ame & à l'Esprit, quoi qu'il ne soit ni viande ni nourriture corporelle, & qu'il soit seulement le Lien & le Sçeau de la Promesse & du Livre de vie, en témoignage de la vérité, à cause de la foiblesse de notre foi, & du peu de connoissance que nous avons de la Divinité. Dieu aime tellement les choses naturelles & spirituelles, qu'il veut que sa Créature soit toute dans l'Homme en conjonction avec Jesus-Christ, par qui les péchés sont pardonnez. Car comme le Verbe Divin est le Principe de toutes choses, il est de même le Principe de l'Image de Dieu. Le Verbe de Dieu nous dit : De cette Fleur du Saint Esprit commence la Foi ; de la Semence de cette Fleur n'aît l'Arbre des bonnes œuvres, & les bonnes œuvres ne méritent pas le Salut éternel, mais la foi au Verbe de Dieu. Ce Verbe est un amour magnétique, qui nous attire à lui avec les Bons, & n'en peut être séparé. Il n'y a point d'amour astral magnétique qui lui soit semblable dans la Nature. Nous devons péser éxactement toutes ces choses dans la balance, comme nous devons aussi considérer ce que l'Homme intérieur fait dans la Nature, lequel Homme intérieur est invisible & céleste, de même que l'Ame est surnaturelle & surcéleste; connoissance néanmoins que nous n'avons que par révélation de Dieu. La Nature propose les Esprits naturels; ils sont grands, & d'une considération sécréte: Et l'Homme corporel ne pourroit entendre les choses spirituelles, si l'Esprit de vérité ne lui étoit révélé par le Roi des Esprits: Et par celui-ci, le Saint Esprit examine la Sagesse, les Arts & les Sciences. Cet Esprit Saint excite dans les Chrétiens un feu sur-céleste d'amour, & un esprit magnétique de sagesse. Il nous enflamme, nous lave d'une eau pure, & nous rend nets, afin que nous fassions pénitence de nos péchés, & que nous ne mourions pas dans nos offenses. C'est pourquoi on parle souvent de l'Eau & du Feu, du Sang & de l'Esprit de l'Eau, qui est celui qui donne la vie; car le péché est de couleur sanguine, & la punition du péché est la Mort noire, la croix & l'affliction; mais la récompense des Pieux & des Devots, c'est la Robe blanche & la Couronne de gloire. Ces choses, bien entendues, suffisent présentement. Venons à l'explication des Questions que vous m'avez proposées; je vous les rapporterai par ordre, & je vous ferai voir la certitude de l'Art par la chose même, & de telle maniére que vous ne pourrez la revoquer en doute. Or quant à ce qui regarde l'autre objet, qui est que plusieurs Sçavans ont une foible connoissance de cet Art, sçachez, mon Fils, que c'est la volonté de Dieu, & que cela se fait pour quelque considération, car Dieu réprouve toute superbe & toute ambition, & ne donne ce Trésor qu'aux Humbles & aux Pauvres, & non pas aux Grands & aux Enfans de ce Monde. L'Homme doit faire usage de ce Trésor suivant la Loi du Seigneur, & pour sa gloire en soulageant ceux qui sont dans la misére, & non pas en passant sa vie dans l'oisiveté & dans la mollesse, sans faire de bonnes œuvres suivant la volonté de Dieu. Si ce Trésor se donnoit indifféremment à tous, quelle confusion, je vous prie, ne seroit-ce pas entre les Hommes ? Autrement, je ne concevrois pas ce qu'entendroit Sirac, en disant : Mon Fils, si tu veux servir Dieu & lui plaire, prépare-toi au Jour de l'affliction. Ce qui est dit véritablement de la pauvreté & de l'imbécillité humaine, comme vous pourez facilement le conjecturer de vous-même ; & il n'est pas permis à l'Homme d'user de ce Trésor comme bon lui semble, à cause que sa nature est corrompuë, & qu'elle panche plûtôt vers le mal que vers le bien. Ne révéle donc ce Sécret à personne, & ne le donne point sur-tout à une Ame avare, ambitieuse & superbe; car c'est l'honneur & la gloire de Dieu; mais conduis-toi de cette sorte: Si la Fortune t'est favorable, garde-toi d'en concevoir de l'orgueil: Si elle ne te favorise pas, garde-toi aussi d'en avoir de la douleur; car Dieu est l'arbitre de la bonne & de l'adverse Fortune; il dispose de l'une & de l'autre comme il lui plaît. Il y a autant de vertu à rechercher la Science, qu'à la tenir sécréte lorsqu'on l'a acquise; car si vous la réveliez autrement qu'il est permis de le faire, ce grand Art perdroit le nom & la dignité d'Art; ce qui a fait dire à un Philosophe: Cache cet Oeuvre aux yeux de tous; n'en parle devant personne; n'en dispute même point en toi-même, de peur que le vent ne porte tes paroles à un autre, ce qui te pourroit être dommageable. Je t'avertis fidellement de ces choses; c'est à toi d'y prendre garde, si tu ne veux pas être tourmenté dans ton corps & dans ton ame. L'abus que l'on feroit de cet éxcellent Don de Dieu seroit d'autant plus criminel, que Dieu ne fait ce Don que par une pure grace; aussi seroit-ce une honte si ce même Don Philosophique étoit prophané par les Méchans, qui, à cause de leur malice & de leur ignorance, doivent être privez de voir cette lumiére. L'Avarice & la Luxure ont pris des racines si profondes dans le cœur des Enfans de ce Siécle, qu'on n'y découvre presque plus aucuns vestiges de la Foi ni de la Justice. Je vais vous raconter à ce sujet ce que j'ai vû de mes propres yeux. Il y avoit dans une certaine ville un Homme très-riche, qui se refusoit à soi-même l'usage de ses grands Biens, qu'il accumuloit continuellement pour ses Enfans. Leur Mére les élevoit dans l'abondance de toutes choses, & comptant sur les Richesses de leur Pére, ils passoient leur jeunesse dans l'oisiveté & dans la débauche. A mesure qu'ils croissoient en âge, les dérèglemens de leur vie augmentoit à proportion. Enfin, leur Pére étant mort, ils en dissipérent l'héritage en se plongeant dans toutes sortes de vices; ensorte qu'ils se vîrent réduits à une extrême pauvreté, & exposez au deshonneur le reste de leur vie. Ils ne seroient point tombez dans ce malheur, s'ils avoient profité des instructions qui leur avoient été données, car on les avoit élevez dans la connoissance des Mœurs & des Sciences. Telle est la volonté de Dieu, que les Ordres soient distincts parmi les Hommes, & que les uns servent les autres. Notre Sauveur lui-même à fait des œuvres serviles, & a lavé les pieds de ses Disciples. L'honneur est plus grand dans les uns que dans les autres, & nous sommes comme il plaît à Dieu de l'ordonner & de nous bénir. Et il a dit: Je te récompenserai de la même maniére que tu serviras dans ta vocation. Dieu distribuë en un jour tant de Richesses qu'elles semblent surpasser celles des Rois les plus puissans, & ses Trésors ne diminuent point; au contraire, ils augmentent toujours, & c'est pourquoi il doit être aimé avant toutes choses & sur toutes choses. Il n'en est pas ainsi des Richesses humaines; car quelque fois celui qui les amasse par avarice, laisse en mourant un Successeur prodigue qui les dissipe, & suivant ce que disent quelques Sçavans, les Richesses précipitent souvent ceux qui les possédent dans les tourmens éternels de l'Enfer ; parce que pendant qu'ils ont été dans l'abondance des Biens de ce Monde, ils n'ont point pensé à la paix du Ciel, ont négligé de soulager les Pauvres, & ont entiérement oublié Dieu. Les jeunes Gens sur tout, sont les plus exposez au danger de tomber dans le piége que leur tendent les Plaisirs, quoi que la prudence supplée quelque fois au defaut de leur âge. Les Hommes pieux sont contraints de boire le Calice des afflictions, & les Impies sont réservez aux peines éternelles. Mais ce qui est le plus déplorable, c'est qu'on ne fait presque point attention

à ces

à ces choses, & que les Avares ne pensent qu'à laisser des Dignités & des Richesses à leurs Enfans, se moquant de ceux qui leur disent, qu'avant toutes choses il faut consulter la Sagesse Divine, & que sans elle il n'y a rien de stable ni de solide dans ce Monde. Ce qui fait qu'à l'agonie de la mort le Ver de la conscience ronge le cœur de ces Misérables, & le désespoir ne s'empareroit pas d'eux dans cette extrémité, si, pendant qu'ils étoient en santé, ils avoient songé au salut de leur ame dans une parfaite humilité.

ADOLPHE.

Il semble que ce que vous venez de dire soit contraire au dessein de me faire connoître que ce que vous avez dit est pour moi ; cependant ajoûtez le reste, & je l'écouterai attentivement. En attendant, je voudrois sçavoir comment il se peut faire que l'Art, dont nous parlons, n'est pas révélé à toutes Personnes avec les Mistéres des Philosophes, puisque les autres Arts sont connus de tout le Peuple ; ce qui me porte souvent, quand j'y pense, à douter de la vérité de l'Art dont il s'agit.

LE VIEILLARD.

Je vous ai déja dit que le silence a été imposé aux Enfans de la Science, afin qu'elle fût tenuë sécréte à cause de la puissance des Princes, & de la méchanceté des Superbes, des Usuriers, des Luxurieux & des autres Scélérats. Tous les Philosophes cachent avec soin la connoissance de cet Art, parce que quelques-uns, après avoir eu communication de cette Science divine, en ont fait un mauvais usage, & fait périr ceux qui la leur avoient communiquée. Il faut donc que celui qui posséde cet Art, ainsi que le Disciple qui veut l'apprendre, soit discret, humble, pieux & débonnaire. Ensorte que quand Dieu vous aura communiqué cette Science, il faudra vous gouverner avec beaucoup de prudence, & vous appliquer soigneusement à connoître les choses les plus sécrétes, & à faire du bien non-seulement à votre Prochain, mais encore à vos Ennemis, car la Loi de Jesus-Christ nous y oblige. Nous devons aussi résister de toutes nos forces aux Ennemis de la Foi, & nous appliquer à loüer Dieu & à publier ses miséricordes. L'Ingratitude est cause que beaucoup de choses sont cachées, & l'Ignorance engendre de très-grands maux. Au contraire, la Science augmente les biens & est le rayon de la Lumiére. Plusieurs s'occupent à la recherche de cet Art, & peu cultivent les vertus qu'il demande, principalement celle de le tenir secret. Semblables à ce Phaëton, dont parle Ovide, qui ne sçut pas conduire le Char de Phœbus, son Pére, ils tombent dans le même malheur que ce Téméraire. Il faut donc garder avec soin la connoissance d'un si grand Trésor. Quand l'Homme a considéré les Paraboles & les Mistéres, il doit être pleinement satisfait, lorsqu'il voit l'image & le sçeau de la divine Bonté empreints dans la Nature, laquelle parfait toutes choses beaucoup mieux que l'Homme, quoiqu'il soit la très-noble Créature de Dieu, la plus raisonnable, & celle qu'il aime le plus. Son éxellence sur toutes les autres Créatures est manifeste, en ce qu'il lui propose des Préceptes pour le conduire à la vie éternelle.

Adolphe.

Il y a de grandes choses à considérer sur cette matiére. Mais je voudrois sçavoir ce que vous pensez des Paraboles, sur lesquelles vous m'avez déja dit qu'il faut réfléchir avec beaucoup d'attention.

Le Vieillard.

Je vous dis encore qu'il faut avant toutes choses faire ensorte d'en découvrir le sens; car celui qui a connnoissance de cette Oeuvre, connoît par soi-même qu'il ne doit point donner dans les opinions erronnées, parce que les Imposteurs tâchent de vendre aux Simples le Sécret de l'Art, qu'ils n'ont pas, & ceux-ci, avides des Biens de la Fortune, leur acheptent autant qu'il veulent une chimére pour une réalité. En bonne foi c'est une grande impiété que de comparer une autre Oeuvre à la Puissance Divine, car le Verbe de Dieu est l'Echelle de Jacob : Et JESUS-CHRIST est le seul Médiateur, par lequel toutes choses sont mises dans le Livre de vie. Par la même raison nous voyons dans notre Oeuvre naturel, la vie & la mort, la création & la résurection de tout le monde ; les nombres, les mesures & les poids ; l'acroissement, les forces & l'éfficace des Etoiles & des Elémens, principalement du Soleil & de la Lune. Car par le Soleil, la vie décend comme il plaît à Dieu, & c'est pour cela qu'elle est comparée à cet Astre, & qu'elle est appellée de son nom. Tel que le Soleil est en haut, tel il est en bas, & par lui toutes merveilles sont accomplies. Le Soleil purpurin, rouge & doré, est mâle & fémelle ; il est le Serviteur de tout l'Univers, & contient en soi les Richesses universelles. Il faut remarquer ici deux choses, comme d'une chose & de deux, car Dieu a créé quelque chose de rien. Or cette chose étoit telle, que toutes les autres choses, tant célestes que terrestres, en ont été produites ; car Dieu dit : Soit fait ; & il fut fait. Quand donc toutes choses furent créées par son Verbe, la Nature universelle fut séparée de la chose, & elle étoit bonne en son essence, parce que c'étoit le bon plaisir de Dieu, duquel il s'étoit soudain retiré quelque chose, qui n'avoit pas duré jusqu'au temps du grand Monde; & pour cela, il falloit une autre chose, car il ne pouvoit subsister par une seule chose, comme il avoit été fait dès le commencement à cause de la Créature la plus débile que Dieu désiroit, à laquelle il dit : Croissez & multipliez. Alors on multiplioit tellement, que rien ne périssoit dans le courant d'un siécle ; car c'étoit la bénédiction du Seigneur, laquelle il départit à l'Homme par son Verbe. Ensorte que toutes choses sont parachevées par une grande obéissance, & elles sont conduites par le Saint Esprit. Il en est de même à l'égard d'Adam & d'Eve, du Mâle & de la Fémelle. Il faut observer ici comment par l'un, & l'autre se fait la création par l'augmentation, la multiplication & la conservation, & comment par un troisiéme, ou l'Esprit, l'administration se conduit. C'est ce qu'il est nécessaire de bien comprendre. Loüange & honneur soit à Dieu en Trinité. Outre cela, Dieu commandoit à l'Homme;

mais il lui affujettiffoit tout fans réferve. Il lui permettoit de manger de tous les fruits du Paradis, excepté de celui de l'Arbre de la Science du bien & du mal, dont il lui avoit fait une deffenfe expreffe, & par-là malice du Démon, il devint enfin defobéiffant à Dieu. Nous devons feulement connoître le bien pour le fuivre, & le mal, pour le fuir, ainfi que la voye dans laquelle nous furprend l'Ennemi. Car Dieu eft le Seigneur qui conduit & adminiftre toutes chofes, & toutes les Créatures lui font fujettes. Le Commandement introduifit le *Péché*, & l'Homme n'y prit pas garde par la rufe du Démon. Le prémier péché fut le blafphême & l'Idolatrie, obfcurciffant par ignorance toute Science, & la convertiffant en connoiffance du mal, en toutes fortes de vices & de méchancetés, à quoi nous renonçons dans le Sacrement du Baptême, qui eft notre régénération & le renouvellement de notre vie au nouvel Adam, comme au Bois de vie, qui a été ôté à nos prémiers Parens dans le Paradis terreftre, lequel néanmoins fut promis à la Semence de la Femme, c'eft-à dire, Jefus-Chrift, qui eft l'Arbre de la vie fpirituelle & corporelle, & par lequel l'Ame & le Corps reçoivent également la vie. Comme Adam, chaffé du Paradis, étoit envoyé dans le Monde, Jardin de ténébres & d'afflictions pour la mortification du sang & de la chair ; de même si nous entendons ce que c'est que la Manne, c'est-à-dire le Pain céleste, le Verbe de Dieu ; que nous vivions selon ses Commandemens, & que nous croyons au Verbe qui s'est fait chair, par lui nous reprendrons la vie, & nous serons transportez de la Maison d'ignorance dans le Paradis céleste : Et comme la Mort ravissoit Adam, de même nous mourons au vieil Adam, & nous réssusciterons en Jesus-Christ, qui est le nouvel Adam, & l'Arbre de vie, le fruit duquel nous devons manger pendant notre bannissement dans cette Maison d'afflictions. Le Verbe de Dieu est la seule voye que nous devons suivre ; c'est lui qui a ouvert le Livre de vie, fermé de sept Sceaux. Si nous désirions connoître autre chose, & manger du fruit de l'Arbre de la Science du bien & du mal, on diroit que nous voudrions servir à deux Maîtres, c'est-à-dire à Dieu & au Démon, prenant le mensonge pour la vérité, & réprouvant la vérité comme un mensonge. Aussi recevrions-nous une récompense conforme à nos œuvres, & c'est ce qui fit que nos premiers Parens fûrent chassez de la présence du Dieu vivant, qui n'est pas semblable à l'Homme, mais l'Homme a été fait à son image, afin qu'il obéît à ses Commandemenés, sans en rien diminuer, ni rien y ajoûter. Toute chose bonne est du Verbe Divin; par lui toutes choses sont faites, & on peut les comprendre par la vûë & par l'attouchement, parce que le visible est fait de l'invisible. La Foi prend son commencement de ce qu'on entend dire de la Foi; c'est-à-dire l'invisible du visible; & du Verbe de Dieu le Chrétien est engendré. Ces choses sont ainsi établies, afin que l'Homme agisse & opére avec raison, & qu'il ne se forme pas des idées frivoles de la Toute-puissance, car c'est la volonté de Dieu. L'incrédule Thomas ne parvint point à comprendre ceci, tant qu'il ne connut que la Nature humaine, le Ciel élémentaire, & les choses extérieures, comme l'Eau & la Terre, qui sont les réceptacles & les prisons de la Mort. Saint Paul rejette cette Philosophie comme imparfaite & n'admet que la Philosophie céleste, qui consiste dans la Foi, dans l'Espérance & dans la Charité. Il faut observer ici que comme nous devons croire à la parole qui est sortie de la bouche de Dieu, de même Jesus-Christ nous enseigne au nom de son Pére, que rien ne peut s'acquérir sans la Foi. Mais la plûpart des Hommes ne croyent que ce qu'ils voyent, & ne considérent que Dieu le Pére. Dieu le Fils & Dieu le Saint Esprit ne peuvent être vûs de nos yeux, chargez de péchés, non plus que leurs rayons, qui surpassent de beaucoup la splendeur du Soleil. A cause de la Nature pécheresse, les Hommes n'ont pû voir le Verbe Divin, tel qu'il étoit, pendant qu'il conversoit avec eux en forme visible, ni ne le voyent maintenant, qu'il nous assiste corporellement, ayant accompli la volonté de son Pére, en décendant aux Enfers, en montant au Ciel en chair & en esprit, & en parachevant tout en tout. Lequel d'entre les Hommes, qui en cherchant, puisse trouver la grandeur & la sagesse de Dieu ? Nous sçavons seulement que le Ciel est son siége, & que la Terre est l'escabel de ses pieds. Nous ne pouvons pénétrer dans les choses célestes, ni connoître que celles qui nous sont enseignées par le Verbe Divin, que Saint Paul a vûës, & qu'il n'a pas jugé à propos de nous raconter. Il s'est contenté de nous parler du Verbe de Dieu, comme d'un Pain céleste, ou comme d'un Sceau, dans lequel consiste le Salut de nos ames, lequel Verbe est un véritable Arbre de vie ; & cela afin que nous mangions sa Chair, que nous buvions son Sang, & que nous croyons que tout ceci est vrai, après que les Paroles de l'Institution du Sacrement sont proférées. Quand l'Ecriture Sainte est connuë, la Nature parfaite nous mon-

Tome III. * L

tre beaucoup de merveilles dans un seul miroir. Celui qui fait la volonté de Dieu voit toutes choses & les connoît, comme les ont vûës & connuës plusieurs Sages d'entre les Payens.

Adolphe.

Votre discours, vénérable Vieillard, a été si long, que je n'ai pû en retenir qu'une partie. Cependant je voudrois bien que vous m'aprissiez si cet Oeuvre de la Nature ne contient pas en soi un Esprit qui soit la Cause de quelque mutation, parce qu'il me semble que vous avez fait mention du second Nombre, je veux dire, de la Multiplication, pour laquelle il me paroît qu'il faut un Esprit vital.

Le Vieillard.

Il est vrai que l'Esprit vital minéral est requis en cet Oeuvre, & qu'il se parfait par l'Artiste, qui sçait le préparer pour le mettre en action. Car Dieu, par sa bonté infinie, a constitué l'Homme le Seigneur de cet Esprit, afin qu'il en formât autre chose, sçavoir un nouveau Monde par la force du feu, selon l'ordre & le commandement du Tout-puissant, qui ne permet pas que l'Homme parachéve aucune chose, s'il n'agit dans la crainte de son Créateur par un moyen honnête, & par une conscience très-pure. Si quelqu'un d'entre le Vulgaire ne parvient pas à la fin de cet Art, cela ne doit point surprendre, quoique sa Matiére soit devant les yeux de tous les Hommes, qui la voyent sans la connoître, & qui l'employent à d'autres usages qu'à celui qui lui est véritablement propre. Ils ignorent que ce Trésor est environné de ténébres ; que cet Or très-pur est comme anéanti dans la roüille & dans la boüe, & que la Nature le cache de la sorte par la volonté du Tout-puissant. Au nom seul de Mercure, les sages Philosophes connoissent ce Trésor & l'ont présent à leurs yeux. Tout spirituel & invisible qu'il est, néanmoins il est matériel & palpable. C'est une Vierge très-chaste, qui n'a point connu d'Homme. Ce qui a fait qu'on l'a nommé Lait Virginal, Miel terrestre des Montagnes, Urine d'Enfans, & qu'on l'appelle encore de plusieurs autres noms semblables. Plusieurs Artistes ont cherché ce Mercure dans des choses diverses, mais ils ne l'ont pas trouvé, parce qu'il est préparé d'une Matiére purement Métallique.

ADOLPHE.

Si je m'en rapporte au sens de vos paroles, il me semble, que cette Matiére est l'Or même, à cause de sa noblesse, & qu'il est le plus parfait des Métaux.

LE VIEILLARD.

Vous vous trompez, mon Fils, en croyant que j'entens parler de l'Or terreſtre, & vous n'avez pas conçû ce que j'ai voulu dire. Mon diſcours n'eſt pas auſſi clair qu'il vous le ſemble ; mais il ne m'eſt pas permis de parler avec plus de clarté, & je vous mettrai par écrit le principal miſtére de cet Art. Sçachez que l'Or vulgaire n'eſt point ce dont il s'agit ici, non plus que l'Argent commun, ni le Mercure, ni le Soufre, ni l'Antimoine, ni le Nitre, ni toute autre choſe. Mais c'eſt l'Eſprit de l'Or, & le Mercure, que les Philoſophes nomment la prémiére & ſeconde Matiére, propre, & ſeul de la Nature : Or très-pur Oriental, qui n'a point ſenti la force du feu, qui eſt le plus éxellent de tous, qui eſt le plus mou, & qui eſt plus facile à fondre que l'Or vulgaire. Il eſt vrai Mercure de l'Or ; & Antimoine, attirant ſes qualités des Corps, s'il eſt liquéfié. Sa préparation ne conſiſte qu'à bien le laver, & le mettre en menuës parties, par l'eau & par le feu, comme toutes les autres choſes ſont préparées de la même manjére, afin qu'elles ſoient agréables à Dieu & aux Hommes. Il faut avoir une connoiſſance éxacte de la Sublimation, de la Diſtillation, de la *Séparation*, de la Digeſtion, de la

Purification, de la Coagulation & de la Fixation, & rechercher avec beaucoup de soin cet Oeuf de la Nature, si désiré de plusieurs dès le commencement. Il y a un grand nombre d'Ecrits sur ce sujet, comme ceux de Bernard, Comte de la Marche Trévisane, & de quelques autres, dont je vous donnerai connoissance à la fin de notre discours, que je terminerai par quelques Paraboles.

Adolphe.

En considérant que l'Art, dont il s'agit, ne peut s'apprendre que par beaucoup de travail; que la possession en est dangéreuse & que nous devons suivre la vocation que Dieu nous donne, je vous avouë que la douceur que je croyois trouver par le moyen de cet Art se convertit en amertume, & je suis fâché de me voir trompé dans mon espérance.

Le Vieillard.

Croyez-vous que je vous aye parlé comme par maniére de passe-temps, quand je vous ai dit qu'il faut travailler & éxercer les œuvres de miséricorde envers les Pauvres, & secourir les Veuves & les Orphelins pour la gloire du nom de Dieu ? L'honneur est dû à Dieu plûtôt qu'à nul autre, & les consolations nous viennent du

Verbe Divin. Ce Verbe est audessus de la Nature, comme le Maître est audessus du Serviteur, & comme le Pére surpasse la Mére en dignité. Il faut donc faire des Biens de ce Monde comme s'ils ne nous appartenoient point, & les employer, suivant notre vocation, pour l'utilité de notre Prochain, pour le maintien de la République, & pour prévenir les maux qui nous viennent de l'Ignorance. Le Corps doit travailler sans relâche, parce que l'oisiveté nous fait tomber dans les piéges de Satan, & que Dieu nous la défend sous de grandes peines, comme étant la Source de tous les vices, de la luxure, de l'avarice, de l'homicide, du mensonge, de la fraude, & de l'imposture. De même, notre Oeuvre n'est jamais oisif, & il opére nuit & jour jusqu'à ce que son Sabat approche, car alors il se repose & honnore son Seigneur, qui est l'Homme, auquel il doit servir, selon le commandement de Dieu. De même, aussi nous autres Hommes, nous devons travailler jusqu'à ce que nous entrions dans le Royaume de notre Dieu. Notre nature semble s'opposer à cela, & nous nous fâchons quand nous entendons dire qu'il faut travailler assidûment pour vivre, jusqu'à ce que nous retournions en terre, de laquelle nous sommes faits, parce que l'oisiveté & le désir de commander nous plaisent à tous également, ce qui occasionne que nous sommes paresseux & tièdes en nos oraisons & prières, quoique nous devions prier Dieu avec ardeur, si nous voulons en obtenir toutes choses. Nous méprisons les uns comme Pauvres à cause de leur modique revenu, cependant nous sommes obligez de faire du bien aux véritables Pauvres, & même à nos Ennemis. Toutes méchancetés se sont introduites en nous, la colère, l'avarice, la haîne, la défiance : Et à cause de tous ces vices le très-excellent Bien nous est ôté : De même, cette Science de Médecine, qui est cachée en ce Bien, est inconnuë aux Médecins les plus doctes ; car cette Science ne s'apprend pas dans les Ecoles des Médecins, & elle demeure cachée à leurs yeux de la même façon que l'Esprit interne de la Sainte Ecriture étoit caché aux Pharisiens, lequel Esprit étoit le Messie & la Médecine de l'ame, qui étoit néanmoins au milieu d'eux. Aussi il rendit graces à Dieu, son Pére, de ce qu'il avoit caché ce Trésor aux Sages de ce Monde, & l'avoit manifesté aux Petits & aux Humbles. Il en est de même de notre Médecine naturelle. Si nous voulons en connoître la Science, il faut en demander à Dieu la connoissance par de ferventes prières, car sa volonté divine dispose de toutes choses. D'où nous voyons la vanité de ces Médicamens de Simples, de ces Sirops, que diftribuënt des Charlatans, au deshonneur des Médecins, & au grand dommage des Malades, qui meurent fouvent pour avoir pris de ces Breuvages. Nous voyons ces mauvais Opérateurs vouloir fe rendre recommandables à la Poftérité, comme des Dieux, quoi qu'ils ayent négligé de lire les bons Livres, qui enfeignent la connoiffance univerfelle de cet Art. Tous ceux qui veulent en avoir la poffeffion, doivent donc s'étudier à avoir une notion parfaite de ce qui peut féparer le bien d'avec le mal ; c'eft-à-dire, qu'ils doivent s'appliquer avec patience & avec humilité, à connoître la vertu & les fruits du bon Arbre, ainfi que la Racine triple. Ils doivent auffi cultiver les fruits de l'Ame, qui eft la Foi, la Charité, & l'Efpérance, pour fçavoir ce que c'eft que Juftice & Vérité, tant de l'Ame que du Corps, c'eft-à-dire du Bien célefte & du Bien corporel. Et afin que nous puiffions comprendre facilement cette chofe, nous ne devons pas ignorer que Dieu nous a donné la Science de la Théologie & de la Juftice, parce que la pureté & la fainteté de la Nature confiftent dans la prémiére ; & dans la feconde, la lumiére & cette fageffe, qui fit que Salomon furpaffa de beaucoup en prudence les autres Hommes. Dieu a ordonné à chacun de nous les œuvres de sa vocation, & nous a commandé de diriger nos actions prudemment, pieusement & justement, comme bons Serviteurs de Dieu, selon les préceptes du Verbe Divin, Juge souverain de toutes les Nations, devant lequel toutes les œuvres des Hommes seront manifestées au Jour de son Avénement. Tout vient de Dieu, le Sage & l'Insensé, le Riche & le Pauvre, le Fort & le Foible ; & qui méprise le Nécessiteux & l'Imbécille, méprise aussi celui qui l'a créé. Comme tous les biens émanent de Dieu, de même tous les maux viennent du Démon, qui est la source & l'origine de tout le mal. Mais Dieu permettant que le mal afflige les Hommes pieux, néanmoins ce mal est pour eux un bien envers Dieu, & Satan est contraint par-là de servir lui-même malgré lui à la gloire de celui que son orgueil a offensé. Nos péchés font cause que pendant notre vie le mal est mêlé avec le bien, & Dieu, par sa miséricorde divine, nous a donné ses dix Commandemens, afin que nous pûssions séparer le mal d'avec le bien, pour nous faire éviter la damnation éternelle. Dans ce Monde, les Avares, qui se disent Chrétiens, parce qu'ils ont reçu le Baptême, imitent les Juifs par leurs concussions, leurs usures, & pensent suivre la volonté de leur Créateur en raviſſant les Biens des Gentils & des Etrangers. Cependant Jesus-Christ menace des peines éternelles, ceux qui, pour fournir à leurs dépenſes immodérées, véxent leur Prochain par des éxactions, & qui s'emparent par la fraude des Biens des Veuves, & des Orphelins. La vie de ces riches Patriarches, Abraham, Iſaac, Jacob, Joſeph, & Job, a été remplie de juſtice, de modeſtie, & d'obéiſſance envers Dieu, car ils le préféroient à toutes ſes Créatures, & lui offroient leurs priéres avec un cœur pur. Si dans l'ancienne Loi les Richeſſes ont porté pluſieurs à s'éloigner de Dieu, dans le Nouveau Teſtament la Pauvreté a acquis à Jesus-Christ des Adorateurs, qui lui ſont fidelles, & qui l'aiment en toute vérité. Je crois que vous comprenez maintenant la raiſon pourquoi ce Miſtére, ce Secret a été caché à pluſieurs, que le Démon auroit détourné de la voye droite par les voluptés, car c'eſt un Séducteur, qui a induit à pécher Adam, notre prémier Pére, qui ne penſoit point à déſobéir à Dieu. C'eſt par ſes artifices que les Saints ſont tombez dans des fautes, & que la colére de Dieu s'eſt répanduë ſur nous. Toutes choſes ſont venduës à l'Homme au prix de ſon travail & de ſes ſollicitudes. Nous devons tous dans le Calice de la Croix boire du fruit de la vigne avec JESUS-CHRIST, Notre Sauveur, jusqu'au grand Jour du Sabat, je veux dire, du repos éternel, où nous demeurerons avec celui qui se presse de venir à nous, si Dieu, très-bon, daigne nous y recevoir par notre Médiateur, auquel nous sommes conjoints par alliance de filiation, & auquel nous sommes obligez d'obéir, en faisant les bonnes œuvres qu'ils nous commande, & en nous abstenant de faire les mauvaises. En remplissant les promesses, que nous avons faites dans notre Baptême, l'Esprit de Dieu opére en nous par la Foi, l'Espérance & la Charité. La patience parfait dans la Nature beaucoup de choses, qui semblent incroyables, & peu de Gens s'attachent patiemment à la connoissance de Dieu, aimant mieux joüir des Biens périssables, & s'abandonner à la volupté. C'est pourquoi JESUS-CHRIST les séparera de ceux qu'il admettra dans son Royaume, & nous devons le supplier sans cesse, & de tout notre cœur, de nous y donner une place. Je voudrois maintenant sçavoir quel est votre sentiment sur ce que je viens de vous dire.

ADOLPHE.

La vérité me contraint d'avoüer que ces choses sont telles que vous les exposez, &

mon sentiment s'accorde avec l'opinion des Enfans de la Lumiére. Je conviens que ce Mistére ne doit point être révélé à tous par l'abus qu'on pourroit faire d'un Sécret si merveilleux, & je confesse que dans les Arts, qui nous sont donnez par la Nature, ou qui nous sont enseignez par des Maîtres, il faut tenir un même chemin pour parvenir à leur connoissance, je veux dire, que nous devons, comme dans toutes les autres choses de la vie, prier la Sagesse Divine d'éclairer notre entendement, de nous assister dans notre travail, & de favoriser le succès de nos entreprises. Quant à la vie voluptueuses, ayant vû des Voluptueux acquérir sans travail beaucoup de Biens de la Fortune, je vous avouërai aussi, que je vivrois patiemment en leur compagnie, & je me plairois volontiers à amasser comme eux de grandes Richesses pour satisfaire mon ambition, & m'élever aux honneurs.

Le Vieillard.

Ignorez-vous, mon Fils, que Dieu transmet aux Princes de ce Monde sa puissance pour qu'ils répriment la malice des Hommes par la Justice, afin que toutes choses se fassent dans l'ordre durant cette vie. Comme les Juges Politiques punissent les Méchans par le glaive séculier; de même les Péres Spirituels, ou Magistrats Ecclésiastiques gouvernent le Peuple Chrétien par le glaive de l'Esprit, c'est-à-dire par les Commandemens de Dieu & de son Verbe; car les Ecclésiastiques ne doivent pas guérir les playes de la conscience par le glaive temporel. Aaron, Moyse & Josué ont eu des Offices séparez jusqu'à leur entrée dans la Terre de Promission. Il est ordonné aux Sujets d'obéir aux Magistrats que Dieu a établis, & il leur est deffendu de s'élever aux Magistratures par brigues, par présens ni par la subornation des Puissances; car qui s'élévera au dessus des autres, sans être légitimement appellé, sera humilié, parce que Dieu ne soutient point l'Ambitieux. La Superbe est une idolâtrie, qui offense d'autant plus le Créateur de l'Univers, qu'il est le seul Grand, le seule Puissant & que lui seul gouverne selon sa volonté tous les Ordres de la Puissance humaine : Lui seul connoît pleinement toutes choses dans la lumiére & dans les ténébres ; Lui seul est l'Auteur de tout Ordre de Justice & de toutes Créatures ; Lui seul empêche les Montagnes & les Arbres de s'élever plus haut vers les Cieux : Lui seul réprime les Sectes ravissantes, ainsi que la cruauté des Tirans. Car quiconque s'oppose à ses volontés, & résiste à ceux qu'il choisit pour gouverner en sa place, au lieu de bien n'ont que du mal, quoique le Soleil luise sur eux comme sur les autres, & Dieu ne manque point d'affoiblir la force de leur puissance, ainsi que nous en avons souvent des éxemples devant les yeux. Outre cette sorte de Gens, il s'en trouve encore d'autres, qui, ayant quelque connoissance des Arts, se vantent de les posséder parfaitement, & ceux-là, en élevant la puissance de Dieu, ménent une vie toute Epicurienne. Nous devons nous garder des uns & des autres, parce qu'ils sont d'une nature qui panche vers le mal. Quoique nous ignorions comment le Monde a été fait par le Verbe de Dieu, comment procéde l'Esprit de ce Verbe Divin, & comment l'Image de Dieu est cachée, cependant Moyse voyoit cela derriére le Rocher, encore que dans son temps Jesus-Christ ne pût être vû par des yeux corporels.

Adolphe.

En voulant éclaircir des Questions spirituelles, vous faites des digressions bien éloignées du Sujet que vous avez commencé à traiter. Cependant je voudrois, sous votre bon plaisir, vous entendre discourir sur la Proposition, dont vous avez déja touché quelque chose, afin de concevoir pourquoi elle doit être balancée avec tant d'éxactitude.

Le Vieillard.

En cherchant la connoissance des Biens de la Terre, on doit en même temps chercher à connoître les Biens du Ciel. Ceux-là donnent entrée à la félicité temporelle pour une fois seulement, & ceux-ci, qui sont dans la volonté de Dieu, doivent durer toujours, & nous devons méditer nuit & jour sur sa sainte Loi; car le salut de notre ame dépend de nous y soumettre & de la suivre. L'Homme connoît que toutes choses doivent être demandées par priéres à cette Fontaine de tous Biens, & que ceux qui en découlent en sa faveur, doivent être conservez avec reconnoissance pour en faire une distribution légitime, de peur que le Démon n'en inspire un usage contraire à l'esprit de cette Loi divine, parce que ses ruses sont telles, que nous ne pourrions nous empêcher de nous y laisser surprendre, si Dieu, par sa miséricorde, ne nous gardoit & ne nous donnoit la force de lui résister. De quelques Richesses dont l'Homme soit comblé, quelle estime peut-il faire de sa félicité & de son éxcellence, s'il ne guérit pas son ame des maladies qui peuvent lui causer la mort? Le plus grand Bien, est celui que Jesus-Christ, notre Sauveur, a fait en joignant la rémission des péchés à la guérison des maladies.

ADOLPHE.

Cette vérité est constante, & malheureusement on n'y fait pas assez d'attention, moi principalement, quand je souille mon ame par les voluptés de cette vie. Mais puisque la possession des Richesses, quand on en fait un bon usage, ne répugne point à la volonté de Dieu, non plus que la connoissance de l'Oeuvre, je pourrois parvenir à cette Science, & en profiter en suivant ses divins Commandemens. Toutefois l'aveuglement des Pharisiens me tient en suspens ; ils ne vouloient croire en JESUS-CHRIST qu'en voyant ses Signes & ses Miracles. Ce n'est pas que je doute que la Foi m'est donnée par la grace de Dieu, & qu'elle est nécessaire au salut de l'Ame ; mais pour confirmer la mienne dans les Miracles divins, & dans les Paraboles de cet excellent Trésor, j'attens de vous une explication plus éxacte pour m'en donner la connoissance.

LE VIEILLARD.

Je vous ai dit toutes ces choses, mon Fils, afin de vous faire comprendre que ce Trésor ne s'acquiert point par un Art magique, comme quelques-uns pensent acquérir

quérir des Richesses par cet Art, dans lequel on ne doit mettre aucunement sa confiance. L'Amateur de la Sagesse cache la connoissance de ce même Trésor, quoiqu'il ne soit pas pour un seulement, car toutes choses ne sont pas données à un seul. Nous voyons que Dieu s'est montré à découvert dans les Oeuvres de la Nature, afin que ses Oeuvres, qui sont admirables, soient connuës de tous. Quoique Zachée fût tombé dans le vice de l'Esprit, néanmoins tout petit qu'il étoit, Dieu voulut loger dans sa maison, parce qu'il avoit pour lui un amour magnétique, qui étoit aussi donné aux autres par écoulement. Mais par un vice, attaché à notre nature, notre Esprit, au moindre succès, s'enfle d'orgueil, & par là nous nous fermons cette Fontaine, d'où découlent toutes les douceurs, parce que ce grand Trésor ne nous est pas donné pour notre utilité seule, mais pour éxercer les œuvres de miséricorde envers ceux qui sont dans la misére. Les Partisans de ce Monde se moquent de ces Principes, qui sont les fondamentaux du Christianisme, parce que les Richesses pervertissent leurs mœurs, & leur font faire tout ce qui est contraire à la Justice, c'est pourquoi JESUS-CHRIST les a appellées *Mammon*. Quelque-fois les Richesses donnent la Sagesse; mais souvent la Sagesse des Pauvres n'est pas écoutée, quand les Richesses ferment l'oreille de ceux qui devroient les entendre. C'est pour cela qu'il est difficile qu'un Riche entre dans le Royaume des Cieux. Mais Dieu, qui connoît le Pauvre, sage, humble & doux, prend soin de le nourrir ; & pour punir le Riche, qui pense n'avoir besoin de personne, il convertit ses Richesses en une espéce de vapeur, qui s'éxhale & qu'il perd de vûë; ce qui nous fait bien voir que la Sagesse de ce Monde n'est qu'une pure folie. Différens de ces mauvais Riches, cherchons avant toutes choses le Royaume de Dieu, & prions, avec le Prophéte David, sa divine Majesté de nous donner ce qui nous est nécessaire selon sa volonté, de peur que nous ne nous détournions de la véritable voye, parce que celle de ce Monde est dangereuse. Salomon demande à Dieu la Sagesse, afin de gouverner sagement le Peuple que Dieu même lui a soumis, & afin de le porter à honnorer son Créateur, & à publier les loüanges qui lui sont duës. La Sagesse, dit ce Roi, crioit dans la voye : Invite un chacun à son amour, & à l'étude de ses préceptes. La gloire de Dieu est grande, & elle se manifeste à nous en tout lieux, Mais peu de personnes considérent attentivement ces choses durant cette vie mortelle, qui, s'éclipsant, pour ainsi dire, aussi-tôt que nous en joüissons, semble néanmoins à plusieurs être d'une durée qui ne doit point avoir de fin. Les Mistéres de Dieu ne sont pas cachez pour ceux qui le craignent, &, par sa miséricorde, sa lumiére les éclaire dans les ténébres. Pour ne pas employer le trésor précieux du temps, ni les forces de notre esprit & de notre corps à amasser des Richesses, & à imiter les Ambitieux & les Superbes, faisons toutes choses dans la crainte de Dieu, & travaillons pour l'utilité de notre Prochain.

ADOLPHE.

Quoique j'avoüe que ce que vous dites est véritable, cependant j'ai un scrupule dans l'ame, & j'ai peine à comprendre pourquoi les Philosophes pensent qu'il faut demander à Dieu ce Trésor, & le prier de nous l'accorder.

LE VIEILLARD.

Vous m'avez déja entendu dire, qu'avant toutes choses, nous devons chercher le Royaume de Dieu, & qu'en le cherchant, Dieu ajoûtera à ce que nous lui demanderons ; qu'il nous donnera toutes choses selon notre désir, & que l'Homme ne peut vivre de seul pain, mais de tout verbe procédant de la bouche de

Dieu. Or comme le Démon a tenté notre Sauveur, de même il nous tente, principalement dans les temps que nous avons besoin de demander quelque chose ; car la Foi, dans ces occasions, venant à nous manquer, & la Parole de Dieu cessant de nous assister, nous nous désespérons en nos afflictions, & nous en sommes tout abatus : Ce qui n'arrive pas quand la Fortune favorise nos desseins, parce que nous mettons notre espérance dans l'Ennemi de Dieu, l'Auteur de tout mal, & que nous lui demandons, pour ainsi dire, dans nos entreprises un secours, qu'il ne manque point de nous promettre, quoiqu'il ne soit pas en sa puissance de nous le donner, & qu'il ne puisse que nous précipiter dans les ténébres de l'Ignorance. Préférons donc, autant que nous pourrons, le Pain Céleste à la Manne terrestre. Quant à ce que disent les Philosophes, Qu'il faut prier Dieu pour réussir dans la recheche de ce Trésor, c'est une chose dont nous ne pouvons douter, car c'est lui seul qui nous le donne, pourvû que soumis à sa volonté, nous le lui demandions par de ferventes priéres & par une étude assiduë, qu'il daigne diriger lui-même ; parce qu'il est seul la Vérité, la Sagesse & la Justice, rendant à chacun selon son mérite par le Saint-Esprit, comme il a fait à l'égard des Apôtres.

C'est pour cette raison qu'il nous est enjoint de demander par l'Oraison Dominicale notre pain quotidien, à cause que nous ignorons les choses, que nous devons prier Dieu de nous accorder, parce que souvent nous lui demandons celles qui tourneroient à notre dommage, quoiqu'elles nous soient accordées pour nous tenter. Nous devons seulement demander à Dieu le secours du Saint Esprit, une santé heureuse, & une paix de cœur, que les tentations ne puissent troubler. Car c'est de Dieu qu'émane toute Science & toute Sagesse, tant naturelle que spirituelle. JESUS-CHRIST désiroit ardemment le salut des Hommes, ce qui me fait dire que son Royaume n'étoit point de ce Monde, & qu'il n'y étoit venu que pour sauver les Hommes, en les retirant des ténébres de l'Ignorance & en leur inspirant le mépris des Richesses temporelles, jusqu'à ce qu'enfin il en eût conduit quelques-uns dans son Royaume Céleste : Et c'est-là, comme je n'en doute point, le motif pour lequel il nous a donné cette Oraison, que nous appellons Dominicale, & qu'il nous a enseigné comment nous devons faire notre prière à Dieu, son Pére, dont nous sommes les Enfans par adoption, dès le temps que nous marchions devant lui dans une crainte servile sous les Cérémonies de la Loi.

Outre ce que je viens de vous dire, je présume que vous sçavez que les choses naturelles sont sorties des surnaturelles, & que le Royaume de Dieu est éternel, duquel procéde le Royaume temporel. N'est-il pas vrai-semblable que le Ciel ou Firmament a d'abord été préparé, l'Elément ensuite & la Terre la derniére ? Après la Terre, l'Homme, Créature nouvelle & petit Monde, fut fait pour habiter la Terre, comme le centre du Cercle, & la vie lui fut transmise avec l'ame immortelle. La Terre a un Sel qui préserve toutes choses de pourriture. Quelle contagion ne sortiroit pas de l'Occéan, cette vaste Mer, qui environne notre Globe, si Dieu ne préservoit ses Eaux de corruption par le Sel & par le Mouvement ? On compare les Ministres de la Parole de Dieu au Sel, qui préserve de putréfaction les Membres, à eux commis dans cette Mer du Monde, par la prédication du Verbe Divin & par le Saint Esprit. Adam, notre prémier Pére, avoit une entiére connoissance de toutes les Créatures ; & nous, ses Successeurs, à peine en connoissons-nous quelques particularités. Ce que nous sçavons le mieux, c'est que notre connoissance est imparfaite. Dans les derniers tems, au lieu d'un seul Adam, il y en aura plusieurs ; car on dit qu'avant le Jugement Universel les Arts seront manifestement révélez à tous. Jamais Homme n'eut tant de Science qu'il en fut donné à Adam, excepté JESUS-CHRIST, qui laissa à son Eglise celle qu'il avoit, pour y être conservée jusqu'à ce que nous entrions dans la vie éternelle, où toutes choses nous seront connuës, & où chacun recevra la récompense duë à ses mérites. Dans ce Monde, nous sommes agitez par des tentations continuelles, parce que Satan, cet Ennemi mortel du Genre Humain, nous portant sans cesse à pécher, nous effaçons en nous ces traits de la Divinité, que le Créateur de toutes choses y a imprimez en nous formant, & que nous faisons toujours le contraire de sa volonté. Considérez donc ce que dit le Sauveur, quand il recommande de chercher les Trésors, qui ne sont pas sujets à la pourriture, ni propres à émouvoir la cupidité du Larron; c'est-à-dire, des Trésors spirituels, qui fassent triompher l'Homme des tentations qui l'attaquent de tous côtés; car dans ces momens il a besoin d'une Armure céleste, je veux dire d'une force, qu'il ne peut obtenir que de JESUS-CHRIST, en se conformant à sa parole. Si, pendant le cours de notre pélerinage sur la Terre, nous avons la Foi, l'Espérance & la Charité, avec la Modestie, l'Humilité & la Patience, comme l'Epouse de JEsus-Christ nous en donne l'exemple pour nous rendre conformes à son divin Epoux, nous monterons dans le sein d'Abraham & d'Isaac par l'échelle de Jacob, & nous verrons dans sa gloire la Pierre de la Foi, avec son bien aimé Disciple Saint Jean, qui, en s'élevant vers le Ciel, regarde fixement le Soleil comme l'Aigle, c'est-à-dire cette vive Lumière, que Jacob ne vit point, mais de laquelle les trois Disciples vîrent quelque rayons sur la Montagne de Tabor. Je ne décris ces choses qu'afin qu'à leur exemple, méprisant les Richesses de ce Monde, & suivant uniquement la Loi du Verbe Divin, nous employions le secours du Saint Esprit, & que nous marchions devant Dieu en Foi, en Espérance & en Charité, comme en Modestie, en Humilité & en Patience, désirant intérieurement parvenir à la céleste Jérusalem, qui est le séjour du repos éternel, comme nous l'apprenons du Verbe de Dieu, qui est le seul Juste & le seul Miséricordieux. Qui désire rétablir en soi l'Image de la Divinité, doit s'employer aux œuvres de Miséricorde & de Charité, parce que nous ne faisons tous ensemble qu'un Corps en JESUS-CRHIST, & que son Epouse, dont nous sommes les Membres, n'est de même qu'une en nous. Je vous propose ces choses, quoique je sois persuadé

suadé que vous les avez apprises en écoutant la Parole de Dieu, & que vous sçavez que Saint Paul dit qu'il n'y a rien de plus avantageux pour l'Homme que de désirer de la piété ; car n'apportant rien dans ce Monde, lorsque nous y venons, nous n'en remportons rien non plus quand nous en sortons. Si Dieu nous a donné les choses nécessaires à la vie, il est raisonnable que nous vivions contens de ses dons. Car ceux qui recherchent trop soigneusement les Richesses de ce Monde, sont ordinairement tentez, & tombent dans le retz de la Cupidité, qui les précipite ensuite dans de grands malheurs. L'Avarice étant la source de tout les maux, l'Homme, qui se laisse posséder de cette Passion, se laisse en même temps détourner de la Foi, & se plonge souvent par ce moyen dans une extrême calamité. Fuyez donc soigneusement toutes ces choses, Homme de Dieu, & suivez la Justice, la Piété, la Foi, la Pénitence & l'Humilité, en combattant contre ce qui ne peut plaire à Dieu, & en concevant qu'elle est la vie éternelle, pour laquelle vous avez été créé, & que vous avez confessée publiquement en adorant votre Créateur. Enseignez aux Riches de ce Monde à ne pas s'en orgueillir & à ne pas mettre leur espérance dans des Richesses passagéres ; mais en Dieu, qui donne libéralement toutes choses, afin que les Riches secourent les Pauvres, & que par ces bonnes œuvres, ils acquièrent le Trésor de la vie éternelle. C'est-là le Sommaire de la réponse que je vous fais pour tempérer en vous le désir des Richesses terrestres. Ces paroles procédent du Centre du Soleil de Justice, & des Rayons du Saint Esprit par le Vaisseau élu de Dieu. A dire la vérité, la vie céleste surpasse de beaucoup la terrestre, & nous devons passer celle-ci, de manière que nous devenions une Chair spirituelle, qui s'abstienne de toutes les sensualités, & qui fasse une guerre continuelle aux Ennemis de Dieu, en les mettant sous le joug de l'Esprit.

Adolphe.

Je suis dans l'admiration en vous écoutant parler de la Doctrine céleste & des choses spirituelles, à cause qu'il y a peu de Personnes, recherchant le Secret, qui ayent coûtume d'y faire attention. Cependant vous vous expliquez si obscurément sur cette matière, que vous inspirez plûtôt le désir des Richesses, que de la Sainte Ecriture. Quant à moi, j'ai pris plaisir à vous entendre, quoique j'aye entendu plusieurs fois de semblable Morale sans en avoir fait beaucoup de cas; & cela, parce que de notre nature étant enclins au mal, nous ne sommes pas plus portez à bien dire & à bien faire, qu'attentifs au choses bien dites & bien faites.

LE VIEILLARD.

Nous devons d'autant plus prendre garde à ces mêmes choses, que cet Oeuvre naturel est plein de la gloire divine, soit en Paraboles, soit en Images, sans parler de l'abondance des Richesses, qui en proviennent. Je m'afflige en voyant la vie que ménent la plûpart des Hommes, & il y en a peu qui soient dignes de participer à ce Mistére. Dans ma jeunesse, ayant besoin de toutes choses ; me voyant tantôt reçû favorablement des uns, & tantôt misérablement rejetté des autres ; & me trouvant continuellement tourmenté par diverses sollicitudes & par différentes afflictions, je tournois souvent les yeux vers le Ciel, en réfléchissant sur l'aveuglement des Hommes, & je priois alors Dieu, notre Sauveur, de me préserver du même aveuglement. Ne voyons-nous pas la plûpart d'entre les Sçavans & les Riches se rendre méprisables par leur ambition & leur orgueil, quoique leur Science & leurs Richesses ne leur soient d'aucun secours, ni d'aucune consolation quand ils touchent le moment de quitter cette vie? Ce n'est point par l'ambition, par la Superbe, ni par la paresse que Dieu nous fait part de cette Lumière; & nous devons nous employer, à acquérir la Sagesse Divine, que plusieurs rejettent méchamment, & qui n'est plus reçûë chez les Hommes de notre temps, comme elle le fut autrefois par Abraham, par Loth, & par la Vierge, Mére de Dieu; car elle demeura chez ceux-ci, & se fit dans leurs cœurs une habitation ferme & solide. Cette Sagesse est l'Esprit de Dieu, ou pour mieux dire, c'est Dieu-même. Ce qui doit nous faire comprendre ce que c'est que son Verbe Divin qu'il entend devoir habiter en nous comme la Sagesse la plus parfaite. Ce Verbe n'habite point dans les Superbes ni dans les Orgueilleux, non plus que dans ceux qui ne recherchent point la Sagesse; parce qu'il n'aime que les Pieux & les Humbles, & la piété & l'humilité sont les commencemens de cette Sagesse, d'où procéde la diversité des états qui sont établis parmi les Hommes, tant pour les choses spirituelles que pour les corporelles, comme sont la Théologie, la Jurisprudence, & la Médecine, lesquelles sont appellées Arts libéraux ou mécaniques. Ce qui fait que les Manufactures sont dans un ordre juste par ces Sept; que le bien est séparé du mal, & que la vérité est discernée du mensonge. Car Dieu veut que la véritable Lumiére reluise en nous, le mal étant séparé du bien. Par le péché du premier Adam, que Satan avoit séduit, l'ordre de toutes choses fut subverti & troublé, & le nouvel Adam, pour le rétablir, nous sépare de toute tache & de toute soüilliure, comme cette Eve régénérée divise le bien d'avec le mal, ramène la vie & le nouveau Monde par elle même & par sa parole sainte, afin que déformais le Corps & l'Ame ne soient plus séparez l'un de l'autre, & demeurent stables en l'Image de Dieu, car c'est la volonté du Tout-puissant & en cette façon, il demeurera avec nous jusqu'à la fin du Monde. Mais le Monde étant opiniâtre, s'aveugle par les obscurités Judaïques, parce qu'il marche dans les sentiers du vieil Adam, ne le faisant point mourir par la foi au Sacrement du Baptême, & l'opération du Saint Esprit est dans la foi par le Verbe, & sans le Verbe il n'y a rien ; car c'est le Verbe même de Dieu. Or, qui ne croit pas en Dieu, est dans les ténèbres de la mort avec le vieil Adam, & n'a pas l'espérance de la vie éternelle, ne pouvant, sans fondement, persévérer dans la foi ; ensorte que c'est un Payen ou un Hérétique, qui offense la Pierre angulaire, que saint Jean nous a démontrée. Par sa grande miséricorde Dieu nous propose plusieurs moyens pour que nous puissions nous préserver des maux & des tentations, & nous garantir des surprises de l'Esprit maudit, qui, par sa mauvaise Doctrine, cherche à nous faire perdre ensemble notre corps & notre ame. Le Magistrat politique repousse la force & réprime l'audace des Méchans, & entretient la paix & la concorde entre les Hommes bons & pieux. Il écarte la fraude & la tromperie, & fait droit à qui il appartient, non selon le désir des Hommes injustes, mais selon les régles de la Justice & la volonté de Dieu. Nous devons dire la même chose du Médecin, qui, par ses remédes, guérit le Malade de ses infirmités. Mais, quant à l'Esprit malin, il accable, autant qu'il peut, le Genre Humain de toutes sortes de maux & d'afflictions, comme sont les injustices, les inimitiés, les haînes, les adversités, les mensonges, les calomnies, les persécutions, la pauvreté, & tâche continuellement d'éteindre en nous la Foi, l'Espérance & la Charité. Après que JESUS-CHRIST, notre Sauveur, eut été emmené du Jardin les mains liées, l'Apôtre Saint Pierre donna un exemple manifeste de l'inconstance & de la fragilité humaine. Nous devons aimer de tout notre cœur le Verbe Divin; le faire habiter dans notre ame, & l'y retenir par la vertu de son Sacrement, afin qu'en sortant de cette vie mortelle, nous entrions dans la vie éternelle, malgré toutes les Puissances de l'Enfer. Je vous dis là bien des choses, mon Fils; mais je vous prie de ne point vous ennuyer de la longueur de mon discours, & je souhaite qu'à l'éxemple de Tobie, vous ne vous occupiez pas du soin des choses de ce Monde; que vous vous contentiez de votre nécessaire, & que vous mettiez toute votre espérance en Dieu, en secourant les Pauvres & vous reposant du surplus sur sa Providence. Mais pour que vous entendiez plus clairement ce que j'ai dit, je vous fais ce Présent; par lequel le sens de mes paroles vous sera développé, & par lequel aussi vous acquerrerez, en vous appliquant à l'étude, ce rare Trésor, dont vous ferez usage pour le soulagement de votre Prochain & pour la gloire du nom de Dieu. Vous l'estimerez véritablement un grand Trésor, si, avec l'aide de Dieu, vous pouvez en avoir la connoissance qu'on ne trouve point dans les Ecrits des Sçavans, ni dans les Receptes des Sophistes, parce qu'elle est cachée aux Usuriers & aux Voluptueux; car c'est notre *Eau* & notre *Feu*, qui paroit aux yeux des Bons pour leur utilité, & aux yeux des Méchans pour leur ruine, parce qu'ils agissent molement dans la recherche des choses qui veulent être recherchées avec beaucoup de peine & de travail. Si vous êtes humble, modeste, patient & d'un esprit docile, vous découvrirez ce Tréfor, dont vous joüirez paifiblement en fervant Dieu & en foulageant votre Prochain. Je vous mettrai par écrit les paroles d'Hermès, ce Sage Roi & Prêtre Egyptien, avec fa Table d'Emeraude; & j'ajoûterai à cela d'autres Piéces touchant la Teinture des Philofophes, pourvû que vous me déclariez avec fincérité quel eft votre fentiment fur ce Sujet.

ADOLPHE.

Vous arrivez enfin au but où tendoit le plus ardent de mes défirs, je vous promets devant Dieu que j'employerai ce Tréfor à fa Gloire, en le diftribuant aux Pauvres, & que je réglerai mes actions avec tant de prudence, que perfonne ne fçaura jamais que je le poffede. Et je vous promets encore de faire enforte, autant que la fragilité humaine pourra me le permettre, de ne foüiller mon efprit ni mon ame d'aucun vice, & de ne caufer aucun fcandale pendant qu'il plaira à mon Créateur de me conferver la vie qu'il m'a donnée.

LE VIEILLARD.

Sçachez que celui qui exerce les œuvres de miféricorde envers le Prochain, & qui partage fon Bien avec le Pauvre comme avec son Frére, est grandement approuvé de Dieu. Mais pour revenir à notre propos, ayant assez considéré la candeur de votre ame, je me détermine à vous donner l'intelligence des Paraboles, dont les Philosophes font avec raison un très-grand mistére, & vous vous appliquerez à la lecture des Livres qui vous aideront à en acquérir la connoissance, vous remettant à Dieu de toutes choses, parce qu'il est très-bon & très-grand.

ADOLPHE.

Je ne puis, vénérable Vieillard, trop reconnoître le bon office que vous me rendez en daignant m'instruire, & pour repondre à votre désir, je m'adonnerai désormais à la lecture des Livres dont vous me parlez. J'en profiterai avec l'aide de Dieu, que je prirai sans cesse de m'ouvrir l'entendement, & je ménerai une vie si éxemplaire, que j'édifirai ceux qui aimeront la vertu. Dès maintenant je me dévouë tout entier à l'étude, & je vous offre par avance tout le fruit que j'en pourrai retirer

LE VIEILLARD.

Je souhaite que toutes choses soient ainsi que vous me le dites ; & si Dieu, par sa bonté, vous donne la connoissance de ce Mistére, soyez-lui toujours agréable en le servant fidellement & en publiant ses loüanges & sa gloire, suivant ce que dit le Prophéte Jérémie : Le Sage ne se glorifiera point en sa sagesse, ni le Puissant ne se fiera point en sa force, ni le Riche en ses richesses. Celui qui se glorifie, en cela seul doit se glorifier, Qu'il connoît que je suis le Seigneur miséricordieux & juste, dit le Seigneur, ton Dieu. Ainsi soit-il.

Fin de la prémiére Partie

L'AZOTH,
ou
LE MOYEN
DE FAIRE L'OR CACHÉ DES PHILOSOPHES,

SECONDE PARTIE.

Contenant la Pratique Générale de l'Oeuvre des anciens Sages.

MOI, ATLAS, je porte sur mes épaules le Ciel & la Terre, je les observe éxactement & fondamentalement, & je recherche avec autant de prudence que de simplicité ce qu'ils contiennent l'un & l'autre, jusqu'à ce que, par mes Observations & mes Recherches, j'en aye une connoissance, qui me récompense de mes sueurs & de mes travaux.

Cet Art mistérieux ne peut être révélé qu'en Paraboles, & le Sens de ces Paraboles doit se chercher avec beaucoup de réfléxion & de jugement. Pour cela, il faut avoir les Livres des Philosophes ; péser mûrement ce qu'ils enseignent, & démêler ce qu'ils disent de conforme à la maniére, dont la Nature opére, d'avec ce qui ne s'accorde pas avec ses Opérations. Pour se perfectionner dans les autres Arts, on employe souvent six ou sept années dans une fatigue continuelle, & dans celui-ci, on peut sans beaucoup de peine & sans une grande dépense, se rendre parfait en moins de douze heures, & le porter en huit jours à sa perfection, si sa Matiére a en soi son propre Principe. Cependant quelques-uns ont durant trente ou quarante ans employé de grandes sommes à la recherche de cet Art, sans parvenir à la connoissance de ce Mistére ; & les Artistes, ausquels la fin en est connuë, cachent soigneusement le sécret de cette artifice, qu'admirent véritablement ceux qui s'appliquent à connoître ce Monde & ce qui en dépend. Mais ces choses sont en la misericorde de Dieu, & nous avons seulement besoin dans notre Oeuvre de l'AZOTH & du FEU, (1) qui

---

(1). L'AZOTH, c'est-à-dire l'Eau Mercurielle, & le

n'est autre chose que laisser cuire, dissoudre, pourir, coaguler & fixer. Le Pauvre, comme le Riche, peut faire cette chose. Il n'est pas permis d'écrire cette artifice pour qu'on s'en souvienne; on peut seulement l'enseigner de vive voix, & je ne puis parler plus clairement à cause de la puissance & de l'injustice de quelques-uns. Néanmoins je dis: Voulez-vous connoître la Pratique de l'Art? Prenez de l'Eau Lunaire, ou Eau d'Argent, dans laquelle sont les Rayons du Soleil. Cette Opération, disent les Anciens, convient véritablement aux Femmes. Quoiqu'il y ait beaucoup de Livres composez au sujet de cet Art, avec tout cela, quoique plusieurs d'entre le Peuple, ainsi que d'entre

Feu, dit l'Auteur du Livre intitulé *Clangor Buccina*, lavent & nettoyent le Laton, c'est-à-dire la Terre noire, & lui ôtent son obscurité. Arnaud de Villeneuve, dans son *Rosaire*, dit pareillement que le Feu & l'Eau, qui est l'Azoth, lavent le Laton, & le nettoyent de sa noirceur. Il faut, dit Flamel dans ses *Hiéroglifes*, faire deux parts du Corps coagulé, dont l'une servira d'Azoth pour laver & mondifier l'autre, qui s'appelle Laton, qu'il faut blanchir. Celui qui est lavé est le Serpent Python, qui, ayant pris son Etre de la corruption du limon de la terre, assemblé par les eaux du déluge quand toutes Confections étoient en eau, doit être vaincu par les fléches du Dieu Appollon, c'est-à-dire par notre Feu, égal à celui du Soleil. Cette moitié, ou Azoth, qui lave, ajoûte-t-il, ce sont les dents de ce Serpent, que le Sage Artiste, le vaillant Thésée, sémera dans la même terre, dont naîtront des Gendarmes, qui s'entre-tueront eux-mêmes, les Grands, n'épargnent ni travaux ni dépenses pour en acquérir la connoissance, toutes-fois ils travaillent vainement, parce qu'il y a entr'eux & la Nature une barriére, qui les empêche de l'approcher. Pour une plus grande intelligence, après ces Paraboles, voyez la Table d'Emeraude d'Hermès, excellent Philosophe, & le Pére des Enfans de la Science.

LA TABLE D'EMERAUDE D'HERMES

Ou les Paroles des Sécrets de ce Philosophe.

CEci est vrai, & sans mensonge, que tout ce qui est dessous est semblable à ce qui est dessus. Par ceci les merveilles de l'Oeuvre se font d'une seule chose. Et comme toutes choses se font par Un, & par la méditation d'Un, ainsi toutes choses sont faites d'Un par Conjonction. Le Soleil en est le Pére, & la Lune la Mére. Le Vent la porté dans son ventre. La Terre est sa Nourrice, la Mere de toute perfection. Sa puissance est parfaite, si elle est changée en terre. Séparez la Terre du Feu avec prudence, & le Subtil de l'Epais avec sageſſe. Il monte de la Terre au Ciel, & rédécend du Ciel en Terre, & reçoit la puiſſance, la vertu & l'efficace des choſes ſupérieures & inférieures. Par ce moyen vous aurez la gloire de tout. Vous repouſſerez les ténébres, toute obſcurité & tout aveuglement, car c'eſt la Force des forces, qui ſurmonte toutes forces, toutes choſes ſubtiles, & qui pénétre les choſes dures & ſolides. En cette façon le Monde a été fait & les Conjonctions, ainſi que les effets admirables qu'il produit; C'eſt le chemin par lequel ces merveilles ſont faites. Pour cette cauſe, je ſuis nommé Hermès Triſmégiſte, ou *trois fois grand*, ayant les trois parties de la Sageſſe ou Philoſophie du Monde Univerſel. Et ce que je dis de l'Oeuvre Solaire eſt véritable & parfait.

Ces paroles emportent le prix ſur tout ce qui a été dit touchant cette Matiére. Théophraſte, en parlant de cet Art, nous dit entre autres choſes: Prenez la Lune du Firmament; du Lieu ſupérieur changez-la en eau; réduiſez-la enſuite en terre, & vous opérerez un miracle, qui ſurprendra tout le monde. Si vous conduiſez l'Opération juſqu'à ſa fin, & que dès ſon commencement vous mettiez dans ſa terre cette Lune en eau purgée & nettoyée de toute ordure, alors elle jettera des rayons clairs & luiſans; mais ſi vous la voyez changée &

comme pâle, lavez-la au Bain de bienséance, & l'ornez de vétemens de splendeur permanente & de terre cruë, de laquelle elle se réjoüit merveilleusement. Laissez-la en cet état jusqu'au temps qui lui est propre; mais elle y demeureroit perpétuellement, si vous ne la délivriez des liens du tombeau. C'est le Mistére de la Lune renversée. Si vous en venez à bout, tous les Sécrets de l'Art vous seront découverts.

LES PAROLES D'HERMES,

Dans son Pimandre.

LE Pimandre d'Hermès Trimégiste dit: Une fois entre autres en pensant à la nature des choses, & en élevant au Ciel la subtilité de mon esprit, mes Sens corporels venant alors à s'assoupir, je fus surpris par le Sommeil, à peu près comme il arrive à celui que trop de réplétion ou quelque fâcherie endort insensiblement, & aussi-tôt il me sembla voir une très-grande Statuë, qui, m'appellant par mon nom, me dit: Pimandre, que souhaite-tu voir & entendre? que désires-tu connoître? Je lui demandai qui il étoit, Je suis, me répondit-il, la Pensée de la Puissance Divine; je ferai ce que tu voudras, & je suis par tout avec toi. Alors je lui répartis que je désirois avoir une connoissance parfaite de la Nature, de l'Essence & du Ressort de toutes choses, & principalement de connoître Dieu. Aye bonne mémoire, me répliqua-t'il, & je t'enseignerai tout ce que tu veux apprendre. En disant ces choses, il changea de forme, & en un instant toutes choses me furent révélées.

LE SYMBOLE
De Frere Bazile Valentin.

LA Pierre, de laquelle notre Feu Fugitif est extrait, n'est pas des plus précieuses, & de ce Feu la Pierre même est faite de Couleur blanche & rouge. Toutefois cette Pierre n'est pas Pierre. En cette Pierre la Nature produit une Fontaine claire & nette, qui suffoque son Pére fixe, & l'engloutit jusqu'a ce qu'enfin l'Ame lui soit renduë, & que la Mére fugitive soit faite semblable dans le Royaume. Cette Pierre acquiert de grandes puissances & de merveilleuses vertus. Elle est plus vieille que le Soleil. La Mére préparée par le feu, le Pére engendré par l'esprit; & l'Ame, le Corps & l'Esprit consistent tous en deux choses, desquelles toutes choses sont d'Un, & cet Un conjoint le Fixe avec le Volatil. Ces closes sont Deux, Trois & Un. Si tu ne connois pas ces Nombres, tu seras frustré de l'effet de l'Art. Adam demeure dans le Bain, où Vénus trouve chose semblable à elle, & ce Bain fut préparé par ce Dragon antique, quand il eut perdu ses forces & sa puissance. Et ceci n'est autre chose, dit le Philosophe, que le Mercure Double; son nom est caché, & l'on doit le rechercher avec grand soin & un travail fort assidu.

La Fin prouve les effets.

LE SYMBOLE
Nouveau.

JE suis Déesse, d'une excellente beauté & d'une grande Race. Je suis née de notre Mer propre; j'environne toute la Terre, je suis toujours mobile, & le Lait & le Sang coulent de mes mamelles. Cuis ces deux choses jusqu'à ce qu'elles soient converties en Or & en Argent, surmontant les autres. J'enrichis celui qui me possède.

O fondement très-précieux, dont toutes choses sont produites dans ces terres, quoique d'abord tu sois un Venin, décoré du nom d'Aigle fugitif! La prémiére Matiére est la Semence blanche & rouge, dans le Corps de laquelle la sécheresse & les pluies sont encloses & cachées aux Impies, à cause de l'Ornement, & de la Robe virginale, éparse par toute la Terre. Tes Pére & Mére sont le Soleil & la Lune: Et l'Eau & le Vin opérent aussi en toi, comme l'Or & l'Argent dans la Terre, afin que l'Homme s'y réjouisse en cette façon. Dieu, très-bon & très-grand, répand sa Bénédiction & sa Sagesse avec la pluie & les rayons du Soleil à la gloire éternelle de son nom. Mais, ô Mortel! considére ici quelles sont les choses dont Dieu te fait présent! Tourmente l'Aigle jusqu'à ce qu'il répande des larmes, & le Lion jusqu'à ce qu'il soit si fort affoibli, qu'il désire la mort en pleurant. Le Sang de celui-ci, conjoint avec les larmes de l'Aigle, est le Trésor de la Terre. Ces deux Animaux ont coutume de s'engloutir l'un l'autre, de se poursuivre par un amour mutuel, & de prendre la nature & la propriété de la Salamandre. S'ils demeurent mêlez ensemble dans le feu sans en être offensez, ils dissipent les maladies des Hommes, des Bêtes & des Métaux. Après que les anciens Philosophes ont eu la connoissance de ce Mistére, ils ont soigneusement recherché le Centre de l'Arbre, qui est au milieu du Paradis terrestre, en y entrant par les cinq Portes contentieuses. La prémiére de ces Portes, a été la connoissance de la véritable Matière, dans laquelle se donne le prémier combat. La seconde, ç'a été la préparation de cette Matière ; c'est-à-dire comment on doit la travailler pour trouver les Cendres de l'Aigle & le Sang du Lion. Dans cette Opération se livre un rude combat, dans lequel le Sang & l'Eau s'acquièrent un Corps spirituel résplendissant. La troisiéme, C'est le Feu, qui conduit le Composé à une parfaite maturité. La quatriéme, c'est la Multiplication, dans laquelle le Poids est nécessairement requis. La cinquiéme & derniére Porte, C'est la Projection sur les Métaux imparfaits. Celui qui parvient jusqu'à cette Porte, est rempli de gloire & de richesses, car il possède la Médecine Universelle de toute sorte de maladies, & elle est la preuve de ce que contient le Livre de la Nature, duquel sort tout l'Alphabet. Ce Mistére, le plus ancien de tous, subsiste dès le commencement, avant même la Création d'Adam, & c'est la Science de la Nature, que Dieu, très-bon & très-grand, a inspirée par son Verbe. Puissance admirable, Feu vivifiant, Rubi très-clair, Or rouge & luisant, & la Bénédiction de cette vie. Mais, à cause de la malice des Hommes, ce Mistére de la Nature n'est pas découvert à beaucoup de Gens, quoique sa Matiére soit continuellement devant les yeux de tout le monde, & qu'elle soit vivante, comme on le verra dans la Parabole qui suit.

MATIERE PREMIERE.

JE suis un Dragon envenimé, de vil prix, & présent en tous lieux. La chose sur laquelle je me repose, & qui se repose sur moi, se trouve en moi, en recherchant soigneusement mon Eau, & mon Feu, qui compose, qui détruit, & qui rétablit. Tu extrairas de mon Corps le Lion vert & rouge. Si tu ne me connois éxactement, tu prends les cinq cens de mon feu. Il sort de mes narrines un venin trop-tôt mûr, lequel a apporté du dommage à plusieurs. Sépare donc avec artifice le subtil de l'épais, à moins que tu ne te plaises dans la pauvreté. Je t'élargis les forces des Mâles & des Fémelles, ainsi que celles du Ciel & de la Terre. Les Mistéres de mon Art doivent être traitez avec courage & magnanimité. Si tu désires que je surmonte la force du Feu, sçache que plusieurs y ont perdu leur temps, leurs biens & leurs peines. Je suis l'Oeuf de Nature, connu seulement des Sages, lesquels, étant pieux & modestes, engendrent de moi le petit Monde que Dieu, très-bon & très-grand, a préparé aux Hommes; mais quoique beaucoup de Gens le désirent, néanmoins il n'est accordé qu'à peu de personnes, qui doivent secourir les Pauvres de mon Or, au lieu de mettre leur affection dans un Trésor qui doit périr. Les Philosophes me nomment Mercure, & mon Mari est l'Or Philosophique. Je suis le vieux Dragon, présent par toute la Terre. Je suis Pére & Mére, jeune & vieux, fort & foible, mort & vif, visible & invisible, dur & mou, décendant en Terre & montant au Ciel, très-grand & très-petit, très-léger & très-pésant. L'ordre de la Nature est souvent changé en moi, en couleur, nombre, poids & mesure. Je contiens la lumiére naturelle. Je suis clair & obscur. Je sors du Ciel & de la Terre. Je suis connu & je ne suis rien, je veux dire de stable. Toutes les Couleurs reluisent en moi par les rayons du Soleil, Rubis solaire, Terre très-noble & clarifiée, par laquelle tu pourras transmuer en Or le Cuivre, le Fer, l'Etain & le Plomb.

OPERATION
DU MISTERE PHILOSOPHIQUE.
PREMIERE FIGURE.

JE suis vieux, foible & malade. Mon surnom est Dragon ; je suis Serviteur fugitif, & l'on m'a enfermé dans une fosse, afin que je sois ensuite recompensé de la Couronne Royale, & que j'enrichisse ma Famille. Après ces choses nous posséderons tous les Tresors du Royaume. Le Feu me tourmente grandement, & la Mort rompt ma chair & mes os jusqu'à ce que six semaines se passent. Dieu veüille que je puisse surmonter mes Ennemis. Mon Ame & mon Esprit m'abandonnent. Cruel venin, je suis comparé au Corbeau noir, car c'est la récompense de la malice. Je suis couché dans la poudre & dans la terre. Plût à Dieu que de trois une chose se fit, afin que vous ne m'abandonniez plus, ô mon Ame & mon Esprit, pour que je revoye de nouveau la lumière du jour, & que ce Héros de la Paix, que tout le monde attend, puisse sortir de moi. On trouve dans mon Corps le Sel, le Soufre & le Mercure. Que ces choses soient comme il faut sublimées, distillées, séparées, pourries, coagulées, fixées, cuites & lavées; afin qu'elles soient bien nettoyées de leurs féces & de leurs ordures.

SECONDE FIGURE.

Que si ces Couleurs, qui sont de plusieurs sortes, se trouvent changées, & que ce Héros apparoisse rouge, ce sera le Fils très-puissant, n'ayant point son semblable dans le Monde, car il aura les forces du Soleil & de la Lune, & sera le Vainqueur de tout l'Or rouge. Tu en acquerreras la connoissance, si tu le purges sept fois par le feu. Après cela, produis-le parmi la Populace envieuse, qui hait notre Oeuvre, parce qu'elle ne le connoît pas. Mais écoute ce qui suit.

TROISIEME FIGURE.

Dix Hommes terrassent ce Héros & le tuënt, & néanmoins il leur pardonne cette méchanceté après qu'il est réssuscité. Lorsqu'il a repris la vie, il s'en réjouït éternellement, avec eux, & leur communique sa substance pour les faire vivre avec lui. Cependant la Ville est assiégée de tout côtés, & il faut que durant ce Siége ceux-là
endurent

endurent & meurent, & font perdus au prémier regard. Or les ténébres assaillant la Lune & le Soleil, ce Pasteur succombe, & néanmoins ne peut être séparé, à cause qu'il n'est pas semblable à la prémiére terre, & les Ennemis meurent pareillement avec lui, s'ils veulent participer à l'honneur & à la gloire. De la pure grace de Dieu l'Arc-en-Ciel apparoît quand le Roi les favorise, & alors il faut chanter ses loüanges & ses effets admirables.

QUATRIEME FIGURE.

Maintenant les Ennemis du Roi sont à la géhenne, & reconnoissant leur méchanceté, ils tombent tous ensemble par terre. Alors ils sont déclarez coupables au second Chef, & leur Ville est assiégée par les Ennemis, d'abord spirituellement par le feu, & ensuite corporellement, & succombent tous comme ceux de la prémiere Ville. Mais ce Héros, comme vrai Roi, les aide & les assiste, parce qu'eux tous sont seulement Un, & qu'ils sont presque réduits au néant à cause de cette Eclipse du Soleil, & les Corbeaux très-noirs consument toute leur chair. Leur Ame & leur Esprit étant blessez, ils sont proches de leur chair pourrie, & le Roi est nettoyé de toute pourriture. Pour cette cause l'Ame, l'Esprit & le Corps sont conjoints, afin qu'il demeure en eux, & qu'ils habitent pareillement en lui. Or le Fixe rend semblablement cet autre fixe, afin qu'il sorte de lui une Lignée nouvelle & blanche. Mais considérés plus avant les Couleurs qui montrent que ceux-ci sont dignes de la Robe blanche nuptiale & que s'ils embrassent amiablement le Roi, ils gagneront la Robe pourprée & dorée, & le repos du Sabath, durant lequel ils rendront à Dieu, leur Créateur, l'honneur qui lui est dû. Dèja la Lune obéïssante fait luire le jour du Soleil, & cette Amie bien aimée est couverte de vêtemens blancs comme la nége. A présent que tu es joyeux, comprens le reste.

CINQUIEME FIGURE.

ME voilà maintenant ressuscité du Sépulchre & j'apparois à mes Fréres, mon Epoux m'embrassant, par lequel je rendrai aussi mon Frére constant, spirituel & blanc, en le teignant, quoiqu'il soit foible & débile, afin que je lui redonne la force & la puissance du Roi, lequel étant vainqueur, doit bien-tôt me suivre, & nous rendra semblables au Soleil, d'autant qu'il a ressuscité en moi. Je suis donc comparé à la Mer cristaline fixe, & je déplore amèrement l'imperfection de mes Fréres, par laquelle se retirant de moi, conjoints aux pierres & à la poudre de la terre, ils perdent toute force; aspirant après les choses terrestres, & méprisant les célestes; car sans intermission je pleure & je jette des larmes, desquelles sort la bénédiction, qui apparoît & je ne m'adonne pas à la vanité ni à l'impudence comme ma Sœur Vénus, qui est toujours attentive aux voluptés de ce Monde. Toute-fois elle pourra acquérir mon vêtement, que je dois distribuer à cinq, pourvû qu'ils puissent vivre avec moi. Pour mon Frére Mars, ce méchant & scélérat Trompeur, après qu'il a eu de mes larmes, il renverse & tuë plusieurs Innocens, & tout enflammé de colère rayonnante, il méprise la sagesse, la modestie & la paix. Mon Frére Saturne, qui a le même esprit, se trouvant toujours pressé d'une Passion mélancolique, & d'avarice, renverse le salut de plusieurs, & c'est pourquoi il a la face triste. Jupiter, étant doux & clément approche de la Couronne Royale, quoiqu'il soit sévère, craintif, & plusieurs fois sujet aux Passions d'inconstance, comme le sont la plûpart des Hommes, quoique tous les Hommes doivent être assemblez & conjoints en un.

Mais mon Frère Mercure, le plus jeune, quoique vieux à cause de sa prudence, romp les liens de concorde; il pleure & rit tout ensemble, quand il se voit semblable à la Salamandre. Il opère des Oeuvres admirables, & ressemble à celui, qui, courant par toutes les parties du Globe universel de la Terre, se réjoüit de la compagnie des Bons & des Méchans, & la quitte ensuite. Si donc tous mes Frères imitoient ma constance, le Roi céleste distribüroit de grands Biens où le Soleil se plaît dans les pluies, & après les pluyes il donne de grandes Richesses. Comme le Père de Famille aime sa Femme, & la poursuit d'un amour ardent, de même rejettant les discordes & les contentions, qui son entre mes Frères & moi, je donnerai Teinture à l'Argent en réduisant mon Roi en Or.

SIXIEME FIGURE.

Reluisant d'une grande clarté, j'ai vaincu tous mes Ennemis, d'Un plusieurs, & de plusieurs Un, décendu de génération illustre. Du plus bas Lieu il monte au plus haut. La plus basse force est jointe dans ce Monde avec la plus haute. Je suis Un, & plusieurs sont en moi. Multiplié par dix, je guéris autant de fois mes six Amis, pourvû que dans la fusion ils m'obéissent promptement, à l'exemple de mon Amie la Lune. J'ai six Robes nuptiales & six Couronnes dorées chacune desquelles sera donnée à chacun de mes six Amis, afin que, semblables aux Rois, ils régnent avec moi, dominant sur ceux qui m'ont méprisé & qui n'ont fait aucun compte de mon amour. Ils seront découverts par le feu, d'autant qu'ils sont soigneux de monter de la terre. S'ils ont été vraiment joyeux, blancs & de couleur de pourpre & de sang, ils donneront de grandes Richesses, ainsi que Dieu, de qui sont toutes choses, hautes & basses, le commencement & la fin. Car il est A & O, présent en tous Lieux. Les Philosophes m'ont donné le nom D'AZOTH; les Latins me marquent par A & Z; les Grecs par, Alpha & Oméga; les Hébreux par Aleph & Thau, & tous ces différens noms font ensemble AZOTH. Etant jetté dans le Feu comme par colére, j'opresse l'eau, & les six autres Métaux loüent grandement mon hom, parce que je les introduis dans le Royaume du Soleil. Ils m'appellent Universel, quand je les transmuë en Or très-pur, auquel ni l'eau, ni le feu, ni la terre, ni aucun venin ne causeront de dommage. De plus je sers de Rémede aux Maladies des Hommes, & je suis le vrai Trésor

Royal, qui est donné seulement à ceux qui ont de la piété. Si donc Dieu, très-bon & très-grand, te donne la connoissance de ce Trésor, vis modestement avec toi-même, de peur qu'en te réjoüissant dans la compagnie des Méchans, tu ne tombes dans le danger, & dans l'affliction; car plusieurs, sous l'apparence de l'amitié, méditent des Empêchemens à ton Salut, & la Révélation n'appartient qu'à Dieu.

L'OEUVRE UNIVERSEL
Des Philosophes.

LE VIEILLARD est le prémier Principe révélé par l'Art d'Hermès; car le Sel, le Soufre & le Mercure, le bas comme le haut, l'Astre du Soleil abondant en couleurs, le Feu, l'Air, l'Eau, la Terre de la génération de Diane & d'Apollon, le Feu masculin, l'Air féminin, tout cela ne signifie que la Terre & l'Eau, de poids pésant & léger, stable & fugitif, & dépoüillé de la Robe terrestre. Prépare-le nud; enferme-le dans un Bain chaud, & le cuits à la chaleur des vapeurs, jour & nuit, jusqu'à ce que paroisse l'Etoile, autour de laquelle sept autres courent par la Sphére, & qu'il soit suffoqué dans l'Eau. Le noir Corbeau, prémier Oiseau, voltige à l'entour des Corps morts, jusqu'à ce que de la Colombe blanche il sorte un Oiseau rouge qui la suive. Eteins donc spirituellement le Corbeau noir, afin que toutes les Couleurs paroissent. Mais pendant que la Lune corporelle subsiste, la Licorne se repose, & prépare le chemin au Roi. L'Argent blanc sort, le Roi suit de près, étant rouge, encore solitaire, mais très-pur. Si tu le menes avec sa Mére par tous les Royaumes, il multipliera sa valeur de dix; & donnera de grandes Richesses à ses Fréres. Heureux trois, même quatre fois heureux, celui qui a acquis la connoissance entiére de cet Art.

DECLARATION

D'Adolphe.

APrès que moi, ADOLPHE, j'eus, selon le désir que j'en avois, pris la résolution d'aller à Rome, j'en entrepris le voyage afin de pouvoir ensuite m'attacher avec plus de soin à la recherche de la connoissance des Arts les plus sécrets. Etant donc arrivé dans cette Ville si renommée, & me trouvant une certaine nuit hors de mon logis, grandement affoibli par les pluies & les tempêtes qu'il avoit fait durant le long de la journée, j'entrai, pour me reposer, dans une Caverne sous-terraine, dont il y a un assez grand nombre dans Rome. Ayant dans ce Lieu-là fait ma prière à Dieu & imploré son assistance, étant encore à jeun, le Sommeil me surprit & je m'endormis ; mais n'étant pas couché commodément, je m'éveillai sur le minuit, & je considérai la Caverne qui me servoit d'Hôtellerie. Alors pensant aux Ouvrages admirables de Dieu, très-bon & très-grand, & réfléchissant avec attention sur les misères de la vie humaine, je vins ensuite à raisonner en moi-même sur les Sécrets & sur l'Oeuvre des Philosophes. Comme je pensoit profondément à cette Science, il me sembla entendre quelque bruit dans ma Caverne, qui néanmoins cessoit au même instant. Cependant cela me faisoit peur ; je craignois que ce ne fût des Sorciers ou des Larrons. Implorant de nouveau l'assistance de Dieu, j'apperçus au plus profond de ma Caverne une petite lumière, qui, s'augmentant peu à peu, s'approchoit insensiblement auprès de moi. Tombant comme en foiblesse de frayeur, j'hésitois sur ce que j'avois à faire. Au moment même je vois un Homme très-resplendissant & comme Aërien, portant sur sa tête une Courronne Royale, qui étoit par tout ornée d'Etoiles. Le regardant attentivement, & considérant toutes ses parties

Intérieures, je voyois son Cerveau, de même qu'une Eau cristaline, se mouvoir de soi-même comme les Nuës. Son Cœur me paroissoit d'un rouge de Rubis. Le Poulmon, le Foye, le Ventricule & la Vessie étoient purs, clairs & transparans comme le Verre. La Rate & le reste des Intestins paroissoient aussi, mais il n'avoit point de Fiel, & je ne puis par mes paroles exprimer la clarté de cette Homme non plus que sa pureté. Effrayé de plus en plus de cette vision : ô Seigneur, mon Dieu, m'écriai-je, délivrez-moi de tout mal! Mais cette Homme s'approchant de moi : Adolphe, me dit-il, suis-moi, & je te montrerai les choses, qui te sont préparées pour que tu puisses passer des ténèbres à la lumière. J'ignore qui vous êtes, lui répondis-je ; que l'Esprit du Seigneur du Ciel & de la Terre me conduise. Suis-moi, me dit-il une seconde fois, car à cause que tu crains Dieu, ajoûta-t-il, & que tu m'aimes, je t'aimerai pareillement, & tu loüeras le nom du Seigneur. Ayant proféré ces paroles, il me fit entrer dans le fond de la Caverne, où considérant plus attentivement toutes ces choses, je vis dans sa Couronne une Etoile rouge très-reluisante, dont les Rayons pénétroient mon Corps & mes Entrailles. Sa Robe étoit de Lin blanc, parsemée de fleurs de diverses couleurs ; la verte principalement reluisoit au dedans. Outre ces choses, une certaine vapeur, toujours mouvante, montoit de son Cœur à son Cerveau, & redécendoit de son Cerveau dans son Cœur. Enfin il ébranla de la main la muraille en faisant un bruit éclatant, & disparut à mes yeux. Je me trouvai de nouveau dans les ténébres, & mon ame fut saisie d'une nouvelle crainte. Au lever du Soleil, j'allumai une bougie pour visiter l'intérieur de la Caverne. Je vis la muraille ébranlée, & je trouvai un Coffre de Plomb. L'ayant ouvert, j'en tirai un Livre, dont les feüillets étoient d'écorces de Hêtre, sur ses feuillets étoit mise en écrit, pour qu'on pût s'en souvenir, la Figure Parabolique du vieil Adam. Je la lisois jour & nuit, & enfin une Voix me révéla ce Sécret, & me fit connoître plusieurs choses admirables. Je regardois au Midi, où sont les chauds Lions, & aux Lieux assujettis aux Pôles & au Septentrion, dans lesquels Lieux sont les Ourses. Je chantois les loüanges du Seigneur ; j'éxaltois son saint Nom, & je connoissois le Mistére de ce Livre, cacheté du Sceau de la Nature. Je vais mettre ici ce Sécret, de la maniére qu'il étoit écrit dans ce même Livre.

LE SYMBOLE
De Saturne.

ADam, chargé de vieillesse, n'ayant pas obéi au commandement de Dieu non plus que sa Femme avoit attiré sur soi l'effet de la Sentence de malédiction. L'un & l'autre déchus de leur état, & remplis de crainte prennent la fuite, & se cachent dans les buissons parmi les épines. Emus de honte à la vuë de la nudité de leurs corps, ils en seroient morts misérablement si Dieu, très-bon & très-grand, ne les eût ensuite, par sa miséricorde, rétablis dans leur prémier état. Car avant qu'il les eût renouvellez, ils engendroient des Enfans imparfaits. S'étant eux-mêmes rendus indignes de la possession du Jardin de délices, & devant être révélez à tout le monde, ils fûrent chassez de ce Jardin par un rayon de feu. Et quoique ce même Jardin abondât en douceurs, Adam avec sa Femme, en avoient plus abondamment que lui. Au moment d'être jettez hors de ce Jardin, Eve, Femme inconstante & foible, en sortit la prémiére, & Adam, Homme constant & magnanime, ne voulut céder qu'après avoir reçû six blessures. Mais Eve recevoit le Sang qui couloit de ses plaies, & le gardoit, en tirant Adam du Jardin par une vertu aymantine, parce que ses prémiéres forces commençoient à s'affoiblir, & qu'il ne pouvoit les recouvrer jusqu'à ce que se lavant ensemble dans un même Bain, & l'aimant mutuellement, ils désirassent tous deux de mourir & qu'après la mort ils ressuscitassent en Un, & engendrassent un Enfant d'une essence suprême. Mais cet Enfant désirant pareillement la mort, a ressuscité pour pénétrer toutes choses, & doit être multiplié par dix; car ses Fréres imparfaits & débiles l'attaquent & le combattent: Et si cela n'étoit de la sorte, tout le travail seroit inutile & sans profit. Or après ces choses, ses Fréres meurent tous ensemble avec lui, & à la Fin ressuscitent & régnent avec lui, reluisans & rayonnans comme le Soleil de la Terre: Car leur volonté est obéïssante au Roi, de qui ils ont reçû des Richesses éternelles, qui seront dix fois, cens fois, & mille fois. A Dieu seul, duquel procéde toute sagesse, soit honneur & gloire.

Ainsi soit-il au Mercure, qui, quoi qu'il n'ait point de pieds, court comme l'eau ne moüillant point les mains, & opérant tout métalliquement.

FIN.

L'ANCIENNE GUERRE DES CHEVALIERS,
OU
LE TRIOMPHE HERMETIQUE.

ENTRETIEN
De la Pierre des Philosophes avec l'Or & le Mercure.

LE sujet de cet Entretien est une Dispute que l'Or, & le Mercure eurent un jour avec la Pierre des Philosophes. Voici de quelle maniere parle un veritable Philosophe, qui est parvenu à la possession de ce grand Secret.

JE vous proteste devant Dieu, & sur le salut éternel de mon ame, avec un cœur sincere, touché de compassion pour ceux

qui sont depuis long-temps dans les grandes recherches ; & je vous certifie à vous tous, qui cherissez ce merveilleux Art,
1. que toute notre Oeuvre prend naissance(*) d'une seule chose, & qu'en cette chose l'Oeuvre trouve sa perfection, sans qu'elle ait besoin de quoi que ce soit autre, que
2. d'être (*) dissoute, & coagulée, ce qu'elle doit faire d'elle même, sans le secours d'aucune chose étrangére.

Lorsqu'on met de la Glace dans un Vase placé sur le feu, on voit que la chaleur
3. la fait resoudre (*) en Eau : on doit en user de la même maniére avec notre Pierre, qui n'a besoin que du secours de l'Artiste, de l'opération de ses mains, & de l'action
4. du feu (*) naturel : car elle ne se resoudra jamais d'elle même, quand elle demeureroit éternellement sur la terre : c'est pourquoi nous devons l'aider, de telle maniere toutes-fois, que nous ne lui ajoûtions rien, qui lui soit étranger, & contraire.

Tout ainsi que Dieu produit le froment dans les champs, & que c'est ensuite à nous à le mettre en farine, la pétrir, & en faire du pain ; de même notre Art re-
5. quiert que nous fassions la même chose. (*) Dieu nous a créé ce Minéral, afin que nous le prenions tout seul, que nous décomposions son Corps grossier, & épais ; que nous séparions, & prenions pour nous

ce qu'il renferme de bon dans son intérieur; que nous réjetions ce qu'il a le superflu; & que d'un venin mortel, nous apprenions à faire une Médecine souveraine.

Pour vous donner une plus parfaite intelligence de cet agréable Entretien, je vous ferai le récit de la dispute qui s'éleva entre la Pierre des Philosophes, l'Or, & le Mercure; de sorte que ceux qui depuis long-temps s'appliquent à la recherche de notre Art, & qui sçavent de quelle manière on doit traiter(*) les Métaux & les Minéraux, pourront en être assez éclairez, pour arriver droit au but qu'ils se proposent. Il est cependant nécessaire que nous nous appliquions à connoître (*) extérieurement & intérieurement l'essence & les propriétés de toutes les choses qui sont sur la Terre, & que nous pénétrions dans la profondeur des Opérations, dont la Nature est capable.

6.

7.

RECIT.

L'Or, & le Mercure allérent un jour à main armée, pour combattre & pour subjuguer la Pierre. L'Or, animé de fureur, commença à parler de cette sorte.

L'OR.

Comment as-tu la témérité de t'élever au dessus de moi, & de mon Frére Mercure, & de prétendre la préférence sur nous ? toi, qui n'es qu'un (*) Vers bouffi de venin ? Ignores-tu que je suis le plus précieux, le plus constant, & le prémier de tous les Métaux ? Ne sçais-tu pas que les Monarques, les Princes, & les Peuples font également consister toutes leurs Richesses en moi, & en mon Frére Mercure; & que tu es au contraire le dangéreux Ennemi des Hommes, & des Métaux ; au lieu que les plus habiles Médecins ne cessent de publier, & de vanter les vertus singuliéres que je posséde (*) pour donner & pour conserver la santé à tout le monde?

LA PIERRE.

A ces paroles, pleines d'emportement, la Pierre répondit sans s'émouvoir : Mon cher Or, pourquoi ne te fâches-tu pas plûtôt contre Dieu, & pourquoi ne lui demandes-tu pas pour quelles raisons il n'a pas créé en toi, ce qui se trouve en moi ?

L'OR.

C'est Dieu même qui m'a donné l'honneur, la réputation, & le brillant éclat, qui me rendent si estimable: c'est pour cette raison que je suis si recherché d'un chacun. Une de mes plus grandes perfections est d'être un Métail inaltérable dans le feu, & hors du feu aussi tout le monde m'aime,
&

& court après moi : Mais toi tu n'es qu'une (*) Fugitive, & une Trompeuse, qui abuse tous les Hommes : Cela se voit en ce que tu t'envoles, & que tu t'échappes des mains de ceux qui travaillent avec toi.

LA PIERRE.

Il est vrai, mon cher Or, que c'est Dieu qui t'a donné l'honneur, la constance, & la beauté, qui te rendent précieux : C'est pourquoi tu es obligé de rendre des graces éternelles à sa divine bonté, & ne pas mépriser les autres, comme tu fais : Car je puis te dire que tu n'es pas cet Or, dont les Ecrits des Philosophes font mention ; (*) mais que cet Or est caché dans mon sein. Il est vrai, je l'avoüe, je coule dans le feu, & je n'y demeure pas toutes-fois ; tu sçais fort bien que Dieu & la Nature m'ont donné cette qualité, & que cela doit être ainsi, d'autant que ma fluidité tourne à l'avantage de l'Artiste, qui sçait (*) la manière de l'extraire. Scaches cependant que mon Ame demeure constamment en moi, & qu'elle est plus stable, & plus fixe, que tu n'es, tout Or que tu sois, & que ne sont tous tes Frères, & tous tes Compagnons. Ni l'eau, ni le feu, quel qu'il soit, ne peuvent la détruire, ni la consumer ; quand ils agiroient sur elle pendant autant de temps que le Monde durera.

Tome III.

Ce n'est donc pas ma faute, si je suis recherchée par des Artistes, qui ne sçavent pas comment il faut travailler avec moi, ni de quelle maniére je dois être préparée. Ils me mêlent souvent avec des Matiéres étrangéres, qui me sont entiérement contraires. Ils m'ajoûtent de l'eau, des poudres, & autres choses semblables, qui détruisent ma nature, & les propriétés qui me sont essentieles; aussi s'en trouve t-il à peine

13. un entre cent, (*) qui travaille avec moi. Ils s'apliquent tous à chercher la vérité de l'Art dans toi, & dans ton Frére Mercure: c'est pourquoi ils errent tous, & c'est en cela que leurs travaux sont faux. Ils en sont eux-mêmes un bel éxemple : car c'est inutilement qu'ils employent leur Or, & qu'ils tâchent de le détruire : il ne leur reste de tout cela, que l'éxtrême pauvreté, à laquelle ils se trouvent enfin réduits.

C'est toi, cher Or, qui es la prémiére cause de ce malheur; tu sçais fort bien que sans moi, il est impossible de faire aucun Or, ni aucun Argent, qui soient parfaits; & qu'il n'y a que moi seule, qui ait ce merveilleux avantage. Pourquoi souffres-tu donc que presque tout le monde entier fonde ses Opérations sur toi, & sur le Mercure ? Si tu avois encore quelque reste d'honnêteté, tu empêcherois que les Hommes ne s'abandonnassent à une perte toute certaine ; mais, comme au lieu de cela, tu fais tout le contraire, je puis soutenir avec vérité, Que c'est toi seul, qui es un Trompeur.

L'OR.

Je veux te convaincre par l'autorité des Philosophes, que la vérité de l'Art peut être accomplie avec moi. Lis Hermès. Il parle ainsi : Le Soleil est son Père, (*) 14. la Lune sa Mére : or je suis le seul que l'on compare au Soleil.

Aristote, Avicenne, Pline, Sérapion, Hipocrate, Dioscoride, Mesué, Rasis, Averroës, Géber, Raimond Lulle, Albert le Grand, Arnaud de Villeneuve, Thomas d'Acquin, & un grand nombre d'autres Philosophes, que je passe sous silence, pour n'être pas long, écrivent tous clairement & distinctement, Que les Métaux, & la Teinture Phisique, ne sont composez que de Soufre, & de Mercure; (*) 15. que ce Soufre doit être rouge, incombustible, résistant constamment au feu, & que le Mercure doit être clair, & bien purifié. Ils parlent de cette sorte sans aucune réserve, ils me nomment ouvertement par mon propre nom, & disent que dans l'Or, c'est-à-dire dans moi, se trouve le Soufre rouge, digest, fixe, & incombustible ; ce qui est véritable, & tout évident ; car il n'y a personne qui ne connoisse bien que je suis un Métail très-constant & inaltérable; que je suis doüé d'un Soufre parfait, & entiérement fixe, sur lequel le feu n'a aucune puissance.

Le *Mercure* fut du sentiment de l'Or; il approuva son discours; soutint que tout ce que son Frére venoit de dire, étoit véritable, & que l'Oeuvre pouvoit se parfaire de la maniére que l'avoient écrit les Philosophes ci-dessus alléguez. Il adjoûta même, que chacun connoissoit assez

16. combien étoit grande (*) l'amitié mutuelle, qu'il y avoit entre l'Or, & lui, préférablement à tous les autres Métaux; qu'il n'y avoit personne qui ne pût aisément en juger par le témoignage de ses propres yeux; que les Orfévres & autres semblables Artisans sçavoient fort bien, que lorsqu'ils vouloient dorer quelque Ouvrage, ils ne pouvoient se passer du mélange de l'Or, & du Mercure, & qu'ils en faisoient la Conjonction en très-peu de temps, sans difficulté, & avec fort peu de travail. Que ne devoit-on pas espérer de faire avec plus de temps, plus de travail, & plus d'application.

La Pierre.

A ce discours, la Pierre se prit à rire, & leur dit: En vérité, vous méritez bien l'un

& l'autre qu'on se mocque de vous, & de votre démonstration. Mais c'est toi, cher Or, que j'admire encore plus, voyant que tu t'en fais si fort accroire, pour l'avantage que tu as d'être bon à certaines choses. Peux tu bien te persuader que les anciens Philosophes ayent écrit, comme ils ont fait, dans un sens qui doive s'entendre à la maniére ordinaire ? & crois-tu qu'on doive simplement intérpreter leurs paroles à la lettre ?

L'Or.

Je suis certain que les Philosophes, & les Artistes que je viens de citer, n'ont point écrit de mensonge. Ils sont tous de même sentiment touchant la vertu que je posséde. Il est bien vrai qu'il s'en est trouvé quelques-uns, qui ont voulu chercher, dans des choses entiérement éloignées, la puissance & les propriétés, qui sont en moi ; ils ont travaillé sur certaines Herbes ; sur les Animaux ; sur le Sang ; sur les Urines ; sur les Cheveux ; sur le Sperme ; & sur des choses de cette nature. Ceux-là se sont sans doute écartez de la véritable voye, & ont quelque-fois écrit des faussetés : mais il n'en est pas de même des Maîtres que j'ai nommez. Nous avons des preuves certaines, qu'ils ont en effet possédé ce grand Art ; c'est pourquoi nous devons ajoûter foi à leurs Ecrits.

LA PIERRE.

Je ne revoque point en doute que ces Philosophes n'ayent eu une entiére connoissance de l'Art ; excepté toutes-fois quelques-uns de ceux que tu as alleguez ; car il y en a parmi eux, mais fort peu, qui l'ont ignoré, & qui n'en ont écrit, que sûr ce qu'ils en ont oüi dire : mais lorsque les véritables Philosophes nomment simplement l'Or, & le Mercure, comme les Principes de l'Art, ils ne se servent de ces termes, que pour en cacher la connoissance aux Ignorans, & à ceux qui sont indignes de cette Science ; car ils sçavent ort bien que ces Esprits vulgaires ne s'atachent qu'aux noms des choses, aux Réceptes, & aux Procedés, qu'ils trouvent écrits ; sans éxaminer s'il y a un solide fondement dans ce qu'ils mettent en pratique. Mais les Hommes sçavans, & qui lisent les bons Livres avec application, considérent toutes choses avec prudence ; éxaminent le rapport & la convenance qu'il y a entre une chose & une autre ; & par ce moyen ils pénétrent dans le fondement de l'Art ; de sorte que par le raisonnement, & par la méditation, ils découvrent enfin quelle est la Matiére des Philosophes, entre lesquels il ne s'en trouve aucun, qui ait voulu l'indiquer, ni la donner à connoître ouvertement, & par son propre nom.

Ils se déclarent nettement là-dessus, lors qu'ils disent qu'ils ne révélent jamais moins le Secret de leur Art, que lorsqu'ils parlent clairement, & selon la maniére ordinaire de s'énoncer : mais ils avoüent au contraire que (*) lorsqu'ils se servent de Similitudes, de Figures, & de Paraboles, c'est en vérité dans ces endroits de leurs Ecrits qu'ils manifestent leur Art: Car les Philosophes, après avoir discouru de l'Or & du Mercure, ne manquent pas de déclarer ensuite, & d'assurer, que leur Or n'est pas le Soleil ou l'Or vulgaire, & que leur Mercure, n'est pas non plus le Mercure commun. En voici la raison. 17.

L'Or est un Métail parfait, lequel à cause de la perfection que la nature lui a donnée, ne sçauroit être poussé, par l'Art, à un dégré plus parfait ; de sorte que de quelque maniére qu'on puisse travailler avec l'Or, quelque artifice qu'on mette en usage ; quand on extrairoit cent fois sa Couleur & sa Teinture ; l'Artiste ne fera jamais plus d'Or & ne teindra jamais une plus grande quantité de Métail, qu'il y avoit de Couleur, & de Teinture dans l'Or, dont elle aura été extraite. C'est pour cette raison que les Philosophes disent, Qu'on doit chercher la perfection (*) 18.

dans les choses imparfaites, & qu'on l'y trouvera. Tu peux lire dans le Rosaire ce que je te dis ici. Raimond Lulle, que tu m'as cité, est de ce même sentiment ; il assure que ce qui doit être rendu meilleur, ne doit pas être parfait ; parce que dans ce qui est parfait, il n'y a rien à changer, & qu'on détruiroit plûtôt sa nature que d'ajoûter quelque chose à sa perfection.

L'OR.

Je n'ignore pas que les Philosophes parlent de cette manière : toutes fois cela se peut appliquer à mon Frére Mercure, qui est encore imparfait ; mais si on nous joint tous deux ensemble, il reçoit alors de moi la perfection, qui lui manque : Car il est du Séxe féminin, & moi je suis du Séxe masculin ; ce qui fait dire aux Philosophes, que l'Art est un Tout homogéne. Tu vois un exemple de cela dans la procréation des Hommes : car il ne peut naître aucun Enfant sans l'accouplement du Mâle & de la Fémele ; c'est-à-dire, sans la conjonction de l'un avec l'autre. Nous en avons un pareil exemple dans les Animaux, & dans tous les Estres vivans.

LA PIERRE.

Il est vrai ton Frére Mercure est imparfait & par conséquent il n'est pas le Mercure des Sages : auſſi, quand vous ſeriez conjoints enſemble, & qu'on vous tiendroit ainſi dans le feu pendant le cours de pluſieurs années, pour tâcher de vous unir parfaitement l'un avec l'autre ; il arrivera toujours la même choſe ; ſçavoir, qu'auſſi-tôt que le Mercure ſent l'action du feu, il ſe ſépare de toi, ſe ſublime, s'envole, & te laiſſe ſeul en bas. Que ſi on vous diſſout dans l'Eau forte ; ſi on vous réduit en une ſeule maſſe ; ſi on vous reſout ; ſi on vous diſtille ; & ſi on vous coagule ; vous ne produirez toutes-fois jamais qu'une Poudre, & un Précipité rouge. Que ſi on fait projection de cette Poudre ſur un Métail imparfait, elle ne le teint point ; mais on y trouve autant d'Or, qu'on y en avoit mis au commencement, & ton Frére Mercure te quitte & s'enfuit.

Voilà quelles ſont les expériences, que ceux, qui s'attachent à la recherche de la Chimie, ont faites à leur grand dommage, pendant une longue ſuite d'années : voilà auſſi où aboutit toute la connoiſſance qu'ils ont acquiſe par leurs travaux : Mais pour ce qui eſt du Proverbe des Anciens, dont tu veux te prévaloir, Que l'Art eſt un Tout entiérement homogéne ; Qu'aucun Enfant ne peut naître ſans le Mâle & la Fémele ; & que tu te figures, que par là les Philoſophes entendent parler de toi & de ton Frére Mercure : je dois te dire nettement que cela est faux, & que mal à propos on l'entend de toi ; encore qu'en ces mêmes endroits les Philosophes parlent juste, & disent la vérité. Je te certifie que c'est ici la Pierre angulaire, qu'ils ont posée, & contre laquelle plusieurs milliers d'Hommes ont bronché.

21. Peux-tu bien t'imaginer qu'il en doit être de même (*) avec les Métaux, qu'avec les choses qui ont vie. Il t'arrive en ceci ce qui arrive à tous les faux Artistes : Car lors que vous lisez de semblables passages dans les Philosophes, vous ne vous attachez pas à les examiner davantage, pour tâcher de découvrir si de telles expressions quadrent & s'accordent, ou non, avec ce qui a été dit auparavant, ou qui est dit dans la suite : Cependant tu dois sçavoir, que tout ce que les Philosophes ont écrit de l'Oeuvre en termes figurez, se doit entendre de moi seule, & non de quelque autre chose, qui soit dans le Monde; puis qu'il n'y a que moi seule, qui puisse faire

22. ce qu'ils disent, & que (*) sans moi, il est impossible de faire aucun Or, ni aucun Argent, qui soient véritables.

L'OR.

Bon Dieu ! n'as tu point de honte de proférer un si grand mensonge ? & ne crains-tu pas de commettre un péché, en te glorifiant jusqu'à un tel point, que d'oser t'atribuer à toi seule, tout ce que tant de Sages & de Sçavans Personnages ont écrit de cet Art, depuis tant de Siécles; toi, qui n'es qu'une Matiére crasse, impure, & venimeuse; & tu avoües, nonobstant cela, que cet Art est un Tout parfaitement homogéne? Tu dis de plus, Que sans toi, on ne peut faire aucun Or, ni aucun Argent, qui soient véritables, comme étant une chose (*) universelle. N'est-ce pas là une contradiction manifeste; d'autant que plusieurs sçavans Personnages se sont appliquez avec tant de soin & d'éxactitude aux curieuses recherches qu'ils ont faites, qu'ils ont trouvé d'autres voies (ce sont *des Procédés* qu'on nomme des Particuliers,) desquels cependant on peut tirer une grande utilité?

La Pierre

Mon cher Or, ne sois pas surpris de ce que je viens de te dire, & ne sois pas si imprudent que de m'imputer un mensonge, à moi, qui (*) ai plus d'âge que toi. S'il m'arrivoit de me tromper en cela, tu devrois avec juste raison excuser mon grand âge ; puisque tu n'ignores pas qu'il faut porter respect à la Vieillesse.

Pour te faire voir que j'ai dit la vérité

pour défendre mon honneur ; je ne veux m'appuyer que de l'autorité des mêmes Maîtres, que tu m'as citez, & que par conséquent tu n'es pas en droit de récuser. Voyons particuliérement Hermès. Il parle ainsi : Il est vrai, sans mensonge, certain, & très-véritable, que ce qui est en bas est semblable à ce qui est en haut ; & ce qui est en haut, est semblable à ce qui est en bas : (*) c'est par ces choses, qu'on peut faire les miracles d'une seule chose.

25.

Voici comment parle Aristote. O! que cette chose est admirable, qui contient en elle même toutes les choses dont nous avons besoin. Elle se tuë elle même, & ensuite elle reprend vie d'elle même ; (*) elle s'époufe elle même ; elle s'engroffe elle même ; elle naît d'elle même ; elle se refoud d'elle-même dans son propre sang ; elle se coagule de nouveau avec lui, & prend une consistence dure ; elle se fait blanche ; elle se fait rouge d'elle-même ; nous ne lui ajoûtons rien de plus, & nous n'y changeons rien, si ce n'est que nous en séparons la *grossiéreté*, & la terrestréité.

26.

Le Philosophe Platon parle de moi en ces termes. C'est une seule & unique chose, d'une seule & même espece en elle même. (*) Elle a un Corps, une Ame, un Esprit, & les quatre Elémens, sur lesquels elle

28.

domine. Il ne lui manque rien ; elle n'a pas besoin des autres Corps ; car elle s'engendre elle même ; toutes choses sont d'elle, par elle, & en elle.

Je pourrois te produire ici plusieurs autres témoignages ; mais comme cela n'est pas nécessaire, je les passe sous silence, pour n'être pas ennuyeuse : Et comme tu viens de me parler de *Procédés*, ou Particuliers, je vais t'expliquer en quoi ils différent de l'Art. (*) Quelques Artistes, 28. qui ont travaillé avec moi, ont poussé leurs travaux si loin, qu'ils sont venus à bout, de séparer de moi mon Esprit, qui contient ma Teinture ; en sorte que le mêlant avec d'autres Métaux, & Minéraux, ils sont parvenus à communiquer quelque peu de mes vertus & de mes forces aux Métaux, qui ont quelque affinité, & quelque amitié avec moi : Cependant les Artistes, qui ont réussi par cette voie, & qui ont trouvé sûrement une partie de l'Art, sont véritablement en très-petit nombre. Mais comme ils n'ont pas connu (*) l'origine d'où viennent les Teintures, 29. il leur a été impossible de pousser leur travail plus loin ; & ils n'ont point trouvé au bout du compte, qu'il y eût une grande utilité dans leur Procédé ; mais si ces Artistes avoient porté leurs recherches au delà, & qu'ils eussent bien examiné quelle

30. est la (*) Femme, qui m'est propre ; qu'ils l'eussent cherchée & qu'ils m'eussent uni à elle ; c'est alors que j'aurois pû teindre mille fois davantage ; mais, au lieu de cela, ils ont entiérement détruit ma propre nature, en me mêlant avec des choses étrangéres : C'est pourquoi, bien qu'en faisant leur calcul, ils ayent trouvé quelque avantage, fort médiocre toutesfois, en comparaison de la grande puissance qui est en moi ; il est constant néanmoins que cette utilité n'a procédé, & n'a eu son origine que de moi, & non de quoique ce soit autre, avec quoi j'aye pû être mêlée.

L' O R.

Tu n'as pas assez prouvé par ce que tu viens de dire : Car encore que les Philosophes parlent d'une seule chose, qui renferme en soi les quatre Elémens ; qui a un Corps, une Ame, & un Esprit ; & que par cette chose ils veuillent faire entendre la Teinture Phisique ; lorsqu'elle a été poussée jusqu'à sa derniére perfection, qui est le but où ils tendent ; néanmoins cette chose doit, dès son commencement, être composée de moi, qui suis l'Or, & de mon Frére, qui est le Mercure, comme étant tous deux la Semence masculine, & & la Semence féminine ; ainsi qu'il a été dit ci-dessus : Car après que nous avons été suffisament cuits, & transmuez en Teinture, nous sommes pour lors l'un & l'autre ensemble une seule chose, dont les Philosophes parlent.

LA PIERRE.

Cela ne va pas comme tu te l'imagines. Je t'ai déja dit ci-devant, qu'il ne peut se faire une véritable union de vous deux; parce que vous n'êtes pas un seul Corps; (*) mais deux Corps ensemble; & par conséquant vous êtes contraires, à considérer le fondement de la Nature. Mais moi, j'ai un Corps(*)imparfait, une Ame constante, une Teinture pénétrante; j'ai de plus un Mercure clair, transparant, volatil, & mobile, & je puis opérer toutes les grandes choses, dont vous vous glorifiez tous deux, sans toutes-fois que vous puissiez les faire : Parce que c'est moi qui porte dans mon sein l'Or Philosophique, & le Mercure des Sages. C'est pourquoi les Philosophes, en parlant de moi, disent : Notre Pierre (*) est invisible, & il n'est pas possible d'acquérir la possession de notre Mercure, autrement que par le moyen de deux (*) Corps, dont l'un ne peut recevoir sans l'autre la perfection, qui lui est requise.

31.

32.

33.

34.

C'est pour cette raison qu'il n'y a que moi seule, qui possède une Semence masculine & féminine, & qui sois en même temps un Tout entièrement homogéne; aussi me nomme-t-on Hermaphrodite. Richard, Anglois, rend témoignage de moi, difant la prémiére Matiére de notre Pierre s'appelle Rébis (*deux fois chofe:*) c'eſt-à-dire une chofe qui a reçû de la Nature une double propriété oculte, qui lui fait donner le nom d'Hermaphrodite ; comme qui diroit une Matiére, dont il eſt difficile de pouvoir diſtinguer le Séxe, & de découvrir ſi elle eſt mâle, ou ſi elle eſt fémele, d'autant qu'elle incline également des deux côtés : C'eſt pourquoi la Médecine Univerſelle ſe fait d'une chofe, qui eſt (*) l'Eau, & l'Eſprit du Corps.

35.

C'eſt cela qui a fait dire, que cette Médecine a trompé un grand nombre de Sots, à cauſe de la multitude des Enigmes, ſous lefquelles elle eſt enveloppée : Cependant cet Art ne requiert qu'une ſeule chofe, qui eſt connuë d'un chacun, & que pluſieurs ſouhaittent. Et le tout eſt une chofe, qui n'a pas ſa pareille dans le Monde. (*) Elle eſt vile toutesfois, & on peut l'avoir à peu de frais : il ne faut pas pour cela la mépriſer ; car elle fait, & parfait des chofes admirables.

36.

Le Philofophe Alain dit : Vous, qui travaillés à cet Art, vous devez avoir une ferme & conſtante application d'eſprit à votre travail, & ne pas commencer à eſſayer tantôt une chofe, & tantôt une autre. L'Art ne conſiſte pas dans la pluralité des Espéces ; mais dans le Corps, & dans l'Esprit. O ! qu'il est véritable, que la Médecine de notre Pierre est une chose, un Vaisseau, une Conjonction. Tout l'artifice commence par une chose, & finit par une chose : bien que les Philosophes, dans le dessein de cacher ce grand Art, décrivent plusieurs voies ; sçavoir une Conjonction continuelle, une Mixtion, une Sublimation, une Désiccation, & tout autant d'autres voies & Opérations qu'on peut en nommer de différents noms : Mais (*) la Solution du Corps ne se fait que dans son propre Sang. 37.

Voici comment parle Géber. Il y a un Soufre dans la profondeur du Mercure, qui le cuit, & qui le digére dans les veines des Mines, pendant un très-long temps. Tu vois donc bien, mon cher Or, que je t'ai amplement démontré que ce Soufre n'est qu'en moi seule ; puisque je fais tout moi seule, sans ton secours, & sans celui de tous tes Fréres, ni de tous tes Compagnons. Je n'ai pas besoin de vous ; mais vous avez tous besoin de moi ; d'autant que je puis vous donner à tous la perfection, & vous élever au dessus de l'état, où la Nature vous a mis.

A ces derniéres paroles, l'Or se mit furieusement en colére, ne sçachant plus que répondre. Cependant, il tînt conseil avec son Frère Mercure, & ils convinrent ensemble, qu'ils s'assisteroient l'un l'autre, espérant qu'étant deux contre notre Pierre, qui n'est qu'une & seule, ils la surmonteroient facilement: De sorte, qu'après n'avoir pû la vaincre par la dispute, ils prirent résolution de la mettre à mort par l'épée. Dans ce dessein, ils joignîrent leurs forces, afin de les augmenter par l'union de leur double puissance.

38. Le combat se donna. Notre Pierre deploya ses forces, & sa valeur: les combatit tous deux; (*) les surmonta; les dissipa, & les engloutit l'un & l'autre; ensorte qu'il ne resta aucun vestige, qui pût faire connoître ce qu'ils étoient devenus.

Ainsi, chers Amis, qui avez la crainte de Dieu devant les yeux, ce que je viens de vous dire, doit vous faire connoître la vérité, & vous éclairer l'esprit autant qu'il est nécessaire, pour comprendre le fondement du plus grand & du plus précieux de tous les Trésors, qu'aucun Philosophe n'a si clairement exposé, découvert, ni mis au jour.

Vous n'avez donc pas besoin d'autre chose. Il ne vous reste qu'à prier Dieu, qu'il veuille bien vous faire parvenir à la possession d'un Joyau, qui est d'un prix inestimable. Eguisez après cela la pointe de vos Esprits; lisez les Ecrits des Sages avec prudence; travaillez avec diligence & n'agissez pas avec précipitation dans un Œuvre si précieux.(*) Il a son temps ordonné par la Nature; tout de même que les Fruits, qui sont sur les Arbres, & les grappes de raisins que la Vigne porte. Ayez la droiture dans le cœur, & proposez-vous, dans votre travail, une fin honnête; autrement Dieu ne vous accordera rien: (*) Car il ne communique un si grand Don, qu'à ceux qui veulent en faire un bon usage; & il en prive ceux, qui ont dessein de s'en servir, pour commettre le mal. Je prie Dieu qu'il vous donne sa sainte bénédiction. Ainsi soit-il.

39.

40.

FIN.

ENTRETIEN D'EUDOXE ET DE PYROPHILE

SUR

L'ANCIENNE GUERRE DES CHEVALIERS.

PYROPHILE.

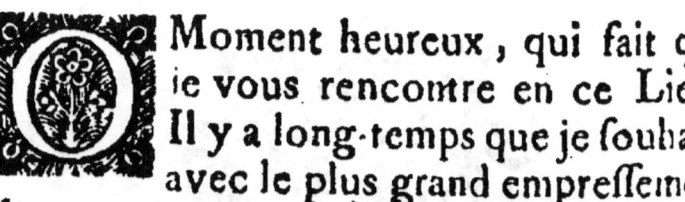Moment heureux, qui fait que je vous rencontre en ce Lieu! Il y a long-temps que je souhaite avec le plus grand empressement du monde de pouvoir vous entretenir du progrès que j'ai fait dans la Philosophie, par la lecture des Auteurs, que vous m'avez conseillé de lire, pour m'instruire du fondement de cette divine Science, qui porte par excellence le nom de Philosophie.

EUDOXE.

Je n'ai pas moins de joie de vous revoir, & j'en aurai beaucoup d'apprendre quel est l'avantage que vous avez tiré de votre application à l'étude de notre sacrée Science.

PYROPHILE.

Je vous suis redevable de tout ce que j'en sçai, & de ce que j'espére encore pénétrer dans les Mistéres Philosophiques; si vous voulez bien continuer à me prêter le secours de vos lumiéres. C'est vous qui m'avez inspiré le courage qui m'étoit nécessaire, pour entreprendre une étude, dont les difficultés paroissent impénétrables dès l'entrée, & capables de rebuter à tous momens les Esprits les plus ardens à la recherche des vérités les plus cachées; mais, graces à vos bons conseils, je ne me trouve que plus animé à poursuivre mon entreprise.

EUDOXE.

Je suis ravi de ne m'être pas trompé au jugement que j'ai fait du caractére de votre esprit; vous l'avez de la trempe qu'il faut l'avoir pour acquérir des Connoissances, qui passent la portée des Génies ordinaires, & pour ne pas mollir contre tant de difficultés, qui rendent presqu'inaccessible le Sanctuaire de notre Philosophie : Je loüe extrémement la force avec laquelle je sçai que vous avez combatu les discours ordinaires de certains Esprits, qui croyent qu'il y va de leur honneur, de traiter de rêverie tout ce qu'ils ne connoissent pas ; parce qu'ils ne veulent pas, qu'il soit dit, que d'autres puissent découvrir des vérités, dont eux n'ont aucune intelligence.

PYROPHILE.

Je n'ai jamais crû devoir faire beaucoup d'attention aux raisonnemens des Personnes, qui veulent décider des choses qu'ils ne connoissent pas ; mais je vous avoüe que si quelque chose eût été capable de me détourner d'une Science, pour laquelle j'ai toûjours eu une forte inclination naturelle, ç'auroit été une espéce de honte, que l'ignorance a attachée à la recherche de cette Philosophie. En effet, il est facheux d'être obligé de cacher l'application qu'on y donne ; à moins que de vouloir passer dans l'esprit de la plûpart du monde pour un Homme, qui ne s'occupe qu'à de vaines Chiméres ; mais comme la vérité, en quelque endroit qu'elle se trouve, a pour moi des charmes souverains, rien n'a pû me détourner de cette étude. J'ai lû les Ecrits d'un grand nombre de Philosophes, aussi considérables pour leur sçavoir, que pour leur probité; & comme je n'ai jamais pû mettre dans mon esprit, que tant de grands Personnages fussent autant d'Imposteurs publics; j'ai voulu éxaminer leurs Principes avec beaucoup d'application, & j'ai été convaincu des vérités qu'ils avancent; bien que je ne les comprenne pas encore toutes.

EUDOXE.

Je vous sçais fort bon gré de la justice que vous rendez aux Maîtres de notre Art : Mais dites-moi, je vous prie, quels Philosophes vous avez particuliérement lûs, & qui sont ceux qui vous ont le plus satisfait ? Je m'étois contenté de vous en recommander quelques-uns.

PYROPHILE.

Pour répondre à votre demande, j'aurois un grand Catalogue à vous faire; il y a plusieurs années que je n'ai cessé de lire divers Philosophes. J'ai été chercher la Science dans sa source. J'ai lû la Table d'Emeraude, les Sept Chapitres d'Hermès, & leurs Commentaires. J'ai lû Geber, la Tourbe, le Rosaire, le Théatre, la Bibliothéque, & le Cabinet Chimique, & particuliérement Artéphius, Arnaud de Villeneuve, Raimond Lulle, le Trévisan, Flamel, Zachaire, & plusieurs autres Anciens, & Modernes, que je ne nomme pas; entre autres Basile Valentin, le Cosmopolite, & Philaléthe.

Je vous assûre que je me suis terriblement rompu la tête, pour tâcher de trouver le point essentiel dans lequel ils doivent tous s'accorder, parce qu'ils se servent d'expressions si différentes, qu'elles paroissent même fort souvent opposées. Les uns parlent de la Matière en termes abstraits; les autres, en termes composez: les uns n'expriment que certaines Qualités de cette Matière; les autres s'attachent à des Propriétés toutes différentes: les uns la considèrent dans un état purement naturel; les autres en parlent dans l'état de quelques-unes des perfections qu'elle reçoit de l'Art; tout cela jette dans un tel Labyrinthe de difficultés, qu'il n'est pas étonnant, que la plûpart de ceux qui lisent les Philosophes, forment presque tous des Conclusions différentes.

Je ne me suis pas contenté de lire une fois les principaux Auteurs, que vous m'avez conseillez; je les ai relûs autant de fois, que j'ai crû en tirer de nouvelles lumiéres; soit touchant la véritable matiere; soit touchant ses diverses Préparations, dont dépend tout le succès de l'Oeuvre. J'ai fait

fait des extraits de tous les meilleurs Livres. J'ai médité là-dessus nuit & jour; jusqu'à ce que j'ai crû connoître la Matiére, & ses Préparations différentes, qui ne sont proprement qu'une même Opération continuée. Mais je vous avouë qu'après un si pénible travail, j'ai pris un singulier plaisir à lire l'Ancienne Quérelle de la Pierre des Philosophes avec l'Or & le Mercure; la netteté, la simplicité, & la solidité de cet Ecrit m'ont charmé; & comme c'est une vérité constante, que qui entend parfaitement un véritable Philosophe, les entend sûrement tous, permettez-moi, s'il vous plaît, que je vous fasse quelques questions sur celui-ci, & ayez la bonté de me répondre avec la même sincérité, dont vous avez toujours usé à mon égard. Je suis assuré qu'après cela, je serai autant instruit, qu'il est besoin de l'être, pour mettre la main à l'Oeuvre, & pour arriver heureusement à la possession du plus grand de tous les Biens temporels, dont Dieu puisse récompenser ceux qui travaillent dans son amour, & dans sa crainte.

EUDOXE.

Je suis prêt à satisfaire à vos demandes, & je serai très-aise, que vous touchiez le point essentiel, dans la résolution ou je suis de ne vous rien cacher de ce qui peut servir pour l'instruction, dont vous croyez avoir besoin. Mais je crois qu'il est à propos que je vous fasse faire auparavant quelques remarques, qui contribûront beaucoup à éclaircir quelques endroits importans de l'Ecrit dont vous me parlez.

Remarquez donc que le terme de Pierre est pris en plusieurs Sens différents, & particuliérement par rapport aux trois différents états de l'Oeuvre. Ce qui fait dire à Géber, Qu'il y a trois Pierres, qui sont les trois Médecines, répondant aux trois dégrés de perfection de l'Oeuvre. De sorte que la Pierre du prémier Ordre, est la Matiére des Philosophes, parfaitement purifiée, & réduite en pure Substance Mercurielle : La Pierre du second Ordre est la même Matiére cuite, digérée, & fixée en Soufre incombustible : La Pierre du troisiéme Ordre est cette même Matiére fermentée, multipliée & poussée à la derniéte perfection de Teinture fixe, permanente, & tingente : Et ces trois Pierres sont les trois Médecines des trois Genres.

Remarquez de plus qu'il y a une grande différence entre la Pierre des Philosophes, & la Pierre Philosophale. La prémiére est Sujet de la Philosophie, considérée dans l'état de sa prémiére Préparation, dans lequel elle est véritablement Pierre ; puisqu'elle est solide, dure, pésante, cassante, friable. Elle est un Corps

(dit Philaléthe) *puisqu'elle coule dans le feu comme un Métail*; elle est cependant Esprit, *puisqu'elle est toute volatile. Elle est le Composé, & la Pierre qui contient l'Humidité qui court dans le feu*, dit Arnaud de Villeneuve dans sa Lettre au Roi de Naples. C'est dans cet état qu'elle est *Une Substance moyenne, entre le Métail & le Mercure*, comme dit l'Abé Synésius. C'est enfin, dans ce même état que Géber la considére, quand il dit en deux endroits de sa Somme: *Prens notre Pierre c'est-à-dire* (dit-il) *la Matiére de notre Pierre*; tout de même que s'il disoit: Prends la Pierre des Philosophes qui est la Matiére de la Pierre Philosophale

La Pierre Philosophale est donc la même Pierre des Philosophes, lorsque, par le Magistére secret, elle est parvenuë à la perfection de Médecine du troisiéme Ordre, transmuant tous les Métaux imparfaits en pur Soleil, ou Lune, selon la nature du Ferment, qui lui a été ajoûté. Ces distinctions vous serviront beaucoup pour développer le Sens embarrassé des Ecritures Philosophiques, & pour éclaircir plusieurs endroits de l'Auteur, sur lequel vous avez des questions à me faire.

PYROPHILE.

Je reconnois dèja l'utilité de ces remarques, & j'y trouve l'explication de quelques-uns de mes doutes: Mais avant que de passer outre, dites-moi, je vous prie, si l'Auteur de l'Ecrit, dont je vous parle, mérite l'approbation, que plusieurs Sçavans lui ont donnée, & s'il contient tout le Sécret de l'Oeuvre?

EUDOXE.

Vous ne devez pas douter que cet Ecrit ne soit parti de la main d'un véritable Adepte, & qu'il ne mérite par conséquent l'estime & l'approbation des Philosophes. Le dessein principal de cet Auteur est de désabuser un nombre presque infini d'Artistes, qui, trompez par le Sens litteral des Ecritures, s'attachent opiniâtrément à vouloir faire le Magistére par la Conjonction de l'Or avec le Mercure diversement préparé; & pour les convaincre absolument, il soutient avec les plus anciens & les plus recommendables Philosophes, que *l'Oeuvre n'est fait que d'une seule chose, d'une seule & même Espéce.*

1.

PYROPHILE.

C'est justement là le prémier des endroits qui m'ont causé quelque scrupule: car il me semble qu'on peut douter avec raison, qu'on doive chercher la perfection dans une seule & même Substance; & que sans y rien ajoûter, on puisse en faire toutes choses. Les Philosophes disent au contraire, que non seulemeut il faut ôter les superfluités de la Matiére; mais encore, qu'il faut y adjoûter ce qui lui manque.

EUDOXE.

Il est bien facile de vous délivrer de ce doute par cette comparaison : Tout de même que les Sucs extraits de plusieurs herbes, dépurez de leur marc, & incorporez ensemble, ne font qu'une Confection d'une seule & même Espéce; ainsi les Philosophes appellent avec raison leur Matiére préparée une seule & même chose; bien qu'on n'ignore pas que c'est un Composé naturel de quelques Substances d'une même Racine, & d'une même Espéce, qui font un Tout complet & homogéne; En ce Sens, les Philosophes sont tous d'accord; bien que les uns disent, Que leur Matiére est composée de deux choses; & les autres de trois; Que les uns écrivent qu'elle est de quatre, & même de cinq, & les autres enfin, qu'elle est une seule chose. Ils ont tous également raison, puisque plusieurs choses d'une même Espéce, naturellement, & intimement unies, ainsi que plusieurs Eaux distilées d'herbes, & mêlées ensemble, ne constituënt en effet qu'une seule & même chose : Ce qui se fait dans notre Art, avec d'autant plus de fondement, que les Substances, qui entrent dans le Composé Philosophique, différent beaucoup moins entre elles, que l'Eau d'Oseille ne différe de l'Eau de Laituë.

Pyrophile.

Je n'ai rien à répliquer à ce que vous venez de me dire. J'en comprens fort bien le Sens; mais il me reste un doute, sur ce que je connois plusieurs Personnes qui sont versées dans la lecture des meilleurs Philosophes, & qui néanmoins suivent une Métode toute contraire au prémier fondement, que notre Auteur pose; sçavoir, *Que la Matiére Philosophique n'a besoin de quoi que ce soit autre, que d'être dissoute; &*
2. *coagulée.* Car ces Personnes commencent leurs Opérations par la Coagulation; il faut donc quils travaillent sur une Matiére liquide, aux lieu d'une Pierre : Dites-moi, je vous prie, si cette voie est celle de la vérité.

Eudoxe.

Votre remarque est fort judicieuse. La plus grande partie des vrais Philosophes est du même sentiment que celui-ci. La Matiére n'a besoin que d'être dissoute, & ensuite coagulée; la Mixtion, la Conjonction, la Fixation, la Coagulation, & autres semblables Opérations, se font presque d'elles mêmes: Mais la Solution est le grand Sécret de l'Art. C'est ce Point essentiel, que les Philosophes ne révélent pas. Toutes les Opérations du prémier Oeuvre, ou de la prémiére Médecine, ne sont, à proprement parler, qu'une Solution continuelle; de sorte que Calcination, Extraction, Sublimation, & Distillation ne sont qu'une véritable Solution de la Matiére. Géber n'a fait comprendre la nécessité de la Sublimation, que parce qu'elle ne purifie pas seulement la Matiére de ses parties grossiéres & adustibles, mais encore parce qu'elle la dispose à la Solution, d'où resulte l'Humidité Mercurielle, qui est la Clef de l'Oeuvre.

PYROPHILE.

Me voilà extrémement fortifié contre ces prétendus Philosophes, qui sont d'un sentiment contraire à cet Auteur; & je ne sçai comment ils peuvent s'imaginer que leur opinion quadre fort juste avec les meilleurs Auteurs.

EUDOXE.

Celui-ci tout seul suffit pour leur faire voir leur erreur; il s'explique par une comparaison très-juste de la Glace, qui se fond à la moindre chaleur; pour nous faire con-

noître, *Que la principale des Opérations*
3. *est de procurer la Solution d'une Matiére dure & séche, aprochant de la nature de la Pierre*, laquelle toutes-fois, par l'action du feu naturel, doit se resoudre en Eau-séche, aussi facilement, que la Glace se fond à la moindre chaleur.

PYROPHILE.

Je vous serois extrémement obligé, si vous vouliez me dire ce que c'est que *le*
4. *Feu naturel*. Je comprens fort bien que cet Agent est la principale Clef de l'Art. Plusieurs Philosophes en ont exprimé la nature par des Paraboles très-obscures; mais je vous avouë que je n'ai encore pû comprendre ce Mistére.

EUDOXE.

En effet c'est le grand Mistére de l'Art, puisque tous les autres Mistéres de cette sublime Philosophie dépendent de l'intelligence de celui-ci. Que je serois satisfait, s'il métoit permis de vous expliquer ce Sécret sans équivoque; mais je ne puis faire ce qu'aucun Philosophe n'a crû être en son pouvoir. Tout ce que vous pouvez raisonnablement attendre de moi, c'est de vous dire, que le Feu naturel, dont parle ce Philosophe, est un Feu en puissance, qui ne brûle pas les mains; mais qui fait paroître

son

son efficace pour peu qu'il soit excité par le Feu extérieur. C'est donc un Feu véritablement sécret, que cet Auteur nomme *Vulcain Lunatique* dans le Titre de son Ecrit ; Arthéphius en a fait une plus ample description, qu'aucun autre Philosophe. Pontanus l'a copié, & a fait voir qu'il avoit erré deux cens fois ; parce qu'il ne connoissoit pas ce Feu, avant qu'il eût lû, & compris Artéphius ; Ce Feu mistérieux est naturel, parce qu'il est d'une même nature que la Matiére Philosophique ; l'Artiste néanmoins prépare l'un & l'autre.

PYROPHILE.

Ce que vous venez de me dire augmente plus ma curiosité, qu'il ne la satisfait. Ne condamnez pas les instantes priéres que je vous fais, de vouloir m'éclaircir davantage sur un point si important, qu'à moins que d'en avoir la connoissance, c'est en vain qu'on prétend travailler ; on se trouve arrêté tout court d'abord après le prémier pas, qu'on a fait dans la Pratique de l'Oeuvre.

EUDOXE.

Les Sages n'ont pas été moins reservez touchant leur Feu, que touchant leur Matiére ; de sorte qu'il n'est pas en mon pouvoir de rien ajoûter à ce que je viens de vous en dire. Je vous renvoye donc à Artéphius, & à Pontanus. Considérez seulement avec application, que ce Feu naturel est néanmoins une artificieuse invention de l'Artiste ; qu'il est propre à calciner, dissoudre, & sublimer la Pierre des Philosophes ; & qu'il n'y a que cette seule sorte de Feu au monde, capable de produire un pareil effet. Considérez que ce Feu est de la nature de la Chaux, & qu'il n'est en aucune maniére étrangere à l'égard du Sujet de la Philosophie. Considérez enfin par quels moyens Géber enseigne de faire les Sublimations requises à cet Art : Pour moi, je ne puis faire davantage, que de faire pour vous le même souhait, qu'a fait un autre Philosophe : *Sydera Veneris, & corniculatæ Dianæ tibi propitia sunto.*

PYROPHILE.

J'aurois bien voulu que vous m'eussiez parlé plus intelligiblement ; mais puisqu'il y a de certaines bornes, que les Philosophes ne peuvent passer, je me contente de ce que vous venez de me faire remarquer ; je relirai Artéphius avec plus d'application, que je n'ai encore fait, & je me souviendrai fort bien que vous m'avez dit, Que le Feu secret des Sages est un Feu, que l'Artiste prépare selon l'Art, ou du moins, qu'il peut faire préparer par ceux qui ont une parfaite connoissance de la Chimie : Que ce Feu n'est pas actuellement chaud, mais qu'il est un Esprit igné, introduit dans un Sujet d'une même nature que la Pierre, & Qu'étant médiocrement excité par le Feu extérieur, la calcine, la dissout, la sublime, *& la resout en Eau séche*, ainsi que le dit le Cosmopolite.

EUDOXE.

Vous comprenez fort bien ce que je viens de vous dire ; j'en juge par le Commentaire que vous y ajoûtez. Sçachez seulement que de cette premiére Solution, Calcination, ou Sublimation, qui sont ici une même chose, il en résulte la Séparation des parties terrestres & adustibles de la Pierre ; sur tout, si vous suivez le conseil de Géber touchant le régime du feu, de la maniére qu'il l'enseigne, lorsqu'il traitte de la Sublimation des Corps, & du Mercure. Vous devez tenir pour une vérité constante, qu'il n'y a que ce seul moyen au monde, pour extraire de la Pierre son humidité onctueuse, qui contient inséparablement le Souffre, & le Mercure des Sages.

PYROPHILE.

Me voilà entiérement satisfait sur le principal point du premier Oeuvre. Faites-

moi la grace de me dire si la comparaison
5. que notre Auteur fait *du Froment avec la Pierre des Philosophes, à l'égard de leur préparation nécessaire*, pour faire du Pain avec l'un, & la Médecine Universelle avec l'autre, vous paroît une comparaison bien juste.

EUDOXE.

Elle est autant juste qu'on puisse en faire, si on considére la Pierre en l'état, où l'Artiste commence de la mettre, pour pouvoir être ligitimement appellée le Sujet, & & le Composé Philosophique : Car tout de même que nous ne nous nourrissons pas de bled, tel que la Nature le produit ; mais que nous sommes obligez de le réduire en farine, d'en séparer le son, de la pétrir avec de l'eau, pour en former le Pain, qui doit être cuit dans un four, pour être un aliment convenable : De même nous prenons la Pierre ; nous la triturons ; nous en séparons par le Feu secret, ce qu'elle a de terrestre ; nous la sublimons ; nous la dissolvons avec l'Eau de la Mer des Sages ; nous cuisons cette simple Confection, pour en faire une Médecine souveraine.

PYROPHILE.

Permettez-moi de vous dire qu'il me pasoit quelque différence dans cette comparaison. L'auteur dit qu'il faut prendre ce Minéral tout seul, pour faire cette grande Médecine, & cependant, avec du bled tout seul, nous ne sçaurions faire du Pain; il y faut ajoûter de l'eau & même du levain.

EUXODE.

Vous avez déja la réponse à cette Objection, en ce que ce Philosophe, comme tous les autres, ne deffend pas absolument de ne rien ajoûter; mais bien de rien ajoûter qui soit étranger & contraire. L'eau qu'on ajoûte à la farine, ainsi que le levain, ne sont rien d'étranger ni de contraire à la farine; le Grain, dont elle est faite, a été nourri d'eau dans la terre; & partant elle est d'une nature analogue avec la farine: De même que l'eau de la Mer des Philosophes est de la même nature que nôtre Pierre; d'autant que tout ce qui est compris sous le Genre Minéral & Metallique, a été formé & nourri de cette même Eau dans les entrailles de la Terre, où elle pénétre avec les influences des Astres. Vous voyez évidemment, par ce que je viens de dire, que les Philosophes ne se contredisent point, lorsqu'ils disent que leur Matiére est une seule & même Substance, & lorsqu'ils en parlent comme d'un composé de plusieurs Substances d'une seule & même Espèce.

PYROPHILE.

Je ne crois pas qu'il y ait Personne qui ne doive être convaincu par des raisons aussi solides, que celles que vous venez d'alléguer. Mais, dites-moi, s'il vous plaît, si je me trompe, dans la conséquence que je tire de cet endroit de notre Auteur, où il dit, que *Ceux qui sçavent de quelle manière on doit traiter les Métaux & les Minéraux, pourront arriver droit au but qu'ils se proposent.* Si cela est ainsi, il est évident qu'on ne doit chercher la Matière, & le Sujet de l'Art, que dans la Famille des Métaux, & des Minéraux, & que tous ceux qui travaillent sur d'autres Sujets, sont dans la voie de l'erreur.

6.

EUDOXE.

Je vous réponds que votre conséquence est fort bien tirée : Ce Philosophe n'est pas le seul, qui parle de cette sorte ; il s'accorde en cela avec le plus grand nombre des Anciens, & des Modernes. Geber, qui a sçû parfaitement le Magistère, & qui n'a usé d'aucune Allégorie, ne traitte dans toute sa Somme, que des Métaux, & des Minéraux ; des Corps & des Esprits, & de la manière de les bien préparer, pour en faire l'Oeuvre : Mais comme la Matiére Philosophique est en partie Corps, & en partie Esprit ; qu'en un sens elle est Terrestre, & qu'en l'autre elle est toute Céleste ; & que certains Auteurs la considérent en un sens, & les autres en traittent en un autre ; cela a donné lieu à l'erreur d'un grand nombre d'Artistes, qui sous le nom d'Universalistes, rejettent toute Matiére qui a reçû une détermination de la Nature ; parce qu'ils ne sçavent pas détruire la Matiére particuliere, pour en séparer le Grain & le Germe, qui est la pure Substance Universelle, que la Matiére particuliére renferme dans son sein, & à laquelle l'Artiste sage & éclairé, sçait rendre absolument toute l'Universalité qui lui est nécessaire, par la Conjonction naturelle qu'il fait de ce Germe avec la Matiére Universalissime, de laquelle il a tiré son origine. Ne vous effrayez pas à ces expressions singuliéres ; notre Art est Cabalistique. Vous comprendrez aisément ces Mistéres, avant que vous soyez arrivé à la fin des questions, que vous avez dessein de me faire, sur l'Auteur que vous éxaminez.

PYROPHILE.

Si vous ne me donniez cette espérance, je vous proteste que ces mistérieuses obscurités seroient capables de me rebuter, & de me faire désesperer d'un bon succès: mais je prends une entiere confiance en ce que vous me dites, & je comprens fort bien que les Métaux du vulgaire ne sont pas les Métaux des Philosophes; puisque je vois évidemment que pour être tels, il faut qu'ils soient détruits, & qu'ils cessent d'être Métaux; & que le Sage n'a besoin que de cette Humidité visqueuse, qui est leur Matiére prémiere, de laquelle les Philosophes font leurs Métaux vivants, par un artifice, qui est aussi sécret, qu'il est fondé sur les Principes de la Nature : N'est-ce pas là votre pensée ?

E U D O X E.

Si vous sçavez aussi bien les Loix de la Pratique de l'Oeuvre, que vous me paroissez en comprendre la Théorie; vous n'avez pas besoin de mes éclaircissemens.

P Y R O P H I L E.

Je vous demande pardon. Je suis bien éloigné d'être aussi avancé que vous vous l'imaginez; ce que vous croyez être un effet d'une parfaite connoissance de l'Art, n'est qu'une facilité d'expression, qui ne vient que de la lecture des Auteurs, dont j'ai la mémoire remplie. Je suis au contraire tout prêt à désespérer de posseder jamais de si hautes Connoissances, lorsque je vois que ce Philosophe veut, comme plusieurs autres, que celui qui aspire à cette Science, *Connoisse extérieurement & intérieurement les Propriétés de toutes choses, & qu'il pénétre dans la profondeur des Opérations de la Nature.* Dites-moi, s'il vous plaît, qui est l'Homme qui peut se flatter de parvenir à un sçavoir d'une si vaste étenduë?

7.

EUDOXE.

Il est vrai que ce Philosophe ne met point de bornes au sçavoir de celui qui prétend à l'intelligence d'un Art si merveilleux : Car le Sage doit parfaitement connoître la Nature en général, & les Opérations qu'elle éxerce, tant dans le Centre de la Terre, en la génération des Minéraux, & des Métaux, que sur la Terre, en la production des Végétaux, & des Animaux. Il doit connoître aussi la Matiére Universelle, & la Matiere Particuliére & immediate, sur laquelle la Nature opére pour la génération de tous les Estres. Il doit connoître enfin le rapport & la sympatie, ainsi que l'antipatie & l'aversion naturelle, qui se rencontre entre toutes les choses du Monde. Telle étoit la Science du Grand Hermès, & des prémiers Philosophes, qui, comme lui, sont parvenus à la connoissance de cette sublime Philosophie, par la pénétration de leur Esprit, & par la force de leurs Raisonnemens. Mais depuis que cette Science a été écrite, & que la connoissance générale, dont je viens de donner une idée, se trouve dans les bons Livres; la lecture & la méditation, le bon Sens & une suffisante Pratique de la Chymie, peuvent donner presque toutes les Lumieres nécessaires, pour acquérir la connoissance de cette suprême Philosophie; si vous y ajoutez la droiture du cœur & de l'intention, qui attirent la bénédiction du Ciel sur les Opérations du Sage, sans quoi il est impossible de réüssir.

PYROPHILE.

Vous me donnez une joie très-sensible. J'ai beaucoup lû; j'ai médité encore d'avantage; je me suis éxercé dans la Pratique de la Chimie; j'ai vérifié le dire d'Artéphius, qui assure *Que celui-là ne connoît pas la Composition des Métaux, qui ignore comment il les faut détruire,* & sans cette destruction, il est impossible d'extraire l'Humidité Métallique, qui est la véritable Clef de l'Art; de sorte que je puis m'assurer d'avoir acquis la plus grande partie des qualités, qui, selon vous, sont requises en celui qui aspire à ces grandes Connoissances. J'ai de plus un avantage bien particulier, c'est la bonté que vous avez de vouloir bien me faire part de vos lumieres, en éclaircissant mes doutes ; permettez-moy donc de continuer, & de vous demander, sur quel fondement l'Or fait un si grand outrage à la Pierre des Philosophes, l'appellant un *Vers venimeux*, & la traitant d'ennemie des Hommes, & des Métaux ?

EUDOXE.

Ces expressions ne doivent pas vous paroître étranges. Les Philosophes mêmes appellent leur Pierre, *Dragon*, & *Serpent, qui infecte toutes choses par son venin*. Sa Substance en effet & sa Vapeur sont un Poison, que le Philosophe doit sçavoir changer en Thériaque, par la préparation, & par la cuisson. La Pierre de plus, est l'Ennemie des Métaux, puisqu'elle les détruit, & les dévore. Le Cosmopolite dit qu'il y a un Métail, & un Acier, *qui est comme l'Eau des Métaux ; qui a le pouvoir de consumer les Métaux ; qu'il n'y a que l'Humide Radical du Soleil & de la Lune, qui puissent lui resister*. Prenez garde cependant, de ne pas confondre ici la Pierre des Philosophes, avec la Pierre Philosophale ; parce que si la prémière, comme un véritable Dragon, détruit, & dévore les Métaux imparfaits ; la seconde, comme une souveraine Médecine, les transmuë en Métaux parfaits, & rend les parfaits plusque parfaits, & propres à parfaire les imparfaits.

PYROPHILE.

Ce que vous me dites ne me confirme pas seulement dans les Connoissances que j'ai acquises par la lecture, par la méditation, & par la pratique ; mais encore me donne de nouvelles lumiéres, à l'éclat desquelles, je sens dissiper les ténébres, sous lesquelles les plus importantes Vérités Philosophiques m'ont paru voilées jusqu'à présent. Aussi je conclus par les termes de notre Auteur, Qu'il faut que les plus grands Médecins se trompent, en
9. croyant *Que la Medecine Universelle est dans l'Or vulgaire*. Faites-moi la grace de me dire ce que vous en pensez.

EUDOXE.

Il n'y a point de doute que l'Or posséde de grandes vertus, pour la conservation de la santé, & pour la guérison des plus dangereuses maladies. Le Cuivre, l'Etain, le Plomb, & le Fer sont tous les jours utilement employez par les Médecins, de même que l'Argent ; parce que leur Solution, ou Décomposition, qui manifeste leurs propriétés, est plus facile, que ne l'est celle de l'Or. C'est pourquoi, plus les préparations que les Artistes ordinaires en font, ont de rapport aux Principes, & à la Pratique de notre Art ; plus elles font paroître les merveilleuses vertus de l'Or : Mais je vous dis en vérité, que sans la connoissance de notre Magistére, qui seul enseigne la destruction essentiele de l'Or, il est impossible d'en faire la Médecine Universelle ; mais le Sage peut la faire beaucoup plus aisément avec l'Or des Philosophes, qu'avec l'Or vulgaire : Aussi voyez-vous que cet Auteur fait répondre à l'Or par la Pierre, *Qui doit bien plutôt se fâcher contre Dieu de ce qu'il ne lui a pas donné les avantages, dont il a bien voulu la doüer elle seule.*

PYROPHILE.

A cette prémiére injure que l'Or fait à la Pierre, il en ajoûte une seconde, *l'appellant Fugitive & Trompeuse, qui abuse tous ceux qui fondent en elle quelque espérance.* Apprenez-moi, je vous prie, comment on doit soutenir l'innocence de la Pierre, & la justifier d'une calomnie de cette nature.

10.

EUDOXE.

Souvenez-vous des remarques que je vous ai déja fait faire, touchant les trois états différens de la Pierre; & vous connoîtrez comme moi, qu'il faut qu'elle soit dans son commencement toute volatile, & par conséquent fugitive, pour être dépurée de toutes sortes de terrestréités, & réduite de l'imperfection à la perfection que le Magistére lui donne dans ses autres états : C'est pourquoy l'injure que l'Or prétend lui faire, tourne à sa louange; d'autant que si elle n'étoit volatile & fugitive dans son commencement, il seroit impossible de lui donner à la fin la perfection, & la fixité qui lui sont nécessaires ; de sorte que si elle trompe quelqu'un, elle ne trompe que les Ignorans ; mais elle est toujours fidéle aux Enfans de la Science.

PYROPHILE.

Ce que vous me dites est une vérité constante : J'avois appris de Géber qu'il n'y avoit que les Esprits, c'est-à-dire, les Substances volatiles, capables de pénétrer les Corps, de s'unir à eux, de les changer, de les teindre, & de les perfectionner ; lors que ces Esprits ont été dépouillés de leurs parties grossieres, & de leur humi-

dité adustible. Me voilà pleinement satisfait fur ce point : Mais comme je vois que la Pierre a un extrême mépris pour l'Or, & qu'elle fe glorifie *de contenir dans fon fein un Or infiniment plus précieux*; faites-moi la grace de me dire, de combien de fortes d'Or les Philofophes reconnoiffent.

EUDOXE.

Pour ne vous laiffer rien à défirer touchant la Théorie & la Pratique de notre Philofophie, je veux vous apprendre que felon les Philofophes il y a trois fortes d'Or.

Le prémier, eft un Or Aftral, dont le Centre eft dans le Soleil, qui par fes rayons le communique en même temps que fa lumiere, à tous les Aftres, qui lui font inférieurs. C'eft une Subftance ignée, & une continuelle émanation de Corpufcules folaires, qui, par le mouvement du Soleil & des Aftres, étant dans un perpetuel flux & reflux, rempliffent tout l'Univers; tout en eft pénétré dans l'étenduë des Cieux, fur la Terre, & dans fes entrailles : Nous refpirons continuellement cet Or Aftral; fes particules folaires pénétrent nos Corps & s'en éxhalent fans ceffe.

Le fecond, eft un Or Elémentaire;

c'est à dire, qu'il est la plus pure & la plus fixe portion des Elémens, & de toutes les Substances, qui en sont composées; de sorte que tous les Estres sublunaires des trois Genres, contiennent dans leur Centre un précieux Grain de cet Or Elémentaire.

Le troisiéme, est le beau Métail, dont l'éclat & la perfection inaltérables, lui donnent un prix, qui le fait regarder de tous les Hommes, comme le souverain Reméde de tous les maux, & de toutes les nécessités de la vie, & comme l'unique fondement de l'indépendance de la grandeur & de la puissance humaine; c'est pourquoy il n'est pas moins l'objet de la convoitise des plus grands Princes, que celui des souhaits de tous les Peuples de la Terre.

Vous ne trouverez plus de difficulté après cela, à conclure que l'Or Métallique n'est pas celui des Philosophes, & que ce n'est pas sans fondement, que dans la Quérelle, dont il s'agit ici, la Pierre lui reproche, qu'il n'est pas tel, qu'il pense être; mais que c'est elle, qui cache dans son sein le véritable Or des Sages, c'est-à-dire les deux prémiéres sortes d'Or, dont je viens de parler; Car vous devez sçavoir que la Pierre étant la plus pure portion des Elémens Métalliques, fiques, après la séparation & la purification, que le Sage en a fait, il s'enfuit qu'elle est proprement l'Or de la seconde Espéce ; mais lors que cet Or parfaitement calciné, & exalté jufqu'à la netteté, & à la blancheur de la nége, a acquis par le Magiftére une fympatie naturelle avec l'Or Aftral, dont il est vifiblement devenu le véritable Aiman, il attire, & il concentre en lui-même une fi grande quantité d'Or Aftral, & de particules folaires, qu'il reçoit de l'émanation continuelle qui s'en fait du Centre du Soleil, & de la Lune, qu'il fe trouve dans la difpofition prochaine d'être l'Or vivant des Philofophes, infiniment plus noble, & plus précieux, que l'Or Métallique, qui eft un Corps fans Ame, qui ne fçauroit être vivifié, que par notre Or vivant, & par le moyen de notre Magiftére.

PYROPHILE.

Combien de nuages vous diffipez dans mon efprit, & combien de Miftéres Philofophiques vous me dévelopez tout à la fois, par les chofes admirables que vous venez de me dire ! Je ne pourrai jamais vous en remercier autant que je le dois. Je vous avoüe que je ne fuis plus furpris après cela, que la Pierre prétende la préférence au deffus de l'Or, & qu'elle méprise son éclat, & son mérite imaginaires ; puisque la moindre partie de ce qu'elle donne aux Philosophes, vaut plus que tout l'Or du Monde. Ayez, s'il vous plaît, la bonté de continuer à mon égard, comme vous avez commencé ; & faites-moi la grace de me dire comment la Pierre 12. peut se faire honneur *d'être une Matière fluide, & non permanente*, puisque tous les Philosophes veulent qu'elle soit plus fixe que l'Or même.

EUDOXE.

Vous voyez que votre Auteur assure que la fluidité de la Pierre tourne à l'avantage de l'Artiste ; mais il ajoute qu'il faut en même temps, que l'Artiste sçache la manière d'extraire cette fluidité, c'est à dire cette Humidité, qui est la seule chose, dont le Philosophe a besoin, comme je vous l'ai déja dit : De sorte qu'être fluide, volatile, & non permanente, sont des qualités autant nécessaires à la Pierre dans son premier état, comme le sont la fixité & la permanance, lorsqu'elle est dans l'état de sa dernière perfection : C'est donc avec raison qu'elle s'en glorifie d'autant plus justement, que cette fluidité n'empêche point qu'elle ne soit douée d'une Ame plus fixe, que n'est l'Or. Mais je vous dis encore une fois, que le grand sécret consiste à sçavoir la manière de tirer l'Humidité de la Pierre. Je vous ai averti, que c'est là véritablement la plus importante Clef de l'Art. Aussi est-ce sur ce point, que le grand Hermès s'écrie ; *Bénite soit la Forme aqueuse, qui dissout les Élémens.* Heureux donc l'Artiste, qui ne connoît pas seulement la Pierre ; mais qui sçait de plus la convertir en Eau. Ce qui ne peut se faire par aucun autre moyen, que par notre Feu sécret, qui calcine, dissout, & sublime la Pierre.

PYROPHILE.

D'ou vient donc, *Qu'entre cent Artistes, il s'en trouve à peine un qui travaille avec la Pierre,* & qu'au lieu de s'attacher tous à cette seule & unique Matière, seule capable de produire de si grandes merveilles, ils s'appliquent au contraire presque tous à des Sujets, qui n'ont aucune des Qualités essentielles, que les Philosophes attribuënt à leur Pierre ?

EUDOXE.

Cela vient en prémier lieu de l'ignorence des Artistes, qui n'ont point autant de connoissance, qu'ils devroient en avoir, de la Nature, ny de ce qu'elle est capable d'opérer en chaque chose :

Et en second lieu, cela vient d'un manque de pénétration d'esprit, qui fait qu'ils se laissent aisément tromper aux expressions équivoques, dont les Philosophes se servent, pour cacher aux Ignorans, & la Matiére & ses véritables Préparations. Ces deux grands défauts sont cause que ces Artistes prénent le change, & s'attachent à des Sujets, auxquels ils voyent quelques-unes des Qualités extérieures de la véritable Matiére Philosophique, sans faire réflexion aux caractéres essentiels, qui la manifestent aux Sages.

PYROPHILE.

Je reconnois évidemment l'erreur de ceux qui s'imaginent que l'Or & le Mercure vulgaires sont la véritable Matiére des Philosophes; & j'en suis fort persuadé, voyant combien est foible le fondement sur lequel l'Or s'appuye, pour prétendre cet avantage au dessus de la Pierre, alleguant en sa faveur ces paroles d'Hermès, *Le Soleil est son Pére, & la Lune est sa Mére.*

EUDOXE.

Ce fondement est frivole ; je viens de vous faire voir ce que les Philosophes entendent, lors qu'ils attribuënt au *Soleil* & à la *Lune* les Principes de la Pierre.

Le Soleil & les Astres en sont en effet
la prémiére Cause ; ils influënt à la Pierre
l'Esprit & l'Ame, qui lui donnent la vie,
& qui font toute son efficace. C'est pourquoi
ils en sont le Pére & la Mére.

PYROPHILE.

Tous les Philosophes disent comme
celuy-ci, *Que la Teinture Phisique est
composée d'un Souffre rouge & incombustible,
& d'un Mercure clair & bien purifié*:
Cette autorité est-elle plus forte,
que la précédente, pour devoir faire conclure
que l'Or & le Mercure sont la Matiére
de la Pierre ?

EUDOXE.

Vous ne devez pas avoir oublié, Que
tous les Philosophes déclarent unanimement,
que l'Or & les Métaux vulgaires
ne sont pas leurs Métaux ; Que les leurs
sont vivans ; & Que les autres sont morts.
Vous ne devez pas avoir oublié non plus
que je vous ay fait voir par l'autorité
des Philosophes, appuyée sur les Principes
de la Nature, que l'Humidité Métallique
de la Pierre préparée & purifiée,
contient inséparablement dans son sein
le Soufre & le Mercure des Philosophes ;
qu'elle est par conséquent cette seule
Chose d'une seule & même Espéce, à la

quelle on ne doit rien ajoûter ; & que le seul Mercure des Sages a son propre Soufre, par le moyen duquel il se coagule & se fixe : Vous devez donc tenir pour une vérité indubitable, que le mélange artificiel d'un Souffre, & d'un Mercure, quels qu'ils puissent être, autres que ceux qui sont naturellement dans la Pierre, ne sera jamais la véritable Confection Philosophique.

PYROPHILE.

16. *Mais cette grande amitié naturelle qui est entre l'Or & le Mercure, & l'union qui s'en fait si aisément, ne sont-ce pas des preuves, que ces deux Substances doivent se convertir par une Digestion convenable, en une parfaite Teinture ?*

EUDOXE.

Rien n'est plus absurde que cela : car quand tout le Mercure, qu'on mêleroit avec l'Or, se convertiroit en Or ; ce qui est impossible ; ou que tout l'Or se convertiroit en Mercure, ou bien en une moyenne Substance, il ne se trouveroit jamais plus de Teinture Solaire dans cette Confection, qu'il y en avoit dans l'Or, qu'on auroit mêlé avec le Mercure : Et par conséquent elle n'auroit aucune vertu tingeante, ni aucune puissance multiplicative. Outre qu'on doit tenir pour constant, qu'il ne se fera jamais une parfaite union de l'Or & du Mercure ; & que ce fugitif Compagnon, abandonnera l'Or aussi-tôt qu'il se sentira pressé par l'action du feu.

PYROPHILE.

Je ne doute en aucune manière de ce que vous venez de me dire ; c'est là le sentiment conforme à l'expérience des plus solides Philosophes, qui se déclarent ouvertement contre l'Or & le Mercure vulgaires : Mais il me vient en même temps un scrupule, sur ce qu'étant vrai que les Philosophes ne disent jamais moins la vérité, que lors qu'ils l'expliquent ouvertement, ne pourroient ils pas, touchant l'exclusion évidente de l'Or, abuser ceux qui prennent leurs paroles à la lettre ? ou bien doit on tenir pour assûré, comme dit cet Auteur, *Que les Philosophes ne manifestent leur Art, que lorsqu'il se servent de Similitudes, de Figures & de Paraboles ?* 17.

EUDOXE.

Il y a bien de la différence, entre déclarer positivement, que telle ou telle Matiére n'est pas le véritable Sujet de l'Art, comme ils font touchant l'Or & le Mercure ; & donner à connoître sous des Figures & des Allégories, les plus importants Sécrets, aux Enfans de la Science, qui ont l'avantage de voir clairement les Vérités Philosophiques, à travers les voiles énigmatiques, dont les Sages sçavent les couvrir. Dans le premier cas, les Philosophes disent négativement la vérité sans équivoque ; mais lorsqu'ils parlent affirmativement, & clairement sur ce sujet, on peut conclure, que ceux qui s'attacheront aux sens litteral de leurs paroles, seront indubitablement trompez. Les Philosophes n'ont point de moyen plus assuré, pour cacher leur Science à ceux qui en sont indignes, & la manifester aux Sages, que de ne l'expliquer que par des Allégories dans les points essentiels de leur Art ; c'est ce qui fait dire à Artéphius, Que *cet Art est entiérement Cabalistique*, pour l'intelligence duquel, on a besoin d'une espéce de révélation, la plus grande pénétration d'esprit, sans le secours d'un fidéle Ami, qui posséde ces grandes Lumiéres, n'étant pas suffisante pour démêler le vrai d'avec le faux : Aussi est-il comme impossible, qu'avec le seul secours des Livres, & du travail, on puisse parvenir à la connoissance de la Matiére, & encore moins à l'intelligence d'une Pratique si singuliére, toute simple, toute

toute naturelle, & toute facile qu'elle puisse être.

PYROPHILE.

Je reconnois par ma propre expérience, combien est nécessaire le secours d'un véritable Ami, tel que vous l'êtes. Au défaut dequoi il me semble que les Artistes, qui ont de l'esprit, du bon sens, & de la probité, n'ont point de meilleur moyen, que de conférer souvent ensemble, tant sur les lumiéres qu'ils tirent de la lecture des bons Livres, que sur les Découvertes qu'ils font par leur travail; afin que de la diversité & du chocq, pour ainsi dire, de leurs différens sentimens, il naisse de nouvelles étincelles de clarté, à la faveur desquelles ils puissent porter leurs Découvertes, jusqu'au dernier terme de cette sécrete Science. Je ne doute pas que vous n'approuviez mon opinion : mais comme je sçai que plusieurs Artistes traittent de vision & de paradoxe le sentiment des Auteurs, qui soutiennent avec celui-ci, *Qu'on doit chercher la perfection dans les choses imparfaites*, je vous serai extrêmement obligé, si vous voulez bien me dire votre sentiment sur un point, qui me paroît d'une grande conséquence.

18.

Tome III.   * X

EUDOXE.

Vous êtes déja persuadé de la sincérité, & de la bonne foi de votre Auteur; vous devez d'autant moins la revoquer en doute fur ce point, qu'il s'accorde avec les véritables Philofophes; & je ne fçaurois mieux vous prouver la vérité de ce qu'il dit ici, qu'en me fervant de la même raifon qu'il en donne, après le fçavant Raimond Lulle. Car il eft conftant que la Nature s'arrête à fes Productions, lors qu'elle les a conduites jufqu'à l'état, & à la perfection qui leur convient: Par éxemple, lors que d'une Eau Minérale, très-claire & très-pure, teinte par quelque portion de Souffre Métallique, la Nature produit une Pierre précieufe, elle en demeure là, comme elle fait, lors que dans les entrailles de la Terre, elle a formé de l'Or, avec l'Eau Mercurielle, Mére de tous les Métaux, impregnée d'un pur Souffre Solaire: De forte que comme il n'eft pas poffible de rendre un Diamant, ou un Rubis, plus précieux qu'il n'eft en fon efpéce; de même il n'eft pas au pouvoir de l'Artifte, je dis bien plus, il n'eft pas au pouvoir même de la Nature, de pouffer l'Or à une plus grande perfection que celle qu'elle luy a donnée: Le feul Philofophe eft capable de porter la Nature depuis une imperfection indéterminée, jufqu'à la plufque-perfection. Il eſt donc néceſſaire que notre Magiſtére produiſe quelque choſe de plusque-parfait ; & pour y parvenir, le Sage doit commencer par une choſe imparfaite, laquelle étant dans le chemin de la perfection, ſe trouve dans la diſpoſition naturelle à être portée juſqu'à la pluſque-perfection, par le ſecours d'un Art tout divin, qui peut aller au delà du terme limité de la Nature: Et ſi notre Art ne pouvoit rendre un Sujet pluſque-parfait, on ne pourroit non plus rendre parfait, ce qui eſt imparfait, & toute notre Philoſophie ſeroit une pure vanité.

PYROPHILE.

Il n'y a perſonne qui ne doive ſe rendre à la ſolidité de vos raiſonnemens : mais ne diroit-on pas que cet Auteur ſe contredit ici manifeſtement, lors qu'il fait dire à la Pierre, que le Mercure commun (quelque bien purgé qu'il puiſſe être) n'eſt pas le Mercure des Sages ; par aucune autre raiſon, ſinon *à cauſe qu'il eſt imparfait*; puiſque ſelon lui, s'il étoit parfait, on ne devroit pas chercher en lui la perfection.

19.

EUDOXE.

Prenez bien garde à ceci, & concevez bien, que si le Mercure des Sages a été élevé par l'Art d'un état imparfait, à un état parfait, cette perfection n'est pas de l'ordre de celle, à laquelle la Nature s'arrête dans la production des choses, selon la perfection de leurs Espéces, telle qu'est celle du Mercure vulgaire ; mais au contraire, la perfection que l'Art donne au Mercure des Sages, n'est qu'un état moyen, une disposition, & une puissance, qui le rend capable d'être porté par la continuation de l'Oeuvre, jusqu'à l'état de la plusque-perfection, qui lui donne la faculté, par l'accomplissement du Magistére, de perfectionner ensuite les Imparfaits.

PYROPHILE.

Ces raisons, toutes abstraites qu'elles sont, ne laissent pas d'être sensibles, & de faire impression sur l'esprit ; pour moi, je vous avoüe que j'en suis entiérement convaincu : Ayez la bonté, je vous prie, de ne pas vous rebuter de la continuation de mes demandes. Notre Auteur assûre que l'erreur, dans laquelle les Artistes tombent, en prenant l'Or & le Mercure vulgaires, pour la véritable Matiére de la Pierre, abusez en cela par le Sens littéral des Philosophes, *est la grande 20. pierre d'achopement d'un millier de Personnes;* pour moi, je ne sçai comment, avec la lecture & le bon sens, on peut s'attacher à une opinion, qui est si visiblement condamnée par les meilleurs Philosophes.

EUDOXE.

Cela est pourtant ainsi. Les Philosophes ont beau recommander qu'on ne se laisse pas tromper au Mercure, ni même à l'Or vulgaires ; la plûpart des Artistes s'y attachent néanmoins opiniâtrément, & souvent après avoir travaillé inutilement pendant le cours de plusieurs années, sur des Matiéres étrangéres, reconnoissent enfin la faute qu'ils ont faite ; ils viennent cependant à l'Or & au Mercure vulgaires, dans lesquels ils ne trouvent pas mieux leur compte. Il est vrai qu'il y a des Philosophes, qui paroissant d'ailleurs fort sincéres, jettent néanmoins les Artistes dans cette erreur ; soutenant fort sérieusement, que ceux qui ne connoissent pas l'Or des Philosophes, pourront toutesfois le trouver dans l'Or commmun, cuit avec le Mercure des Philosophes. Philaléthe est de ce sentiment ; il assûre que le Trévisan, Zachaire, & Flamel ont suivi cette voie ; il ajoûte cependant *Qu'elle* n'est pas la véritable voie des Sages ; quoi qu'elle conduise à la même fin. Mais ces assûrances, toutes sincéres qu'elles paroissent, ne laissent pas de tromper les Artistes ; lesquels voulant suivre le même Philaléthe, dans la purification & l'animation, qu'il enseigne, du Mercure commun, pour en faire le Mercure des Philosophes, (ce qui est une erreur très-grossiére sous laquelle il a caché le sécret du Mercure des Sages) entreprenent sur sa parole un Ouvrage très-pénible & absolument impossible ; aussi, après un long travail, plein d'ennuis & de dangers, ils n'ont qu'un Mercure un peu plus impur, qu'il n'étoit auparavant, au lieu d'un Mercure animé de la Quintessence Céleste : Erreur déplorable, qui a perdu & ruiné, & qui ruinera encore un grand nombre d'Artistes.

PYROPHILE.

C'est un grand avantage de pouvoir se faire sage aux dépens d'autrui : pour moi, je tâcherai de profiter de cette erreur, en suivant les bons Philosophes, & en me conduisant selon les lumiéres que vous me faites la grace de me donner. Une des choses qui contribuë le plus à l'aveuglement des Artistes, qui s'attachent à l'Or & au Mercure, est le dire commun des Philosophes ; sçavoir, que leur Pierre est composée de Mâle & de Fémelle ; que l'Or tient lieu de Mâle, selon eux, & le Mercure de Fémelle : Je sçai bien, (ainsi que le dit mon Auteur) *Qu'il n'en est pas de même avec les Mé-* 21. *taux, qu'avec les choses qui ont vie :* Cependant je vous serai sensiblement obligé, si vous voulez bien avoir la bonté de m'expliquer en quoi consiste cette différence.

EUDOXE.

C'est une vérité constante, que la Copulation du Mâle & de la Fémelle est ordonnée de la Nature, pour la génération des Animaux ; mais cette union du Mâle & de la Fémelle, pour la production de l'Elixir, ainsi que pour celle des Métaux, est purement allégorique, & n'est non plus nécessaire, que pour la production des Végétaux, dont la Semence contient seule tout ce qui est requis pour la germination, l'accroissement, & la multiplication des Plantes. Vous remarquerez donc que la Matiére Philosophique, ou le Mercure des Philosophes, est une véritable Sémence, laquelle bien qu'homogéne en sa Substance, ne laisse pas d'être d'une double nature ; c'est à dire, qu'elle participe également de la nature du Soufre, & de celle du Mercure Métalliques, intimement & inséparablement unis, dont l'un tient lieu de Mâle, & l'autre de Fémelle : C'eſt pourquoi les Philoſophes l'appellent Hermaphrodite ; c'eſt à dire, qu'elle eſt doüée des deux Séxes ; en ſorte que ſans qu'il ſoit beſoin du mélange d'aucune autre choſe, elle ſuffit ſeule pour produire l'Enfant Philoſophique, dont la Famille peut être multipliée à l'infini ; de même qu'un Grain de bled pourroit, avec le temps, & la culture, en produire une aſſez grande quantité pour enſemencer un vaſte Champ.

PYROPHILE.

Si ces merveilles ſont auſſi réelles, qu'elles ſont vrai-ſemblables, on doit avoüer que la Science, qui en donne la connoiſſance, & qui en enſeigne la Pratique, eſt preſque ſurnaturelle, & divine : Mais pour ne pas m'écarter de mon Auteur, dites-moi, je vous prie, ſi la Pierre n'eſt pas bien hardie de ſoutenir hautement, & ſans en alleguer des raiſons bien-pertinentes, *Que ſans elle il eſt impoſſible de faire aucun Or, ni aucun Argent, qui ſoient véritables.* L'Or lui diſpute cette qualité, appuyé ſur des raiſons, qui ont beaucoup de vrai-ſemblance ; & il lui met devant les yeux ſes grandes défectuoſités, comme d'être une Matiére craſſe, impure, & venimeuſe ; & que lui au contraire eſt une

Substance pure & sans défauts : De maniére qu'il me semble, que cette haute prétention de la Pierre, combatuë par des raisons, qui ne paroissent pas être sans fondement, méritoit bien d'être soutenuë, & prouvée par de fortes raisons.

Eudoxe.

Ce que j'ai dit ci-devant est plus que suffisant pour établir la prééminence de la Pierre au dessus de l'Or, & de toutes les choses créées. Si vous y prenez garde, vous reconnoîtrez que la force de la vérité est si puissante, que l'Or, en voulant décrier la Pierre, par les deffauts qu'elle a en sa naissance, établit, sans y penser, sa supériorité, par la plus solide des raisons, que la Pierre puisse alléguer elle-même en sa faveur. La voici.

L'Or avouë, & reconnoît que la Pierre fonde son droit de prééminence sur ce *qu'elle est une chose universelle*. En faut-il d'avantage pour la condamnation de l'Or, & pour l'obliger de céder à la Pierre ? Vous n'ignorez pas de combien la Matiére Universelle est au dessus de la Matiére Particuliére. Vous venez de voir que la Pierre est la plus pure portion des Elémens Métalliques, & que par conséquent elle est la Matiére prémiére du Genre Minéral & Métallique, & que lors que cette même

Matiére a été animée & fécondée par l'union naturelle, qui s'en fait avec la Matiére purement univerſelle, elle devient la Pierre végétable, ſeule capable de produire tous les grands effets, que les Philoſophes attribuënt aux trois Médecines des trois Genres. Il n'eſt pas beſoin de plus fortes raiſons pour débouter, une fois pour toutes, l'Or & le Mercure vulgaires, de leurs prétentions imaginaires: L'Or & le Mercure, & toutes les autres Subſtances particuliéres, dans leſquelles la Nature finit ſes Opérations, ſoit qu'elles ſoient parfaites, ſoit qu'elles ſoient abſolument imparfaites, ſont entiérement inutiles, ou contraires à notre Art.

PYROPHILE.

J'en ſuis tout convaincu; mais je connois pluſieurs Perſonnes, qui traittent la Pierre de ridicule, de vouloir diſputer d'ancienneté avec l'Or. Cet Auteur-ci ſoutient ce même Paradoxe, & reprend l'Or ſur ce qu'il perd le reſpect à la Pierre, en donnant un démenti *à celle qui eſt plus âgée que lui*. Cependant comme la Pierre tire ſon origine des Métaux, il me paroît difficile de comprendre le fondement de ſon ancienneté.

EUDOXE.

Il n'est pas bien malaisé de vous satisfaire là dessus : Je m'étonne même que vous ayez formé ce doute. La Pierre est la prémiére Matiére des Métaux, par conséquent elle est devant l'Or, & devant tous les Métaux : Et si elle en tire son origine, ou si elle naît de leur destruction, ce n'est pas à dire qu'elle soit une production postérieure aux Métaux ; mais au contraire elle leur est antérieure, puis qu'elle est la Matiére dont tous les Métaux ont été formez. Le secret de l'Art consiste à sçavoir extraire des Métaux cette prémiére Matiére, ou ce Germe Métallique, qui doit végéter par la fécondité de l'Eau de la Mer Philosophique.

PYROPHILE.

Me voilà convaincu de cette vérité, & je trouve que l'Or n'est pas excusable de manquer de respect pour son Aînée, qui a dans son parti les plus anciens & les plus grands Philosophes. Hermès, Platon, Aristote sont dans ses interêts. Personne n'ignore qu'ils ne soient, sur cette dispute, des Juges irrécusables. Permettez-moi seulement de vous faire une question sur chacun des passages de ces Philosophes, que la Pierre a citez ici, pour prouver par leur autorité, qu'elle est la seule & véritable Matiére des Sages.

Le passage de la Table-d'Emeraude du grand Hermès prouve l'excellence de la Pierre, en ce qu'il fait voir que la Pierre est doüée de deux natures, sçavoir de celle des Estres supérieurs, & de celle des Estres inférieurs; & que ces deux natures, toutes semblables, ont une seule & même origine: De sorte que nous devons conclure, qu'étant parfaitement unies en la Pierre, elles composent un tiers Estre d'une vertu inéfable: Mais je ne sçai si vous serez de mon sentiment, touchant la Traduction de ce passage & le Commentaire d'Hortulanus. On lit après ces mots:

25. *Ce qui est en bas est comme ce qui est en haut; & ce qui est en haut est comme ce qui est en bas.* On lit (dis-je) *pour faire les Miracles d'une seule chose.* Pour moi, je trouve que l'Original Latin a tout un autre sens: Car le *Quibus*, qui fait la liaison des derniéres paroles avec les précédentes, veut dire que *par ces choses* (c'est à dire par l'union de ces deux Natures) *on fait les Miracles d'une seule chose.* Le *pour*, dont le Traducteur, & le Commentateur se sont servis, détruit le sens & la raison d'un passage, qui est de lui-même fort juste, & fort intelligible. Dites-moi, s'il vous plait, si ma remarque est bien fondée.

EUDOXE.

Non seulement votre remarque est fort juste ; mais encore elle est très-importante. Je vous avouë que je n'y avois jamais fait réfléxion ; vous faites en ceci mentir le Proverbe, vû que le Disciple s'éléve au dessus du Maître. Mais, comme j'avois lû la Table-d'Emeraude plus souvent en Latin, qu'en François, le défaut de la Traduction & du Commentaire ne m'avoit point causé d'obscurité, comme elle peut faire à ceux, qui ne lisent qu'en François ce Sommaire de la sublime Philosophie d'Hermès. En effet la Nature supérieure, & la Nature inférieure ne sont pas semblables, pour opérer des Miracles ; mais c'est parce qu'elles sont semblables, qu'on peut par elles faire les Miracles d'une seule chose. Vous voyez donc que je suis tout à fait de votre sentiment.

PYROPHILE.

Je me sçai bon gré de ma remarque : je doutois qu'elle pût mériter votre approbation ; & je m'assûre après cela, que les Enfans de la Science me sçauront aussi quelque gré d'avoir tiré de vous sur ce sujet un éclaircissement, qui satisfera sans doute les Disciples du grand Hermès. On ne doute pas que le sçavant Aristote n'ait parfaitement connu le grand Art. Ce qu'il en a écrit, en est une preuve certaine : aussi dans cette dispute la Pierre sçait se prévaloir de l'autorité de ce grand Philosophe, par un passage qui contient ses plus singuliéres & plus surprenantes qualités. Ayez, s'il vous plaît la bonté de me dire comment vous entendez celles-ci :

26. *Elle s'épouse elle même ; elle s'engrosse elle même ; elle naît d'elle même.*

EUDOXE.

La Pierre s'épouse elle même ; en ce que dans sa prémiére génération, c'est la Nature seule, aidée par l'Art, qui fait la parfaite union des deux Substances, qui lui donne l'Estre, de laquelle resulte en mêmê temps la dépuration essentielle du Soufre & du Mercure Métalliques. Union & épousailles si naturelles, que l'Artiste, qui y prête la main, en y apportant les dispositions requises, ne sçauroit en faire une démonstration par les Régles de l'Art ; puis qu'il ne sçauroit même bien comprendre le Mistére de cette union.

La Pierre s'engrosse elle même ; lors que l'Art, continuant d'aider la Nature par des moyens tout naturels, met la Pierre dans la disposition qui lui convient, pour s'imprégner elle même de la Semence Astrale, qui la rend féconde, & multiplicative de son Espéce.

La Pierre naît d'elle même ; parce qu'après s'être épousée, & engrossée elle-même, l'Art ne faisant autre chose que d'aider la Nature, par la continuation d'une chaleur nécessaire à la génération, elle prend une nouvelle naissance d'elle-même, tout de même que le Phénix renaît de ses cendres : Elle devient le Fils du Soleil, la Médecine Universelle de tout ce qui a vie, & le véritable Or vivant des Philosophes, qui par la continuation du secours de l'Art, & du ministére de l'Artiste, acquiert en peu de tems le Diadême Royal, & la puissance souveraine sur tous ses Fréres.

PYROPHILE.

Je conçois fort bien, que sur ces mêmes Principes, il n'est pas difficile de comprendre toutes les autres Qualités, qu'Aristote attribuë à la Pierre, comme *de se tüer elle-même ; de réprendre vie d'elle même ; de se resoudre d'elle même dans son propre sang, de se coaguler de nouveau avec lui*, & d'acquérir enfin toutes les propriétés de la Pierre Philosophale. Je ne trouve même plus de difficultés après cela dans le passage de Platon. Je vous prie toutesfois de vouloir bien me dire ce que cet Ancien entend, avec tous ceux qui l'ont suivi, sçavoir, *Que la Pierre a un Corps*, 27.

une Ame, & un Esprit, & que *toutes choses sont d'elle, par elle, & en elle.*

EUDOXE.

Platon auroit dû, dans l'ordre naturel, passer devant Aristote, qui étoit son Disciple, & duquel il est vrai-semblable qu'il avoit apris la Philosophie sécrete, dont il vouloit bien qu'Alexandre le Grand le crût parfaitement instruit, si on en juge par quelques endroits des Ecrits de ce Philosophe ; mais cet ordre est peu important, & si vous éxaminez bien le passage de Platon, & celuy d'Aristote, vous ne les trouverez pas beaucoup différens dans le sens. Pour satisfaire néanmoins à la demande que vous me faites, je vous dirai seulement que la Pierre a un Corps, puisqu'elle est, ainsi que je vous l'ai dit ci-devant, une Substance toute Métallique, qui lui donne le poids : Qu'elle a une Ame, qui est la plus pure Substance des Elémens, dans laquelle consiste sa fixité, & sa permanance : Qu'elle a un Esprit, qui fait l'union de l'Ame avec le Corps : Il lui vient particuliérement de l'influence des Astres, & il est le véhicule des Teintures. Vous n'aurez pas non plus beaucoup de peine à concevoir, que *toutes choses sont d'elle, par elle, & en elle* ; puisque vous avez déja vû que la Pierre n'est pas seulement

ment la prémiére Matiére de tous les Estres, contenus sous le Genre Minéral, & Métallique; mais encore qu'elle est unie à la Matiére Universelle, dont toutes choses ont pris naissance; & c'est là le fondement des derniers attributs, que Platon donne à la Pierre.

PYROPHILE.

Comme je vois que la Pierre ne s'attribuë pas seulement les Propriétés Universelles, mais qu'elle prétend aussi, *Que le succès que quelques Artistes ont eu dans certains Procedés particuliers, soit uniquement venu d'elle;* Je vous avouë que j'ai quelque peine à comprendre comment cela s'est pû faire.

EUDOXE.

Ce Philosophe l'explique toutes-fois assez clairement. Il dit que quelques Artistes, qui ont connu imparfaitement la Pierre, & qui n'ont sçû qu'une partie de l'Oeuvre, ayant cependant travaillé avec la Pierre, & trouvé le moyen d'en séparer son Esprit, qui contient sa Teinture, sont venus à bout d'en communiquer quelques parties à des Métaux imparfaits, qui ont affinité avec la Pierre; mais que pour n'avoir pas eu une connoissance entiére de ses vertus, ni de la maniére de travailler avec elle, leur travail ne leur a pas apporté une grande utilité; outre que le nombre de ces Artistes est assûrement très-petit.

PYROPHILE.

Il est naturel de conclure par ce que vous venez de me dire, qu'il y a des Personnes qui ont la Pierre entre les mains, sans connoître toutes ses vertus, ou bien, s'ils les connoissent, ils ne sçavent pas comment on doit travailler avec elle, pour réussir dans le grand Oeuvre, & que cette ignorance est cause que leur travail n'a aucun succès. Je vous prie de me dire si cela est ainsi.

EUDOXE.

Sans doute, plusieurs Artistes ont la Pierre en leur possession; les uns la méprisent, comme une chose vile; les autres l'admirent; à cause des caractéres en quelque façon surnaturels, qu'elle apporte en naissant, sans connoitre cependant tout ce qu'elle vaut. Il y en a enfin qui n'ignorent pas, quel est le véritable Sujet de la Philosophie; mais les Opérations que les Enfans de l'Art doivent faire sur ce noble Sujet, leur sont entiérement inconnuës; par ce que les Livres ne les enseignent pas, & que tous les Philosophes cachent cet Art admirable, qui convertit la

Pierre en Mercure des Philosophes, & qui aprend à faire de ce Mercure la Pierre Philosophale. Cette prémiére Pratique est l'Oeuvre sécret, touchant lequel les Sages ne s'énoncent que par des Allégories, & par des Enigmes impénétrables, ou bien ils n'en parlent point du tout. C'est là, comme j'ai dit, la grande Pierre d'achopement, contre laquelle presque tous les Artistes trébuchent.

PYROPHILE.

Heureux ceux qui possédent ces grandes Connoissances! Pour moi, je ne puis me flatter d'être arrivé à ce point; je ne suis qu'en peine de sçavoir comment je pourrai assez vous remercier de m'avoir donné tous les éclaircissemens, que je pouvois raisonnablement souhaiter de vous, sur les endroits les plus essentiels de cette Philosophie, ainsi que sur tous les autres, touchant lesquels vous avez bien voulu répondre à mes questions. Je vous prie instamment, de ne pas vous lasser, j'en ay encore quelques-unes à vous faire, qui me paroissent d'une très-grande conséquence. Ce Philosophe assûre que l'erreur de ceux qui ont travaillé avec la Pierre, & qui n'y ont pas réüssi, est venuë *de ce qu'ils n'ont pas connu l'origine d'où viennent les Teintures. Si la Source de cette FontainePhi-*

Y ij

losophique est si sécrete, & si difficile à découvrir; il est constant qu'il y a bien des Gens trompez; car ils croyent tous généralement que les Métaux, & les Minéraux, & particuliérement l'Or, contiennent dans leur Centre cette Teinture, capable de transmuer les Métaux imparfaits.

EUDOXE.

Cette Source d'Eau vivifiante *est devant les yeux de tout le monde*, dit le Cosmopolite, *& peu de Gens la connoissent*. L'Or, l'Argent, les Métaux, & les Minéraux ne contiennent point une Teinture multiplicative jusqu'à l'infini; il n'y a que les Métaux vivants des Philosophes, qui ayent obtenu de l'Art & de la Nature, cette faculté multiplicative : Mais aussi, il n'y a que ceux qui sont parfaitement éclairez dans les Mistéres Philosophiques, qui connoissent la véritable origine des Teintures. Vous n'êtes pas du nombre de ceux qui ignorent, où les Philosophes puisent leurs Trésors, sans crainte d'en tarir la Source. Je vous ai dit clairement, & sans ambiguité, que le Ciel & les Astres, mais particuliérement le Soleil & la Lune, sont le Principe de cette Fontaine d'Eau vive, seule propre à opérer toutes les merveilles que vous sçavez. C'est ce qui fait dire au Cosmopolite dans son Enigme, que dans l'Isle délicieuse, dont il fait la description, il n'y avoit point d'eau ; que toute celle qu'on s'efforçoit d'y faire venir, par machines, & par artifices, *étoit ou inutile, ou empoisonnée, excepté celle, que peu de personnes sçavoient extraire des rayons du Soleil, ou de la Lune.* Le moyen de faire décendre cette Eau du Ciel, est certes merveilleux ; il est dans la Pierre, qui contient l'Eau centrale, laquelle est véritablement une seule & même chose avec l'Eau Céleste ; mais le sécret consiste à sçavoir convertir la Pierre en un Aiman, qui attire, embrasse, & unisse à soi cette Quintessence Astrale, pour ne faire ensemble qu'une seule Essence, parfaite & plusque-parfaite, capable de donner la perfection aux Imparfaits, après l'accomplissement du Magistére.

PYROPHILE.

Que je vous ai d'obligations, de vouloir bien me réveler de si grands Mistéres, à la connoissance desquels je ne pouvois jamais espérer de parvenir, sans le secours de vos lumiéres ! Mais puisque vous trouvez bon que je continuë, permettez-moi, s'il vous plaît, de vous dire, que je n'avois point vû jusqu'ici un Philosophe, qui eût aussi précisément déclaré que fait celui-ci ; qu'il falloit donner une Femme à la

30. Pierre, la faisant parler de cette sorte. *Si ces Artistes avoient porté leur recherche plus loin, & qu'ils eûssent éxaminé quelle est la Femme, qui m'est propre ; qu'ils l'eûssent cherchée, & qu'ils m'eûssent unie à elle ; c'est alors que j'aurois pû teindre mille-fois davantage.* Bien que je m'apperçoive en général que ce passage a une entiére relation avec le précédent ; je vous avouë néanmoins que cette expression, d'une Femme convenable à la Pierre, ne laisse pas de m'embarrasser.

EUDOXE.

C'est beaucoup cependant, que vous connoissiez dèja de vous-même, que ce passage a de la connéxité avec celui que je viens de vous expliquer ; c'est-à-dire, que vous jugez bien, que la Femme qui est propre à la Pierre, & qui doit lui être unie, est cette Fontaine d'Eau vive, dont la Source toute Céleste, qui a particuliérement son Centre dans le Soleil, & dans la Lune, produit ce clair & précieux Ruisseau des Sages, qui coule dans la Mer des Philosophes, laquelle environne tout le Monde ; ce n'est pas sans fondement, que cette divine Fontaine est appellée par cet Auteur la Femme de la Pierre ; quelques-uns l'ont représentée sous la forme d'une Nymphe Céleste ; quelques autres lui donnent le nom de la chaste Diane, dont la pureté & la virginité n'est point souillée par le lien spirituel qui l'unit à la Pierre ; en un mot, cette Conjonction magnétique est le Mariage magique du Ciel avec la Terre, dont quelques Philosophes ont parlé ; de sorte que la Source féconde de la Teinture Phisique, qui opére de si grandes merveilles, prend naissance de cette union conjugale toute mistérieuse.

PYROPHILE.

Je ressens avec une satisfaction indicible tout l'effet des lumiéres, dont vous me faites part ; & puisque nous sommes sur ce point, permettez-moi, je vous prie, de vous faire une question, qui pour être hors du Texte de cet Auteur, ne laisse pas d'être essentielle à ce sujet. Je vous supplie de me dire, si le Mariage magique du Ciel avec la Terre, se peut faire en tout temps ; ou s'il y a des Saisons dans l'année, qui soient plus convenables les unes que les autres, à célébrer ces Nopces Philosophiques.

EUDOXE.

J'en suis venu trop avant, pour vous refuser un éclaircissement si nécessaire, & si raisonnable. Plusieurs Philosophes ont marqué la Saison de l'année, qui est la plus propre à cette Opération. Les uns n'en ont point fait de mistére ; les autres, plus réservez, ne se sont expliquez sur ce point que par des Paraboles. Les prémiers ont nommé le mois de Mars, & le Printemps. Zachaire, & quelques autres Philosophes disent, qu'ils commencérent l'Oeuvre à Pâques, & qu'ils la finirent heureusement dans le cours de l'année. Les autres se contentent de représenter le Jardin des Hespérides émaillé de fleurs, & particuliérement de Violettes & de Hyacinthes, qui sont les prémiéres productions du Printemps. Le Cosmopolite, plus ingenieux que les autres, pour indiquer que la Saison la plus propre au travail Philosophique, est celle dans laquelle tous les Estres vivans, sentitifs, & végétables, paroissent animez d'un feu nouveau, qui les porte réciproquement à l'amour, & à la multiplication de leur Espéce; dit que *Vénus est la Déesse de cette Isle charmante*, dans laquelle il vit à découvert tous les Mistéres de la Nature : mais pour marquer plus précisément cette Saison, il dit qu'on voyoit paître dans la prairie *des Beliers, & des Tauraux, avec deux jeunes Bergers*, exprimant clairement dans cette spirituelle Allégorie, les trois mois du Printems, par les trois Signes Célestes qui leur répondent, *Aries, Taurus, & Gemini.*

PYROPHILE.

HEMETIQUE.

PYROPHILE.

Je suis ravi de ces interprétations. Ceux qui sont plus éclairez que je ne suis dans ces Mistéres, ne feront peut-être pas autant de cas que je fais, du dénoûment de ces Enigmes, dont le Sens toutes fois a été, jusqu'à présent, impénétrable à plusieurs de ceux, qui croyent d'ailleurs entendre fort bien les Philosophes. Je suis persuadé qu'on doit compter pour beaucoup un pareil éclaircissement, capable de faire voir clair dans d'autres obscurités plus importantes : En effet, peu de Personnes s'imaginoient, que les Violettes & les Hyacintes de d'Espagnet ; & les Bêtes à cornes du Jardin des Hespérides ; le Ventre & la Maison du Bélier du Cosmopolite, & de Philaléthe ; l'Isle de la Déesse Vénus ; les deux Pasteurs, & le reste que vous venez de m'expliquer, signifiassent la Saison du Printemps. Je ne suis pas le seul, qui dois vous rendre mille graces, d'avoir bien voulu déveloper ces Mistéres ; je suis assûré qu'il se trouvera dans la suite des temps un grand nombre d'Enfans de la Science, qui béniront votre mémoire, pour leur avoir ouvert les yeux sur un point, qui est plus essentiel à ce grand Art, qu'ils ne se le seroient imaginé.

Tome III.   Z*

EUDOXE.

Vous avez raison, en ce qu'on ne peut s'assurer d'entendre les Philosophes, à moins qu'on n'ait une entiére intelligence des moindres choses, qu'ils ont écrites. La connoissance de la Saison propre à travailler au commencement de l'Oeuvre, n'est pas de petite conséquence. En voici la raison fondamentale. Comme le Sage entreprend de faire par notre Art une chose, qui est au dessus des forces ordinaires de la Nature, comme d'amolir une pierre, & de faire végéter un Germe Métallique; il se trouve indispensablement obligé d'entrer par une profonde méditation dans le plus sécret intérieur de la Nature, & de se prévaloir des moyens simples, mais efficaces, qu'elle lui en fournit : Or vous ne devez pas ignorer que la Nature, dès le commencement du Printemps, pour se renouveller, & mettre toutes les Semences, qui sont au sein de la Terre, dans le mouvement qui est propre à la végétation, impregne tout l'Air qui environne la Terre, d'un Esprit mobile, & fermentatif, qui tire son origine du Pére de la Nature : C'est proprement un Nitre subtil, qui fait la fécondité de la Terre, dont il est l'Ame, & que le Cosmopolite appelle *le Sel-pêtre des Philosophes*. C'est donc dans cette féconde Saison, que le sage Artiste, pour faire germer sa Semence Métallique, la cultive, la rompt, l'humecte, l'arose de cete prolifique Rosée, & lui en donne à boire autant que le poids de la Nature le requiert : De cette sorte, le Germe Philosophique, concentrant cet Esprit dans son sein, en est animé & vivifié, & aquiert les propriétés, qui lui sont essentieles, pour devenir la Pierre végétable & multiplicative. J'espére que vous serez satisfait de ce raisonnement, qui est fondé sur les Loix & sur les Principes de la Nature.

PYROPHILE.

Il est impossible qu'on puisse l'être plus que je le suis ; vous me donnez des lumiéres, que les Philosophes ont cachées sous un voile impénétrable, & vous me dites des choses si importantes, que je pousserois volontiers mes questions plus loin, pour profiter de la bonté que vous avez de ne me rien déguiser ; mais pour ne pas en abuser, je reviens à l'endroit de mon Auteur, où la Pierre soutient à l'Or & au Mercure, qu'il est impossible qu'il se fasse une véritable union entre leurs deux Substances : *Parce*, leur dit elle, *que vous n'êtes pas un seul Corps ; mais deux Corps ensemble, & par conséquent vous êtes con-*

31.

traires, à considérer les Loix de la Nature. Je sçai bien que la pénétration des Substances, n'étant pas possible selon les Loix de la Nature, leur parfaite union ne l'est pas non plus, & qu'en ce sens-là, deux Corps sont contraires l'un à l'autre : Cependant, comme presque tous les Philosophes assurent, que le Mercure est la prémiére Matiére des Métaux, & que selon Géber il n'est pas un Corps, mais un Esprit, qui pénétre les Corps, & particuliérement celui de l'Or, pour lequel il a une sympatie visible; n'est il pas vrai-semblable que ces deux Substances, ce Corps & cet Esprit, peuvent s'unir parfaitement, pour ne faire qu'une seule & même chose d'une même nature ?

EUDOXE.

Remarquez qu'il y a deux erreurs dans votre raisonnement : La prémiére, en ce que vous croyez que le Mercure commun est la prémiére & simple Matiére, dont les Métaux sont formez dans les Mines ; cela n'est pas ainsi. Le Mercure, est un Métail, qui pour avoir moins de Soufre, & moins d'impuretés terrestres que les autres Métaux, demeure liquide & coulant, s'unit avec les Métaux, mais particuliérement avec l'Or, comme étant le plus pur de tous ; & s'unit moins facilement avec les autres Métaux, à proportion qu'ils sont plus ou moins impurs dans leur composition naturelle. Vous devez donc sçavoir, qu'il y a une prémiére Matiére des Métaux, dont le Mercure même est formé; c'est une Eau visqueuse & Mercurielle, qui est l'Eau de notre Pierre. Voilà quel est le sentiment des véritables Philosophes.

Je serois trop long, si je voulois vous déduire ici tout ce qu'il y a à dire sur ce Sujet. Je viens à la seconde erreur de votre raisonnement, laquelle consiste en ce que vous vous imaginez que le Mercure commun est un Esprit Métallique, qui, selon Géber, peut pénétrer intérieurement, & teindre les Métaux, s'unir & demeurer avec eux, après qu'il aura été artificieusement fixé. Mais vous devez considérer que le Mercure n'est appellé Esprit par Géber, que parce qu'il s'envole du feu, à cause de la mobilité de sa Substance homogéne : Toutesfois cette propriété ne l'empêche pas d'être un Corps Métallique, lequel, pour cette raison, ne peut jamais s'unir si parfaitement avec un autre Métail, qu'il ne s'en sépare toujours, lorsqu'il se sent pressé par l'action du feu. L'Expérience montre l'évidence de ce raisonnement & par conséquent la Pierre a raison de soutenir à l'Or, qu'il ne se peut jamais faire une parfaite union de lui avec Mercure.

PYROPHILE.

Je comprens fort bien que mon raisonnement étoit erroné, & pour vous dire le vrai, je n'ai jamais pû m'imaginer que le Mercure commun fût la prémiére Matiére des Métaux; bien que plusieurs graves Philosophes posent cette vérité, pour un des fondemens de l'Art. Et je suis persuadé qu'on ne peut trouver dans les Mines, la vraie prémiére Matiére des Métaux, séparée des Corps Métalliques : Elle n'est qu'une Vapeur, une Eau visqueuse, un Esprit invisible, & je crois en un mot que la Semence ne se trouve que dans le Fruit. Je ne sçai si je parle juste ; mais je crois que c'est-là le vrai sens des éclaircissemens que vous avez bien voulu me donner.

EUDOXE.

On ne peut avoir mieux compris, que vous avez fait, ces vérités connuës de peu de Personnes. Il y a de la satisfaction à parler ouvertement avec vous des Mistéres Philosophiques. Voyez quelles sont les demandes que vous avez encore à me faire.

PYROPHILE.

Je ne sçai si la Pierre ne se contredit point elle-même, lorsqu'elle se glorifie, 32. *d'avoir un Corps imparfait avec une Ame* constante, & une Teinture pénétrante; ces deux grandes perfections me paroissent incompatibles dans un Corps imparfait.

EUDOXE.

On diroit ici que vous avez déja oublié une vérité fondamentale, dont vous avez été pleinement convaincu ci-devant: Souvenez vous donc que si le Corps de la Pierre n'étoit imparfait, d'une imperfection, toutesfois en laquelle la Nature n'a pas fini son Opération, on ne pourroit y chercher, & encore moins y trouver la perfection. Cela posé, il vous sera bien facile de juger, Que la constance de l'Ame, & la perfection de la Teinture ne sont pas actuellement, ni en état de se manifester dans la Pierre, tant qu'elle demeure dans son être imparfait; mais lorsque par la continuation de l'Oeuvre, la Substance de la Pierre a passé de l'imperfection à la perfection, & de la perfection à la plus-que perfection, la constance de son Ame & l'efficace de la Teinture de son Esprit, se trouvent réduites de la Puissance à l'Acte: De sorte que l'Ame, l'Esprit, & le Corps de la Pierre, également exaltez, composent un Tout d'une nature, & d'une vertu incompréhensible.

PYROPHILE.

Puisque mes demandes vous donnent

lieu de dire des choses si singuliéres, ne trouvez pas mauvais, je vous prie, que je continuë. Je me suis toujours persuadé que la Pierre des Philosophes est une Substance réelle, qui tombe sous les Sens; cependant je vois que cet Auteur assûre le contraire, en disant: *Notre Pierre est invisible.* Je vous assûre que quelque bonne opinion que j'aye de ce Philosophe, il me permettra de n'être pas de son sentiment sur ce point.

33.

EUDOXE.

J'espére toutesfois que vous en serez bien-tôt. Ce Philosophe n'est pas le seul qui tient ce langage; la plûpart parlent de la même maniére qu'il fait; & à vous dire le vrai, notre Pierre est proprement invisible, aussi-bien à l'égard de sa Matiére, comme à l'égard de sa Forme. A l'égard de sa Matiére; parce qu'encore que notre Pierre, ou bien notre Mercure, (il n'y a point de différence) existe réellement; il est vrai néanmoins qu'elle ne paroît pas à nos yeux; à moins que l'Artiste ne prête la main à la Nature, pour l'aider à mettre au monde cette Production Philosophique: C'est ce qui fait dire au Cosmopolite, Que le Sujet de notre Philosophie a une éxistence réelle; *mais qu'il ne se fait point voir, si ce n'est, lorsqu'il* plaît à l'Artiste de le faire paroître.

La Pierre n'est pas moins invisible à l'égard de sa Forme ; j'appelle ici sa Forme, le Principe de ses admirables facultés, d'autant que ce Principe, cette énergie de la Pierre, & cet Esprit, dans lequel réside l'efficace de sa Teinture, est une pure Essence Astrale impalpable, laquelle ne se manifeste que par les effets surprenants qu'elle produit. Les Philosophes parlent souvent de leur Pierre, considérée en ce sens-là. Hermès l'entend ainsi, lorsqu'il dit, Que *le Vent la porte dans son ventre*; & le Cosmopolite ne s'éloigne point de ce Père de la Philosophie, lorsqu'il assûre, Que *notre Sujet est devant le yeux de tout le monde ; que Personne ne peut vivre sans lui ; & que toutes les Créatures s'en servent ; mais que peu de Personnes l'aperçoivent.* Hé bien, n'êtes-vos pas du sentiment de votre Auteur, & n'avoüez-vous pas, que de quelque maniére que vous considériez la Pierre, il est vrai de dire qu'elle est invisible.

PYROPHILE.

Il faudroit que je n'eusse ni esprit, ni raison, pour ne pas tomber d'accord d'une vérité, que vous me faites toucher au doit, en me dévelopant en même temps le sens le plus caché, & le plus mistérieux des Ecritures Philosophiques. Je me trouve si éclairé par tout ce que vous me dites, qu'il me semble que les Auteurs les plus abstraits n'auront plus d'obscurité pour moi : Je vous serai cependant fort obligé, si vous voulez bien me dire votre sentiment, touchant la proposition, que cet Auteur avance, *Qu'il n'est pas* 34. *possible d'acquérir la posession du Mercure Philosophique autrement, que par le moyen de deux Corps, dont l'un ne peut recevoir la perfection sans l'autre.* Ce passage me paroît si positif & si précis, que je ne doute pas qu'il ne soit fondamental dans la Pratique de l'Oeuvre.

EUDOXE.

Il n'y en a pas assurément de plus fondamental, puisque ce Philosophe vous marque en cet endroit, comment se forme la Pierre, sur laquelle toute notre Philosophie est fondée. En effet, notre Mercure, ou notre Pierre, prend naissance de deux Corps : Remarquez cependant que ce n'est pas le mélange de deux Corps qui produit notre Mercure, ou notre Pierre : Car vous venez de voir que les Corps sont contraires, & qu'il ne s'en peut faire une parfaite union : Mais notre Pierre naît au contraire de la destruction de deux

Corps, lesquels agissant l'un sur l'autre, comme le Mâle & la Fémelle, ou comme le Corps & l'Esprit, d'une maniére autant naturelle, qu'elle est incompréhensible à l'Artiste, qui y prête le secours nécessaire, cessent entiérement d'être ce qu'ils étoient auparavant, pour mettre au jour une Production d'une nature, & d'une origine merveilleuse, & qui a toutes les dispositions nécessaires, pour être portée par l'Art, & par la Nature, de perfection en perfection, jusqu'au souverain dégré, qui est au dessus de la Nature même.

Remarquez aussi que de ces deux Corps, qui se détruisent, & se confondent l'un dans l'autre, pour la production d'une troisiéme Substance, & dont l'un tient lieu de Mâle, & l'autre de Fémelle, dans cette nouvelle Génération, sont deux Agens, qui se dépouillans de leur plus grossiére Substance dans cette action, changent de nature, pour mettre au monde un Fils d'une origine plus noble, & plus illustre que le Pére & la Mére, qui lui donnent l'Estre: Aussi, il apporte, en naissant, des marques visibles, qui font voir évidemment que le Ciel a présidé à sa naissance.

Remarquez de plus, que notre Pierre renaît plusieurs & diverses fois; mais que dans chacune de ses nouvelles naissances, elle tire toujours son origine de deux choſes. Vous venez de voir comment elle commence de naître de deux Corps: Vous avez vû qu'elle épouſe une Nimphe Céleſte, après qu'elle a été dépoüillée de ſa Forme terreſtre, pour ne faire qu'une ſeule & même choſe avec elle : Sçachez auſſi, qu'après que la Pierre a paru de nouveau ſous une Forme terreſtre, elle doit encore être mariée à une Epouſe de ſon même ſang ; de ſorte que ce ſont toujours deux choſes, qui en produiſent une ſeule, d'une ſeule & même Eſpéce : Et comme c'eſt une vérité conſtante, que dans tous les différens états de la Pierre, les deux choſes qui s'uniſſent pour lui donner une nouvelle naiſſance, viennent d'une ſeule & même choſe : C'eſt auſſi ſur ce fondement de la Nature, que le Coſmopolite appuie une vérité inconteſtable dans notre Philoſophie, ſçavoir, Que *d'un il s'en fait deux, & de deux un, à quoi ſe terminent toutes les Opérations naturelles & philoſophiques, ſans pouvoir aller plus loin.*

PYROPHILE.

Vous me rendez ſi intelligibles & ſi palpables ces ſublimes vérités, toutes abſtraites qu'elles ſont, que je les conçois preſque auſſi évidemment, que ſi c'étoient des Démonſtrations Mathématiques. Permettez-moi, s'il vous plaît, de vous demander encore quelques éclaircissemens, afin qu'il ne me reste plus aucun doute touchant l'interprétation de cet Auteur. J'ai fort bien compris que la Pierre, née de deux Substances d'une même Espéce, est un Tout homogéne, & un tiers-Estre, doüé de deux natures, qui le rendent seul suffisant par lui même à la génération du Fils du Soleil ; mais j'ay quelque peine à bien comprendre, comment ce Philosophe entend, *Que la seule chose, dont se fait la Médecine Universelle, est l'Eau & l'Esprit du Corps.*

35.

EUDOXE.

Vous trouvériez le sens de ce passage, évident de lui-même, si vous vous souveniez, que la prémiére & la plus importante Opération de la Pratique du prémier Oeuvre, est de réduire en Eau le Corps, qui est notre Pierre, & que ce point est le plus sécret de nos Mistéres. Je vous ai fait voir que cette Eau doit être vivifiée, & fécondée par une Semence Astrale, & par un Esprit Céleste, dans lequel réside toute l'efficace de la Teinture Phisique : De sorte que si vous y faites réflexion, vous avoüerez qu'il n'y a point de vérité plus évidente dans notre Philosophie, que celle que votre Auteur avance ici, sçavoir, que la seule chose, dont le Sage a besoin, pour faire toutes choses, n'est autre que *l'Eau & l'Esprit du Corps.* L'Eau est le Corps & l'Ame de notre Sujet ; la Semence Astrale en est l'Esprit : C'est pourquoi les Philosophes assûrent que leur Matiére a un Corps, une Ame, & un Esprit.

PYROPHILE.

J'avoüe que je m'aveuglois moi-même, & que si j'y avois bien fait réfléxion, je n'aurois formé aucun doute sur cet endroit. Mais en voici un autre, qui n'est point cependant un sujet de doute ; mais qui ne laisse pas pour cela, de me faire souhaiter que vous veüillez bien dire votre sentiment sur ces paroles-ci : Sçavoir, que la seule chose, qui est le Sujet de l'Art, &

36. qui n'a pas sa pareille dans le Monde, *est vile toutesfois, & qu'on peut l'avoir à peu de frais.*

EUDOXE.

Cette chose si précieuse par les dons excellens, dont le Ciel l'a pourvûë, est véritablement vile, à l'égard des Substances, dont elle tire son origine. Leur prix n'est point au dessus des facultés des Pauvres. Dix sols sont plus que suffisans pour acquérir la Matiére de la Pierre. Les Intrumens toutesfois, & les moyens qui sont nécessaires pour poursuivre les Opérations de l'Art, demandent quelque sorte de dépense ; ce qui fait dire à Géber, *Que l'Oeuvre n'est pas pour les Pauvres.* La Matière est donc vile, à considérer le fondement de l'Art, puisqu'elle coûte fort peu ; elle n'est pas moins vile, si on considére extérieurement ce qui lui donne la perfection, puisqu'à cet égard, elle ne coûte rien du tout ; d'autant Que *tout le monde l'a en sa puissance*, dit le Cosmopolite: De sorte, que soit que vous distinguiez ces choses, soit que vous les confondiez (comme font les Philosophes, pour tromper les Sots & les Ignorans) c'est une vérité constante, que la Pierre est une chose vile en un sens ; mais qu'elle est très-précieuse en un autre, & qu'il n'y a que les Fous qui la méprisent, par un juste jugement de Dieu.

PYROPHILE.

Me voilà bientôt autant instruit que je puis le souhaiter ; faites-moi seulement la grace de me dire, comment on peut connoître quelle est la véritable Voie des Philosophes ; puisqu'ils en décrivent plusieurs différentes, & qui paroissent souvent opposées. Leurs Livres sont remplis d'une infinité de diverses Opérations ; sçavoir, de Conjonctions, Calcinations, Mixtions, Séparations, Sublimations, Distillations, Coagulations, Fixations, Désiccations, dont ils font sur chacune des Chapitres entiers ; ce qui met les Artistes dans un tel embarras, qu'il leur est presque impossible d'en sortir heureusement. Ce Philosophe insinuë, ce semble, que comme il n'y a qu'une chose dans ce grand Art, il n'y a aussi qu'une Voie ; & pour toute raison, il dit, *Que la Solution du Corps ne se fait que dans son propre Sang.* Je ne trouve rien dans tout cet Ecrit, où vos lumiéres me soient plus nécessaires, que sur ce point, qui concerne la Pratique de l'Oeuvre ; sur laquelle tous les Philosophes font profession de se taire : Je vous conjure de ne pas me les refuser.

37.

EUDOXE.

Ce n'est pas sans beaucoup de raison, que vous me faites une telle demande : Elle regarde le point essentiel de l'Oeuvre ; & je souhaiterois de tout mon cœur pouvoir y répondre aussi distinctement que j'ay fait à plusieurs de vos autres questions. Je vous proteste que je vous ai dit par tout la vérité ; je veux en faire encore de même ; mais vous sçavez que les Mistéres

res de notre sacrée Science ne peuvent être enseignez qu'avec des termes mistérieux: Je vous dirai néanmoins, sans équivoque, que l'intention générale de notre Art, est de purifier éxactement, & de subtiliser une Matière, d'elle même immonde & grossière. Voilà une vérité très-importante, qui mérite que vous y fassiez réfléxion.

Remarquez que pour arriver à cette fin, plusieurs Opérations sont requises, qui ne tendant toutes qu'à un même but, & qui ne sont dans le fond considérées par les Philosophes, que comme une seule & même Opération, diversement continuée. Observez que le feu sépare d'abord les parties hétérogénes, & conjoint les parties homogénes de notre Pierre: Que le Feu sécret produit ensuite le même effet; mais plus efficacement en introduisant dans la Matière un Esprit igné, qui ouvre intérieurement la porte sécréte, qui subtilise, & qui sublime les parties pures, les séparant des parties terrestres & adustibles. La Solution, qui se fait ensuite par l'addition de la Quintessence Astrale, qui anime la Pierre, en fait une troisiéme Députation, & la Distillation l'acheve entièrement: Ainsi, purifiant, & subtilisant la Pierre par plusieurs différents dégrés, auxquels les Philosophes ont accoûtumé de donner les noms d'autant d'Opérations différentes & de Conversion des Élémens, on l'élevé jusqu'à la perfection, qui est la disposition prochaine, pour la conduire à la plusque-perfection, par un Régime proportioné à l'intention finale de l'Art; c'est-à dire, jusqu'à la parfaite Fixation. Vous voyez donc qu'à proprement parler, il n'y a qu'une Voie, comme il n'y a qu'une intention dans le prémier Oeuvre, & que les Philosophes n'en décrivent plusieurs, que parce qu'ils considérent les différens dégrés de Dépurations, comme autant d'Opérations & de Voies différentes, dans le dessein (ainsi que le remarque fort bien votre Auteur) de cacher ce grand Art.

Pour ce qui est des paroles, par lesquelles votre Auteur conclut; sçavoir, Que la Solution du Corps ne se fait que dans son propre Sang; je dois vous faire observer que dans notre Art, il se fait en trois temps différens, trois Solutions essentielles, dans lesquelles le Corps ne se dissout que dans son propre Sang, c'est au commencement, au milieu, & à la fin de l'Oeuvre : Remarquez bien ceci. Je vous ai dèja fait voir que dans les principales Opérations de l'Art, ce sont toujours deux choses, qui en produisent une; que de ces deux choses l'une tient lieu de

Mâle, & l'autre de Fémelle; l'un est le Corps, l'autre est l'Esprit: Vous devez en faire ici l'application ; sçavoir, que dans les trois Solutions, dont je vous parle, le Mâle & la Fémelle, le Corps & l'Esprit, ne sont autre chose que le Corps & le Sang, & que ces deux choses sont d'une même nature, & d'une même espéce: De sorte que la Solution du Corps dans son propre Sang, c'est la Solution du Mâle par la Fémelle, & celle du Corps par son Esprit. Voici l'ordre de ces trois Solutions importantes.

En vain vous tenteriez par le Feu la véritable Solution du Mâle en la prémiére Opération; elle ne vous reüssiroit jamais, sans la Conjonction de la Fémelle : C'est dans leurs embrassemens réciproques qu'ils se confondent, & se changent l'un l'autre, pour produire un Tout homogéne, différent des deux. En vain vous auriez ouvert & sublimé le Corps de la Pierre, elle vous seroit entiérement inutile ; si vous ne lui faisiez épouser la Femme que la Nature lui a destinée ; elle est cet Esprit, dont le Corps a tiré sa prémiére origine ; aussi il s'y dissout, comme fait la glace à la chaleur du feu, ainsi que votre Auteur l'a fort bien remarqué. Enfin vous essayeriez en vain de faire la parfaite Solution du même Corps, si vous ne réiteriez sur lui l'affusion de son propre Sang, qui est son Menstruë naturel ; sa Femme, & son Esprit tout ensemble ; avec lequel il s'unit si intimement, qu'ils ne font plus qu'une seule & même Substance.

PYROPHILE.

Après tout ce que vous venez de me révéler, je n'ai plus rien à vous demander touchant l'interprétation de cet Auteur. Je comprens fort bien tous les autres avantages qu'il attribuë à la Pierre, au dessus de l'Or & du Mercure. Je conçois aussi comment l'excès du dépit de ces deux Champions, les porta à joindre leurs forces, pour vaincre la Pierre par les armes, n'ayant pû la surmonter par la raison :

38. Mais, comment entendez-vous, *Que la Pierre les dissipa, & les engloutit l'un & l'autre, en sorte qu'il n'en resta aucuns vestiges ?*

EUDOXE.

Ignorez-vous que le grand Hermès dit, que la Pierre est *la Force forte de toute force ; car elle vaincra toute chose subtile, & pénétrera toute chose solide.* C'est ce que votre Philosophe dit ici en d'autres termes, pour vous apprendre que la puissance de la Pierre est si grande, que rien n'est capable de lui résister. Elle surmonte en effet tous les Métaux imparfaits, les transmuant en Métaux parfaits, de telle manière, qu'il ne reste aucuns vestiges de ce qu'ils étoient auparavant (1).

PYROPHILE.

Je comprens fort bien ces raisons ; mais il me reste nonobstant cela un doute, touchant les Métaux parfaits ; l'Or, par exemple, est un Métail constant & parfait, que la Pierre ne sçauroit engloutir.

EUDOXE.

Votre doute est sans fondement ; car tout de même que la Pierre à proprement parler, n'engloutit pas les Métaux imparfaits, mais qu'elle les change tellement de nature, qu'il ne reste rien, qui fasse connoître ce qu'ils étoient auparavant ; ainsi

---

(1) Il n'est pas question ici de la Pierre parfaite, au Blanc ou Rouge, qui convertit les Métaux imparfaits en Lune ou en Soleil, & Eudoxe, pour mieux instruire Pyrophile, auroit pû lui répondre que la Pierre, dont il s'agit dans cet Article, est cette moyenne Substance du Trévisan, cette Eau Mercurielle, Principe des Métaux, qui engloutit l'Or & le Mercure, parce qu'étant de la nature de l'un & de l'autre ; elle les dissout sans violence, & fait de leur Substance avec la sienne un Corps, qui s'appelle alors l'Elixir des Philosophes ; & leur Azot, lorsqu'après le Régime de Saturne, ces trois Substances d'une même Racine, ne font plus ensemble qu'une seule & même Substance.

la Pierre, ne pouvant engloutir l'Or, ni le tranſmuer en un Métal plus parfait, elle le tranſmuë en Médecine, mille fois plus parfaite que l'Or, puiſqu'il peut alors tranſmuer mille fois autant de Métal imparfait, ſelon le dégré de perfection, que la Pierre a reçûë du Magiſtére.

PYROPHILE.

Je reconnois le peu de fondement qu'il y avoit dans mon douto; mais à vous dire le vrai, il y a tant de ſubtilité dans les moindres paroles des Philoſophes, que vous ne devez pas trouver étrange, que je me ſois ſouvent arrêté ſur des choſes, qui devoient me paroître aſſez intelligibles d'elles mêmes. Je n'ai plus que deux demandes à vous faire, au ſujet des deux conſeils que mon Auteur donne aux Enfans de la Science, touchant la maniére de procéder; & la fin qu'ils doivent ſe propoſer dans la recherche de la Médecine Univerſelle. Il leur conſeille en prémier lieu, d'éguiſer la pointe de leur eſprit; de lire les Ecrits des Sages avec prudence; de travailler avec exactitude; d'agir ſans précipitation dans un Oeuvre ſi précieux: *Parce*, dit-il, *qu'il a ſon temps ordonné par la Nature; de même que les fruits qui ſont ſur les Arbres, & les grapes de raiſins que* la *Vigne* porte. Je conçois fort bien l'utilité de ces conseils; mais je vous prie de vouloir m'expliquer, comment se doit entendre cette limitation du temps.

EUDOXE.

Votre Auteur vous l'explique suffisamment par la comparaison des Fruits, que la Nature produit dans le temps ordonné. Cette comparaison est juste: La Pierre est un Champ, que le Sage cultive, dans lequel l'Art & la Nature ont mis la Semence, qui doit produire son Fruit: Et comme les quatre Saisons de l'année sont nécessaires à la parfaite production des Fruits, la Pierre de même a ses Saisons déterminées. Son Hyver, pendant lequel le Froid & l'Humide dominent dans cette Terre préparée, & ensemencée: Son Printems, auquel la Semence Philosophique, étant échaufée, donne des marques de végétation & d'acroissement: Son Eté, pendant lequel son Fruit meurit, & devient propre à la Multiplication: Son Automne, auquel ce Fruit parfaitement mûr, console le Sage, qui a le bonheur de le cuëillir.

Pour ne vous rien laisser à désirer sur ce Sujet, je dois vous faire remarquer ici trois choses. La prémiére, que le Sage doit imiter la Nature dans la Pratique de l'Oeuvre ; & comme cette savante Ouvriére ne peut rien produire de parfait, si on en violente le mouvement, de même l'Artiste doit laisser agir intérieurement les Principes de sa Matiére, en lui administrant extérieurement une chaleur proportionnée à son éxigence. La seconde, que la connoissance des quatre Saisons de l'Oeuvre doit être la Régle, que le Sage doit suivre dans les différens Régimes du Feu, en le proportionnant à chacune, selon que la Nature le démontre, laquelle a besoin de moins de chaleur pour faire fleurir les Arbres, & former les Fruits, que pour les faire parfaitement meurir. La troisiéme, que bien que l'Oeuvre ait ses quatre Saisons, ainsi que la Nature, il ne s'ensuit pas, que les Saisons de l'Art & de la Nature doivent précisément répondre les unes aux autres, l'Esté de l'Oeuvre pouvant arriver sans inconvénient dans l'Automne de la Nature, & son Automne dans l'Hyver. C'est assez que le Régime du Feu soit proportionné à la Saison de l'Oeuvre : C'est en cela seul que consiste le grand sécret du Régime, pour lequel je ne puis vous donner de régle plus certaine.

PYROPHILE.

Par ce raisonnement, & par cette similitude

litude, vous me faites voir clair sur un point, dont les Philosophes ont fait un de leurs plus grands Mistéres ; car l'intelligence des Régimes ne se peut tirer de leurs Écrits ; mais je vois avec une extrême satisfaction, qu'en imitant la Nature, & commençant l'ordre des Saisons de l'Oeuvre par l'Hiver, il ne doit pas être difficile au Sage de juger comment, par les divers dégrés de chaleur, qui répondent à ces Saisons, il peut aider la Nature, & conduire à une parfaite maturité les Fruits de cette Plante Philosophique.

Mon Auteur conseille en second lieu aux Enfans de la Science d'avoir la droiture dans le cœur, & de se proposer dans ce Travail une fin honnête, leur déclarant positivement, que s'ils ne sont dans ces bonnes dispositions, ils ne doivent pas attendre sur leur Oeuvre la bénédiction du Ciel, de laquelle tout le bon succès dépend. Il assûre, *Que Dieu ne communique un si grand Don, qu'à ceux qui en veulent faire un bon usage, & qu'il en prive ceux qui ont dessein de s'en servir pour commetre le mal.* Il semble que ce ne soit-là qu'une manière de parler, qui est ordinaire aux Philosophes ; je vous prie de me dire quelles réfléxions on doit faire sur ce dernier point.

EUDOXE.

Vous êtes assez éclairé dans notre Philosophie, pour comprendre, que la possession de la Médecine Universelle, & du Grand Elixir, est de tous les Biens de ce Monde le plus réel, le plus estimable, & le plus grand, dont l'Homme puisse jouir. En effet, les Richesses immenses, les Dignités souveraines, & toutes les Grandeurs de la Terre, ne sont point à comparer à ce précieux Trésor, qui est le seul des Biens temporels, capable de remplir le cœur de l'Homme. Il donne à celui qui le possède une vie longue, exempte de toutes sortes d'infirmités, & met en sa puissance plus d'Or & d'Argent, que n'en ont tous les plus puissans Monarques ensemble. Ce Trésor a de plus cet avantage particulier, au dessus de tous les autres Biens de la vie, que celui qui en jouit, se trouve parfaitement satisfait, même de sa seule contemplation, & qu'il ne peut jamais être troublé de la crainte de le perdre.

Vous êtes d'ailleurs pleinement convaincu, que Dieu gouverne le Monde; que sa Divine Providence y fait règner l'ordre, que sa Sagesse infinie y a établi depuis le commencement des Siécles; & que cette même Providence n'est point cette

Fatalité aveugle des Anciens, ni ce prétendu Enchaînement, ou cet Ordre nécessaire des choses, qui doit les faire suivre sans aucune distinction ; mais vous êtes au contraire bien persuadé que la Sagesse de Dieu préside à tous les Evénemens qui arrivent dans le Monde.

Sur le double fondement, que ces deux réfléxions établissent, vous ne pouvez douter, que Dieu, qui dispose souverainement de tous les Biens de la Terre, ne permet jamais, que ceux qui s'appliquent à la recherche de ce précieux Trésor, dans le dessein d'en faire un mauvais usage, puissent, par leur travail, parvenir à sa possession : En effet, quels maux ne seroit pas capable de causer dans le Monde un Esprit pervers, qui n'auroit d'autre vûë, que de satisfaire son ambition, & d'assouvir ses convoitises, s'il avoit en son pouvoir, & entre ses mains, ce moyen assûré d'exécuter ses plus criminelles entreprises. C'est pourquoi les Philosophes, qui connoissent parfaitement les maux & les desordres, qui pourroient arriver dans la Société Civile, si la connoissance de ce grand Sécret étoit révélée aux Impies, n'en traittent qu'avec crainte, & n'en parlent que par Enigmes ; afin qu'il ne soit compris que de ceux, dont Dieu veut bénir l'étude & le travail.

Il ne se trouvera Personne de bons sens, & craignant Dieu, qui n'entre dans ces sentimens, & qui ne doive être entiérement persuadé, que pour réüssir dans une si grande & si importante Entreprise, il ne faille supplier incessamment la Bonté Divine d'éclairer nos esprits, & de donner sa bénédiction à nos travaux. Il ne me reste plus qu'à vous rendre de très-humbles graces de ce que vous avez bien voulu me traitter en Enfant de la Science, me parler sincérement, & m'instruire dans de si grands Mistéres, aussi clairement, & aussi intelligiblement, qu'il est permis de le faire, & que je pouvois le souhaiter. Je vous proteste que ma reconnoissance durera tout autant que ma vie.

F I N.

LETTRE

Aux vrais Disciples d'Hermès, contenant six principales Clefs de la Philosophie Sécréte.

SI j'écrivois cette Lettre pour persuader la vérité de notre Philosophie à ceux, qui s'imaginent qu'elle n'est qu'une vaine Idée, & un pur Paradoxe, je suivrois l'éxemple de plusieurs Maîtres en ce grand Art ; je tâcherois de convaincre de leurs erreurs ces sortes d'Esprits, en leur démontrant la solidité des Principes de notre Science, appuyez sur les Loix, & sur les Opérations de la Nature, & je ne parlerois que légérement de ce qui regarde sa Pratique : Mais comme j'ai un dessein tout différent, & que je n'écris que pour vous seuls, sages Disciples d'Hermès, & vrais Enfans de l'Art, mon unique but est de vous servir de Guide dans une Route si difficile à suivre. Notre Pratique en effet est un Chemin dans des Sables, où l'on doit se conduire par l'Etoile du Nord, plutôt que par les Vestiges qu'on y voit imprimez La confusion des traces, qu'un nombre presqu'infini de Personnnes y ont laissées, est si grandes, & on y trouve tant de différents Sentiers, qui mènent presque tous dans des Déserts affreux, qu'il est presque impossible de ne pas s'égarer de la véritable Voie, que les seuls Sages, favorisez du Ciel, ont heureusement sçû démêler & reconnoître.

Cette confusion arrête tout court les Enfans de l'Art; les uns dès le commencement, les autres dans le milieu de cette Course Philosophique, & quelques uns même, lorsqu'ils aprochent de la fin de ce pénible Voyage, & qu'ils commencent à découvrir le terme heureux de leur Entreprise; mais qui ne s'apperçoivent pas, que le peu de chemin, qui leur reste à faire, est le plus difficile. Ils ignorent que les Envieux de leur bonheur ont creusé des fosses & des précipices au milieu de la Voye, & que faute de sçavoir les détours secrets, par où les Sages évitent ces dangereux piéges, ils perdent malheureusement tout l'avantage qu'ils avoient acquis, dans le même temps qu'ils s'imaginoient avoir surmonté toutes les difficultés.

Je vous avouë sincérement, que la Pratique de notre Art est la plus difficile chose du monde, non par rapport à ses Opérations, mais à l'égard des difficultés qu'il y a de l'apprendre distinctement dans les Livres des Philosophes : Car si d'un côté elle est appellée avec raison, un Jeu d'Enfans ; de l'autre elle requiert en ceux, qui en cherchent la vérité par leur travail & leur étude, une connoissance profonde des Principes, & des Opérations de la Nature dans les trois Genres ; mais particuliérement dans le Genre Minéral & Métallique. C'est un grand point de trouver la véritable Matiére, qui est le Sujet de notre Oeuvre : Il faut percer pour cela mille voiles obscurs, dont elle a été envelopée : Il faut la distinguer par son propre nom, entre un million de noms extraordinaires, dont les Philosophes l'ont diversement exprimée : Il en faut comprendre toutes les propriétés, & juger de tous les dégrés de perfection, que l'Art est capable de lui donner : Il faut connoître le Feu sécret des Sages, qui est le seul Agent, qui peut ouvrir, sublimer, purifier, & disposer la Matiére à être réduite en Eau : Il faut pénétrer pour cela jusqu'à la Source Divine de l'Eau Céleste, qui opére la Solution, l'Animation, & la Purification de la Pierre : Il faut sçavoir convertir notre Eau Métallique en Huile incombustible par l'entiére Solution du Corps, d'où elle tire son origine ; & pour cet effet il faut faire la Conversion des Elémens, la Séparation, & la Réunion des trois Principes: Il faut apprendre comment on doit en faire un Mercure blanc, & un Mercure citrin : Il faut fixer ce Mercure, le nourrir de son propre Sang, afin qu'il se convertisse en Soufre fixe des Philosophes. Voilà quels sont les points fondamentaux de notre Art ; le reste de l'Oeuvre se trouve assez clairement enseigné dans les Livres des Philosophes, pour n'avoir pas besoin d'une plus ample explication.

Comme il y a trois Règnes dans la Nature, il y a aussi trois Médecines en notre Art, qui font trois Oeuvres différens dans la Pratique, & qui ne sont toutes-fois que trois différens dégrés, qui élévent notre Elixir à sa derniére perfection. Ces importantes Opérations des trois Oeuvres, sont reservées sous la Clef du Sécret par tous les Philosophes, afin que les sacrés Mistéres de notre divine Philosophie ne soient pas révélez aux Prophanes : Mais pour vous, qui étes les Enfans de la Science, & qui pouvez entendre le langage des Sages, les Serrures vous seront ouvertes, & vous aurez les Clefs des précieux Trésors de la Nature, & de l'Art, si vous appliquez tout votre esprit à comprendre ce que j'ai dessein de vous dire, en termes autant intelligibles, qu'il est nécessaire, pour ceux qui sont prédestinés, com-

HERMÉTIQUE. 297

ni vous êtes, à la Connoissance de ces sublimes Mistéres. Je veux vous mettre en main six Clefs, avec lesquelles vous pourrez entrer dans le Sanctuaire de la Philosophie, en ouvrir tous les Réduits, & parvenir à l'intelligence des Vérités les plus cachées.

PREMIERE CLEF.

La prémiére Clef, est celle qui ouvre les Prisons obscures, dans lesquelles le Soufre est renfermé ; c'est elle qui sçait extraire la Semence du Corps, & qui forme la Pierre des Philosophes, par la Conjonction du Mâle avec la Fémelle ; de l'Esprit avec le Corps ; du Soufre avec le Mercure. Hermès a manifestement démontré l'Opération de cette première Clef par ces paroles. *De Cavernis Metallorum occultus est, qui Lapis est venerabilis, colore splendidus, mens sublimis, & mare patens* : Cette Pierre a un brillant éclat : elle contient un Esprit d'une origine sublime : Elle est la Mer des Sages, dans laquelle ils pêchent leur mistérieux Poisson. Le même Philosophe marque encore plus particuliérement la naissance de cette admirable Pierre, lorsqu'il dit : *Rex ab igne veniet, ac conjugio gaudebit, & occulta patebunt.* C'est un Roi couronné de gloire, qui prend naissance dans le Feu, qui se plaît à l'union de l'Epouſe, qui lui eſt donnée : C'eſt cette union qui rend manifeſte ce qui étoit auparavant caché.

Mais avant que de paſſer outre, j'ai un conſeil à vous donner, qui ne vous ſera pas d'un petit avantage : C'eſt de faire réfléxion que les Opérations de chacun des trois Oeuvres, ayant beaucoup d'analogie, & de rapport les uns aux autres, les Philoſophes en parlent à deſſein en termes équivoques, afin que ceux qui n'ont pas des yeux de Lincée, prenent le change, & ſe perdent dans ce Labirinthe, duquel il eſt bien difficile de ſortir. En effet, lorſqu'on s'imagine qu'ils parlent d'un Oeuvre, ils traittent ſouvent d'un autre : Prenez donc garde de ne pas vous y laiſſer tromper ; car c'eſt une vérité, que dans chaque Oeuvre le ſage Artiſte doit diſſoudre le Corps avec l'Eſprit ; il doit couper la tête du Corbeau, blanchir le noir & rougir le blanc ; c'eſt toutes-fois proprement dans la prémière Opération, que le ſage Artiſte coupe la tête au noir Dragon, & au Corbeau. Hermès dit, que c'eſt delà que notre Art prend ſon commencement, *Quod ex Corvo naſcitur, hujus Artis eſt principium.* Conſidérez que c'eſt par la Séparation de la Fumée noire, ſale, & puante du Noir très-noir, que ſe forme notre Pierre Aſtrale, blanche, & resplendissante, qui contient dans ses veines le Sang du Pélican : C'est à cette premiére purification de la Pierre, & à cette blancheur luisante, que se termine la prémiére Clef du prémier Oeuvre.

SECONDE CLEF.

La séconde Clef dissout le Composé ou la Pierre, & commence la Séparation des Elémens, d'une maniére Philosophique : Cette Séparation des Elémens ne se fait qu'en élevant les parties subtiles & pures, au dessus des parties crasses & terrestres. Celui qui sçait sublimer la Pierre philosophiquement, mérite à juste titre le nom de Philosophe, puisqu'il connoît le Feu des Sages, qui est l'unique Instrument, qui puisse opérer cette Sublimation. Aucun Philosophe n'a jamais ouvertement révélé ce Feu sécret, & ce puissant Agent, qui opére toutes les merveilles de l'Art : Celui qui ne le comprendra pas, & qui ne sçaura pas le distinguer aux caractéres, avec lesquels j'ai tâché de le dépeindre dans l'Entretien d'Eudoxe & de Pyrophile, doit s'arrêter ici, & prier Dieu qu'il l'éclaire ; car la connoissance de ce grand Sécret est plutôt un Don du Ciel, qu'une Lumiére acquise par la force du raisonnement : Qu'il lise cependant les Ecrits des Philosophes ; qu'il médite, & sur tout qu'il prie ; il n'y a point de difficulté qu'il ne soit enfin éclairci par le travail, par la méditation, & par la priére.

Sans la Sublimation de la Pierre, la Conversion des Elémens, & l'Extraction des Principes, est impossible ; & cette Conversion, qui fait l'Eau de la Terre, l'Air de l'Eau, & le Feu de l'Air, est la seule voie par laquelle notre Mercure peut être fait, & préparé. Appliquez-vous donc à connoître ce Feu sécret, qui dissout la Pierre naturellement, & sans violence, & la fait résoudre en Eau dans la grande Mer des Sages, par la Distillation qui se fait des rayons du Soleil & de la Lune. C'est de cette maniére que la Pierre, qui selon Hermès, est la Vigne des Sages, devient leur Vin, qui produit par les Opérations de l'Art leur Eau de vie rectifiée ; & leur Vinaigre très-aigre. Ce Pére de notre Philosophie s'écrie sur ce Mistére : *Benedicta aquina-Forma, quæ Elementa dissolvis!* Les Elémens de la Pierre ne peuvent être dissous, que par cette Eau toute Divine, & il ne peut s'en faire une parfaite dissolution, qu'après une Digestion & Putréfaction proportionnée, à laquelle se termine la seconde Clef du prémier Oeuvre.

Troisieme Clef.

La troisiéme Clef comprend elle seule une plus longue suite d'Opérations, que toutes les autres ensemble. Les Philosophes en ont fort peu parlé, bien que la perfection de notre Mercure en dépende ; les plus sincéres même, comme Artéphius, le Trévisan, Flamel, ont passé sous silence les Préparations de notre Mercure, & il ne s'en trouve presque pas un, qui n'ait supposé, au lieu d'enseigner, la plus longue & la plus importante des Opérations de notre Pratique. Dans le dessein de vous prêter la main en cette partie du chemin, que vous avez à faire, où faute de lumiére, il est impossible de suivre la véritable Voïe, je m'étendrai plus, que les Philosophes n'ont fait, sur cette troisiéme Clef, ou du moins je suivrai par ordre ce qu'ils ont dit sur ce Sujet, si confusément, que sans une inspiration du Ciel, ou sans le secours d'un fidéle Ami, on demeure indubitablement dans ce Dédale, sans pouvoir en trouver une issuë heureuse. Je m'assûre, que vous, qui êtes les véritables Enfans de la Science, vous recevrez une très-grande satisfaction de l'éclaircissement de ces Mistéres cachez, qui regardent la Séparation & la Purification des Principes de notre

Mercure, qui se fait par une parfaite Dissolution, & Glorification du Corps, dont il prend naissance, & par l'union intime de l'Ame avec son Corps, dont l'Esprit est l'unique lien, qui opére cette Conjonction: C'est-là l'intention, & le point essentiel des Opérations de cette Clef, qui se termine à la Génération d'une nouvelle Substance, infiniment plus noble que la prémiére.

Après que le sage Artiste a fait sortir de la Pierre une Source d'Eau vive, qu'il a exprimé le Suc de la Vigne des Philosophes, & qu'il a fait leur Vin, il doit remarquer que dans cette Substance homogéne, qui paroît sous la Forme de l'Eau, il y a trois Substances différentes, & trois Principes naturels de tous les Corps, Sel, Soufre & Mercure, qui sont l'Esprit, l'Ame, & le Corps ; & bien qu'ils paroissent purs & parfaitement unis ensemble, il s'en faut beaucoup qu'ils le soient encore ; car lorsque par la Distillation nous tirons l'Eau, qui est l'Ame & l'Esprit, le Corps demeure au fond du Vaisseau, comme une Terre morte, noire, & féculente, laquelle néanmoins n'est pas à méprifer ; car dans notre Sujet, il n'y a rien qui ne soit bon. Le Philosophe Jean Pontanus proteste que les superfluités de la Pierre se convertissent en une véritable Essence; que celui qui prétend séparer quelque chose de notre Sujet, ne connoît rien dans la Philosophie, & que tout ce qu'il y a de superflu, d'immonde, de féculent, & enfin toute la Substance du Composé, se perfectionne par l'action de notre Feu. Cet avis ouvre les yeux à ceux, qui pour faire une éxacte Purification des Élémens & des Principes, se persuadent qu'il ne faut prendre que le subtil, & rejetter l'épais; mais les Enfans de la Science ne doivent pas ignorer que le Feu & le Soufre sont cachez dans le centre de la Terre, & qu'il faut la laver éxactement avec son Esprit, pour en extraire le Beaume, le Sel fixe, qui est le Sang de notre Pierre : Voilà le Mistére essentiel de cette Opération, laquelle ne s'accomplit qu'après une Digestion convenable, & une lente Distillation. Suivez donc, Enfans de l'Art, le précepte que vous donne le véridique Hermès, qui dit en cet endroit : *Oportet autem nos cum hâc aquinâ Animâ, ut Formam sulphuream possideamus, Aceto nostro eam miscere ; cùm enim Compositum solvitur, Clavis est restaurationis.* Vous sçavez que rien n'est plus contraire que le Feu & l'Eau ; il faut néanmoins que le sage Artiste fasse la paix entre des Ennemis, qui dans le fond s'aiment ardemment. Le Cosmopolite en dit le moyen en peu de paroles : *Purgatis ergo rebus, fac ut Ignis & Aqua amici fiant ; quod in Terrâ suâ, quæ cum iis ascenderat, facilè facient.* Soyez donc attentifs sur ce point ; abreuvez souvent la Terre de son Eau, & vous obtiendrez ce que vous cherchez. Ne faut-il pas que le Corps soit dissout par l'Eau, & que la Terre soit pénétrée de son humidité, pour être renduë propre à la génération ? Selon les Philosophes l'Esprit est Eve ; le Corps est Adam ; ils doivent être conjoints pour la propagation de leur Espéce. Hermès dit la même chose en d'autres termes : *Aqua namque fortissima est natura, quæ transcendit, & fixam in Corpore naturam excitat ; hoc est lætificat.* En effet, ces deux Substances, qui sont d'une même nature, mais de deux Séxes différens, s'embrassent avec le même amour, & la même satisfaction, que le Mâle & la Fémelle, & s'élévent insensiblement ensemble, ne laissant qu'un peu de féces au fond du Vaisseau ; de sorte que l'Ame, l'Esprit, & le Corps, après une éxacte Dépuration, paroissent enfin inséparablement unis sous une Forme plus noble, & plus parfaite, qu'elle n'étoit auparavant, & aussi différente de la prémiére Forme liquide, que l'Alkool de vin, éxactement rectifié, & acué de son sel, est différent de la Substance du vin, dont il a été tiré : Cette comparaison n'est pas seulement très-juste ; mais elle donne de plus aux Enfans de la Science une connoissance précise des Opérations de cette troisiéme Clef.

Notre Eau est une Source vive, qui sort de la Pierre, par un miracle naturel de notre Philosophie : *Omnium primò est Aqua, quæ exit de hoc Lapide.* C'est Hermès qui a prononcé cette grande vérité. Il reconnoît de plus, que cette Eau est le Fondement de notre Art. Les Philosophes lui donnent plusieurs noms ; car tantôt ils l'appellent Vin, tantôt Eau de vie, tantôt Vinaigre, tantôt Huile, selon les différens dégrés de préparation, où selon les divers effets qu'elle est capable de produire. Je vous avertis néanmoins qu'elle est proprement le Vinaigre des Sages, & que dans la Distillation de cette divine Liqueur, il arrive la même chose que dans celle du Vinaigre commun : Vous pouvez tirer de ceci une grande instruction ; l'Eau & le Flegme montent le prémier ; la Substance huileuse, dans laquelle consiste l'efficace de notre Eau, vient la derniére. C'est cette Substance moyenne, entre la Terre & l'Eau, qui, dans la génération de l'Enfant Philosophique, fait la fonction de Mâle : Hermès nous la fait bien remarquer par ces paroles intelligibles : *Unguentum mediocre, quod est ignis, est medium inter fæcem, & aquam.* Il ne se contente pas de donner ces lumiéres à ses Disciples, il leur enseigne de plus dans sa Table d'Emeraude, de quelle maniére ils doivent se conduire dans cette Opération : *Separabis Terram ab Igne ; subtile ab spisso suaviter, magno cum ingenio.* Prenez garde sur tout de ne pas étouffer le Feu de la Terre par les Eaux du Déluge : Cette Séparation, ou plûtôt cette Extraction se doit faire avec beaucoup de jugement.

Il est donc nécessaire de dissoudre entiérement le Corps, pour en extraire toute son Humidité, qui contient ce Soufre précieux, ce Baume de Nature, & cet Onguent merveilleux, sans lequel vous ne devez pas espérer de voir jamais dans votre Vaisseau cette Noirceur si desirée de tous les Philosophes. Reduisez donc tout le Composé en Eau, & faites une parfaite union du Volatil avec le Fixe : C'est un précepte de Sénior, qui mérite que vous y fassiez attention : *Supremus fumus,* dit-il, *ad infimum reduci debet, & divina aqua Rex est de Cælo descendens, Reductor Animæ ad suum Corpus est, quod demùm à morte vivificat.* Le Baume de vie est caché dans ces féces immondes ; vous devez les laver avec l'Eau Céleste, jusqu'à ce que vous en ayez ôté la noirceur, & pour lors votre Eau sera animée de cette Essence ignée, qui opére toutes les merveilles de notre Art. Je ne puis vous donner là-dessus de meilleurs conseils, que ceux du grand Trismégiste : *Oportet ergo vos ab Aquâ fumum super-existentem, ab Unguento nigredinem, & a fæce mortem depellere ;* mais le seul moyen de réussir dans cette Opération, vous est enseigné par le même Philosophe, qui ajoûte immédiatement après : *Et hoc Dissolutione, quo peracto, maximam habemus Philosophiam, & omnium secretorum Secretum.*

Mais afin que vous ne vous trompiez pas au terme de *Composé* ; je vous dirai que les Philosophes ont deux sortes de Composés. Le premier, est le Composé de la Nature ; c'est celui dont j'ai parlé dans la prémiére Clef; car c'est la Nature qui le fait d'une maniére incompréhensible à l'Artiste, qui ne fait que prêter la main à la Nature, par l'administration des choses externes, moyennant quoi elle enfante, & produit cet admirable Composé. Le second, est le Composé de l'Art ; c'est le Sage qui le fait par l'union intime du Fixe avec le Volatil, parfaitement conjoints, avec toute la prudence qui se peut acquérir par les lumiéres d'une profonde Philosophie. Le Composé de l'Art n'est pas tout-à-fait le même dans le second, que dans le troisiéme Oeuvre; c'est néanmoins toujours l'Artiste qui le fait. Géber le définit un Mélange d'Argent vif & de Soufre; c'est-à-dire, du Volatil & du Fixe, qui, agissant l'un sur l'autre, se volatilisent, & se fixent réciproquement jusqu'à une parfaite fixité. Considérez l'éxemple de la Nature; vous verrez que la Terre ne produiroit jamais de Fruits, si elle n'étoit pénétrée de son Humidité, & que l'Humidité demeureroit toujours stérile, si elle n'étoit retenüe, & fixée par la siccité de la Terre.

Vous devez donc être certains, qu'on ne peut avoir aucun bon succès en notre Art, si, dans le prémier Oeuvre, vous ne purifiez le Serpent, né du limon de la Terre, si vous ne blanchissez ces féces féculentes & noires, pour en séparer le Soufre blanc, le Sel ammoniac des Sages, qui est leur chaste Diane, qui se lave dans le Bain. Tout ce Mistére n'est que l'extraction du Sel fixe de notre Composé, dans lequel consiste toute l'énergie de notre Mercure. L'Eau, qui s'éléve par Distillation, emporte avec elle une partie de ce Sel igné; de sorte que l'affusion de l'Eau sur le Corps réitérée plusieurs fois, impreigne, engraisse, & féconde notre Mercure, & le rend propre à être fixé;

ce qui est le terme du second Oeuvre : On ne sçauroit mieux exposer cette vérité, qu'Hermès a fait par ces paroles : *Cùm viderem quòd Aqua sensim crassior, duriorque fieri inciperet, gaudebam; certò enim sciebam, ut invenirem quod querebam.*

Quand vous n'auriez qu'une fort médiocre connoissance de notre Art, ce que je viens de vous dire seroit plus que suffisant, pour vous faire comprendre que toutes les Opérations de cette Clef, qui met fin au prémier Oeuvre, ne sont autres que Digérer, Distiller, Cohober, Dissoudre, Séparer, & Conjoindre, le tout avec douceur & patience : De cette sorte, vous n'aurez pas seulement une entiére extraction du Suc de la Vigne des Sages ; mais encore vous posséderez leur véritable Eau-de-vie : Et je vous avertis que plus vous la rectifierez, & plus vous la travaillerez, plus elle acquerra de pénétration, & de vertu. Les Philosophes ne lui ont donné le nom d'Eau-de-vie, que parce qu'elle donne la vie aux Métaux ; elle est proprement appellée la grande Lunaire, à cause de la splendeur, dont elle brille : ils la nomment, aussi la Substance sulphurée, le Baume, la Gomme, l'Humidité visqueuse, & le Vinaigre très-aigre des Philosophes, &c.

Ce n'est pas sans raison que les Philosophes donnent à cette Liqueur Mercurielle le nom d'Eau pontique, & de Vinaigre très-aigre : Sa ponticité éxubérante est le vrai caractére de sa vertu; il arrive de plus, comme je l'ai dèja dit, dans sa Distillation, la même chose qui arrive en celle du Vinaigre, le flegme & l'eau montent les prémiers, les parties soufreuses & salines s'élevent les derniers : Séparez le Flegme de l'Eau, unissez l'Eau & le Feu ensemble, le Mercure avec le Soufre, & vous verrez enfin le Noir très-noir, vous blanchirez le Corbeau, & rougirez le Cigne.

 Puisque je ne parle qu'à vous, vrais Disciples d'Hermès, je veux vous révéler un Sécret, que vous ne trouverez point entiérement dans les Livres des Philosophes. Les uns se sont contentés de dire, que de leur Liqueur on en fait deux Mercures, l'un blanc, & l'autre rouge. Flamel a dit plus particuliérement, qu'il faut se servir du Mercure citrin, pour faire les Imbibitions au rouge ; il avertit les Enfans de l'Art de ne pas se tromper sur ce point ; il assure aussi qu'il s'y seroit trompé lui-même, si Abraham Juif ne l'en avoit averti. D'autres Philosophes ont enseigné, que le Mercure blanc est le Bain de la Lune, & que le Mercure rouge est le Bain du Soleil : Mais il n'y en a point qui ayent voulu montrer distinctement aux

Enfans de la Science, par quelle voie ils peuvent obtenir ces deux Mercures. Si vous m'avez bien compris, vous étes dèja éclairez fur ce point. La Lunaire est le Mercure blanc : Le Vinaigre très-aigre est le Mercure rouge. Mais pour mieux déterminer ces deux Mercures, nourrissez-les d'une Chair de leur espéce ; le Sang des Innocens égorgez, c'est-à-dire, les Esprits des Corps, font le Bain, où le Soleil & la Lune se vont baigner.

Je vous ai developé un grand Mistére, si vous y faites bien réfléxion : les Philosophes qui en ont parlé, ont passé très-légérement fur ce point important : le Cosmopolite l'a touché fort spirituellement par une ingénieuse Allégorie, en parlant de la Purification, & de l'Animation du Mercure : *hoc fiet*, dit-il, *si Seni nostro aurum & argentum deglutire dabis, ut ipse consumat illa, & tandem ille etiam moriturus comburatur.* Il achéve de décrire tout le Magistére en ces termes : *Cineres ejus spargantur in Aquam ; coquito eam donec satis est, & habes Medicinam curandi lepram.* Vous ne devez pas ignorer que notre Vieillard est notre Mercure, & que ce nom lui convient, parce qu'il est la Matiére prémiére de tous les Métaux : Le même Philosophe dit, qu'il est leur Eau, à laquelle il donne le nom d'Acier

& d'Aiman, & il ajoûte pour une plus grande confirmation de ce que je viens de vous découvrir : *Si undecies coit Aurum cum eo, emittit suum Semen, & debilitatur ferè ad mortem usque ; concipit Chalybs, & generat Filium Patre clariorem.* Voilà donc un grand Miftére, que je vous révéle fans aucun Enigme ; c'eft là le Sécret des deux Mercures, qui contiennent les deux Teintures. Confervez les féparément & ne confondez pas leurs efpéces, de peur qu'ils ne procréent une Lignée monftrueufe.

Je ne vous parle pas feulement plus intelligiblement qu'aucun Philofophe n'a fait, mais auffi je vous révéle tout ce qu'il y a de plus effentiel dans la Pratique de notre Art : Si vous méditez là deffus, fi vous vous appliquez à le bien comprendre ; mais fur tout, fi vous travaillez fur les lumiéres que je vous donne, je ne doute nullement que vous n'obteniez ce que vous cherchez : Et fi vous ne parvenez à ces Connoiffances, par la Voie que je vous marque, je fuis bien affûré que difficilement vous arriverez à votre but, par la feule Lecture des Philofophes. Ne défeferez donc de rien : Cherchez la Source de la Liqueur des Sages, qui contient tout ce qui eft néceffaire à l'Oeuvre : Elle eft cachée fous la Pierre : Frapez deffus avec la la verge du Feu magique, & il en sortira une claire Fontaine : Faites ensuite comme je vous ai montré : Préparez le Bain du Roi avec le Sang des Innocens, & vous aurez le Mercure des Sages animé, qui ne perd jamais ses vertus, si vous le gardez dans un Vaisseau bien bouché. Hermès dit, qu'il y a tant de simpatie entre les Corps purifiés, & les Esprits, qu'ils ne se quittent jamais, lorsqu'ils ont été unis ensemble ; parce que cette union est semblable à celle de l'Ame avec le Corps glorifié, après laquelle la Foi nous aprend, qu'il n'y aura plus de séparation, ni de mort. *Quia Spiritus, ablutis Corporibus desiderant inesse, habitis autem ipsis, eos vivificant, & in iis habitant.* Vous voyez par là le mérite de cette précieuse Liqueur, à laquelle les Philosophes ont donné plus de mille différens noms : Elle est l'Eau-de-vie des Sages, l'Eau de Diane, la grande Lunaire, l'Eau d'Argent vif : Elle est notre Mercure, notre Huile incombustible, qui au froid se congéle comme de la glace, & se liquéfie à la chaleur comme du beurre : Hermès l'appelle la Terre feuillée, ou la Terre des Feüilles ; non sans beaucoup de raison ; car si vous l'observez bien, vous remarquerez qu'elle est toute feüilletée : En un mot, elle est la Fontaine très-claire, dont le

Comte Trévisan fait mention : Enfin, elle est le grand Alkaest, qui diſſout radicalement les Métaux : Elle eſt la véritable Eau permanente, qui, après les avoir diſſous, s'unit inſéparablement à eux, & en augmente le Poids & la Teinture.

QUATRIEME CLEF.

La quatriéme Clef de l'Art, eſt l'entrée du ſecond Oeuvre ; c'eſt elle qui réduit notre Eau en Terre ; il n'y a que cette ſeule Eau au monde, qui, par une ſimple cuiſſon, puiſſe être convertie en Terre ; parce que le Mercure des Sages porte dans ſon Centre ſon propre Soufre, qui le coagule. La Terrification de l'Eſprit eſt la ſeule Opération de cet Oeuvre : Cuiſez donc avec patience ; ſi vous avez bien procédé, vous ne ſerez pas long temps ſans voir les marques de cette Coagulation ; & ſi elles ne paroiſſent dans leur temps, elles ne paroîtront jamais ; parce que c'eſt un ſigne indubitable, que vous avez manqué en quelque choſe d'eſſentiel, dans les prémiéres Opérations : Car pour corporifier l'Eſprit, qui eſt notre Mercure, il faut avoir bien diſſout le Corps, dans lequel Soufre, qui coagule le Mercure, eſt renfermé. Hermès aſſûre que notre Eau Mercurielle aura acquis toutes les vertus, que les Philoſophes lui attribuent, lorsqu'elle sera changée en Terre : *Vis ejus integra est, si in Terram conversa fuerit.* Terre admirable par sa fécondité ; Terre de Promission des Sages, lesquels, sçachant faire tomber la Rosée du Ciel sur elle, lui font produire des Fruits d'un prix inestimable. Le Cosmopolite exprime très-bien les avantages de cette bénite Terre : *Qui scit Aquàm congelare calido, & Spiritum cum eâ jungere, certè rem inveniet millesies pretiosiorem auro, & omni re.* Rien n'approche du mérite de cette Terre, & de cet Esprit, parfaitement alliez ensemble, selon les Régles de notre Art : Ils sont le vrai Mercure, & le vrai Soufre des Philosophes, le Mâle vivant, & la Fémelle vivante, qui contiennent la Semence, qui peut seule procréer un Fils plus illustre que ses Parens. Cultivez donc soigneusement cette précieuse Terre ; artosez-la souvent de son Humidité ; desséchez-la autant de fois, & vous n'augmenterez pas moins ses vertus, que son poids, & sa fécondité.

Cinquième Clef.

La cinquiéme Clef de notre Oeuvre est la Fermentation de la Piérre avec le Corps parfait, pour en faire la Médecine du troisiéme Ordre. Je ne dirai rien en particulier de l'Opération du troisiéme Oeuvre ;

si non, Que le Corps parfait est un Levain nécessaire à notre Pâte : Que l'Esprit doit faire l'union de la Pâte avec le Levain, de même que l'Eau détrempe la Farine, & dissout le Levain, pour composer une Pâte fermentée, propre à faire du Pain. Cette Comparaison est fort juste ; c'est Hermès qui l'a faite le prémier. *Sicut enim pasta sine fermento fermentari non potest ; sic cùm corpus sublimaveris, mundaveris, & turpitudinem à fœce separaveris ; cùm jungere volueris, pone in eis fermentum, & aquam terram confice, ut pasta fiat fermentum.* Au sujet de la Fermentation, le Philosophe répéte ici tout l'Oeuvre, & montre que tout de même que la Masse de la Pâte devient toute Levain, par l'action du Ferment, qui lui a été ajoûté ; ainsi toute la Confection Philosophique devient par cette Opération un Levain, propre à fermenter une nouvelle Matiére, & à la multiplier jusqu'à l'infini.

Si vous observez bien de quelle maniére se fait le Pain, vous trouverez les proportions, que vous devez garder entre les Matiéres, qui composent votre Pâte Philosophique. Les Boulangers ne mettent-ils pas plus de Farine que de Levain, & plus d'Eau, que de Levain & de Farine ? Les Loix de la Nature sont les Régles que vous devez suivre dans la Pratique de tout notre Magiſtére. Je vous ai donné ſur tous les points principaux toutes les inſtructions qui vous ſont néceſſaires; de ſorte qu'il ſeroit ſuperflu de vous en dire d'avantage, particuliérement touchant les derniéres Opérations, à l'égard deſquelles les Philoſophes ont été beaucoup moins reſervez, que ſur les prémiéres, qui ſont les fondemens de l'Art.

Sixieme Clef.

La ſixiéme Clef enſeigne la Multiplication de la Pierre, par la réitération de la même Opération, qui ne conſiſte qu'à ouvrir & fermer, diſſoudre & coaguler, imbiber & deſſecher; par où les vertus de la Pierre s'augmentent à l'infini. Comme mon deſſein n'a pas été de décrire entiérement la Pratique des trois Médecines, mais ſeulement de vous inſtruire des Opérations les plus importantes, touchant la Préparation du Mercure, que les Philoſophes paſſent ordinairement ſous ſilence, pour cacher aux Profanes des Miſtéres, qui ne ſont que pour les Sages; je ne m'arréterai pas davange ſur ce point, & je ne vous dirai rien non plus de ce qui regarde la Projection de la Médecine, parce que le ſuccès que vous attendez ne dépend pas delà: Je ne vous ai donné des inſtructions très-amples que ſur la troiſiéme Clef, à cause qu'elle comprend une longue suite d'Opérations, lesquelles, quoi que simples & naturelles, ne laissent pas de réquérir une grande intelligence des Loix de la Nature, & des Qualités de notre Matiére, aussi bien qu'une parfaite connoissance de la Chimie, & des différens dégrés de chaleur, qui conviennent à ces Opérations.

Je vous ai conduit par la droite Voie, sans aucun détour ; & si vous avez bien remarqué la Route que je vous ai tracée, je m'assure que vous irez droit au but, sans vous égarer. Sçachez-moi bon gré du dessein, que j'ay eu de vous épargner mille travaux, & mille peines, que j'ay essuyez moi-même dans ce pénible voyage, faute d'un secours pareil à celui que je vous donne dans cette Lettre, qui part d'un cœur sincére, & d'une tendre affection pour tous les véritables Enfans de la Science. Je vous plaindrois beaucoup, si, comme moi, après avoir connu la véritable Matiére, vous passiez quinze années entiérement dans le travail, dans l'étude, & dans la méditation, sans pouvoir extraire de la Pierre, le Suc précieux, qu'elle renferme dans son sein, faute de connoître le Feu sécret des Sages, qui fait couler de cette Plante séche & aride en apparence, une Eau, qui ne mouïlle pas les mains, & qui par l'union magique de l'Eau séche de la Mer de Sages, se resout en une Eau visqueuse, en une Liqueur mercurielle, qui est le Principe, le Fondement, & la Clef de notre Art : Convertissez, séparez & purifiez les Elémens, comme je vous l'ai enseigné, & vous posséderez le véritable Mercure des Philosophes, qui vous donnera le Soufre fixe, & la Médecine Universelle.

Mais je vous avertis, qu'après que vous serez parvenus à la connoissance du Feu sécret des Sages, vous ne serez pas toutes-fois encore au bout de la prémiére Cartiére. J'ai erré plusieurs années dans le chemin qui reste à faire, pour arriver à la Fontaine mistérieuse, où le Roi se baigne, se rajeunit, & reprend une nouvelle vie, exempte de toutes sortes d'infirmités : Il faut que vous sachiez outre celá purifier, échaufer, & animer ce Bain Royal ; c'est pour vous prêter la main dans cette Voie sécrete, que je me suis étendu sur la troisiéme Clef, où toutes ces Opérations sont déduites. Je souhaite de tout mon cœur, que les instructions que je vous ai données, vous fassent aller droit au but. Mais souvenez-vous, Enfans de la Science, que la connoissance de notre Magistére vient plûtôt de l'Inspiration du Ciel, que des Lumiéres que nous pouvons acquérir par nous mêmes. Cette vérité est reconnuë de tous les Philosophes ; c'est pourquoi ce n'est pas assez de travailler ; priez assidûment ; lisez les bons Livres ; & méditez nuit & jour sur les Opérations de la Nature, & sur ce qu'elle peut être capable de faire, lorsqu'elle est aidée par le secours de notre Art, & par ce moyen vous réüssirez sans doute dans votre Entreprise.

C'est là tout ce que j'avois à vous dire, dans cette Lettre ; je n'ai pas voulu vous faire un Discours fort étendu, tel que la matiére paroît le demander ; mais aussi je ne vous ai rien dit que d'essentiel à notre Art : De sorte, que si vous connoissez notre Pierre, qui est la seule Matiére de notre Pierre, & si vous avez l'intelligence de notre Feu, qui est secret & naturel tout ensemble, vous avez les Clefs de l'Art, & vous pouvez calciner notre Pierre, non par la Calcination ordinaire, qui se fait par la violence du Feu ; mais par une Calcination Philosopbique, qui est purement naturelle.

Remarquez encore ceci avec les plus éclairés Philosophes, qu'il y a cette différence, entre la Calcination ordinaire, qui se fait à force de feu, & la Calcination naturelle : Que la prémiére détruit le Corps, & consume la plus grande partie de son Humidité radicale; & que la seconde ne conserve pas seulement l'Humidité du Corps, en le calcinant; mais encore elle l'augmente considérablement.

L'expérience vous fera connoître dans la Pratique cette grande vérité; car vous trouverez en effet, que cette Calcination Philosophique, qui sublime, & distile la Pierre en la calcinant, en augmente de beaucoup l'Humidité : La raison en est, que l'Esprit ignée du Feu naturel se corporifie dans les Substances qui lui sont analogues. Notre Pierre est un Feu Astral, qui simpatise avec le Feu naturel, & qui, comme une véritable Salamandre, prend naissance, se nourrit, & croît dans le Feu Elémentaire, qui lui est géométriquement proportioné.

Le Nom de l'Auteur est en Latin dans cette Anagramme :

DIVES - SICUT - ARDENS, S***.

FIN.

LA LUMIERE
SORTANT PAR SOI-MESME
DES
TENEBRES;
POËME
Sur la Composition de la Pierre des Philosophes, traduit de l'Italien, avec un Commentaire.

CHANT PREMIER.
I.

LE Cahos ténébreux étant sorti comme une Masse confuse du fonds du Néant, au prémier son de la Parole toute puissante ; ont eût dit que le désordre l'avoit produit, & que ce ne pouvoit être l'Ouvrage d'un Dieu, tant il étoit informe. Toutes choses étoient en lui dans un profond repos, & les Elémens y étoient confondus, parce que l'Esprit Divin ne les avoit pas encore distinguez.

II.

Qui pourroit maintenant raconter de quelle maniére les Cieux, la Terre & la Mer fûrent formez si légers en eux-mêmes, & pourtant si vastes, eu égard à leur étenduë ? Qui pourroit expliquer comment le Soleil & la Lune reçûrent là haut le mouvement & la lumiére, & comment tout ce que nous voyons ici bas, eut la Forme & l'Estre ? Qui pourroit enfin comprendre comment chaque chose reçut sa propre dénomination, fut animée de son propre esprit, &, au sortir de la Masse impure & inordonnée du Cahos, fut réglée par une loi, une quantité & une mesure ?

III.

O vous du divin Hermès les Enfans, & les Imitateurs, à qui la Science de votre Pére a fait voir la Nature à découvert ; vous seuls, vous seuls sçavez comment cette main immortelle forma la Terre & les Cieux de cette Masse informe du Cahos ; car votre grand Oeuvre fait voir clairement que de la même maniére dont est fait votre Elixir philosophique, Dieu aussi a fait toutes choses.

IV.

Mais il n'appartient pas à ma foible plume de tracer un si grand tableau, n'étant encore qu'un chetif Enfant de l'Art, sans aucune expérience : Ce n'est pas que vos doctes Ecrits ne m'ayent fait apercevoir le véritable but où il faut tendre ; & que je ne connoisse bien cet Illiaste, qui a en lui tout ce qu'il nous faut, aussi bien que cet admirable Composé, par lequel vous avez sçû amener de puissance en acte la vertu des Elémens.

V.

Ce n'est pas que je ne sçache bien que votre Mercure secret, n'est autre chose qu'un Esprit vivant, universel & inné, lequel en forme de vapeur aërienne décend sans cesse du Ciel en Terre pour remplir son ventre poreux, qui naît ensuite parmi les Souphres impurs, & en croissant passe de la nature volatile à la fixe, se donnant à soi-même la forme d'Humide radical.

VI.

Ce n'est pas que je ne sache bien encore, que si notre Vaisseau ovale n'est scellé par l'Hiver, jamais il ne pourra retenir la vapeur précieuse, & que notre bel Enfant mourra dès sa naissance, s'il n'est promptement secouru par une main industrieuse & par des yeux de Lincée, car autrement il ne pourra plus être nourri de sa prémiére humeur, à l'éxemple de l'Homme, qui après s'être nourri de sang impur dans le ventre maternel, vit de lait lorsqu'il est au monde.

VII.

Quoique je sache toutes ces choses, je n'ose pourtant pas encore en venir aux preuves avec vous, les erreurs des autres me rendant toujours incertain. Mais si vous étes plus touché de pitié que d'envie, daignez ôter de mon esprit tous les doutes qui l'embarrassent ; & si je puis être assez heureux pour expliquer distinctement dans mes Écrits tout ce qui regarde votre Magistére, faites, je vous conjure, que j'aye de vous pour réponse : *Travaille hardiment, car tu sçais ce qu'il faut sçavoir.*

Chant Deuxiême.

Que le Mercure & l'Or du vulgaire ne sont pas l'Or & le Mercure des Philosophes, & que dans le Mercure des Philosophes, est tout ce que cherchent les Sages. Où l'on touche en passant la pratique de la prémiére Opération que doit suivre l'Artiste expérimenté.

Strophe I.

Que les Hommes, peu versez dans l'Ecole d'Hermès, se trompent, lorsqu'avec un esprit d'avarice, ils s'attachent au son des mots. C'est ordinairement sur la foi de ces noms vulgaires d'Argent vif & d'Or qu'ils s'engagent au travail, & qu'avec l'Or commun ils s'imaginent, par un feu lent, fixer enfin cet Argent fugitif.

II.

Mais s'ils pouvoient ouvrir les yeux de leur esprit, pour bien comprendre le sens caché des Auteurs, ils verroient clairement que l'Or & l'Argent vif du vulgaire sont destituez de ce Feu universel, qui est le véritable Agent, lequel Agent ou Esprit abandonne les Métaux dès qu'ils se trouvent dans des Fourneaux exposez à la violence des flammes; & c'est ce qui fait que le Métail hors de sa Mine se trouvant privé de cet Esprit, n'est plus qu'un Corps mort & immobile.

III.

C'est bien un autre Mercure, & un autre Or, dont a entendu parler Hermès; un Mercure humide & chaud, & toujours constant au feu. Un Or qui est tout feu & tout vie. Une telle différence n'est-elle pas capable de faire aisément distinguer ceux-ci de ceux du vulgaire, qui sont des Corps morts privez d'esprit, au lieu que les nôtres sont des Esprits corporels toujours vivans.

IV.

O grand Mercure des Philosophes ! c'est en toi que s'unissent l'Or & l'Argent, après qu'ils ont été tirez de puissance en acte : Mercure tout Soleil & tout Lune ; triple Substance en une, & une Substance en trois. O chose admirable ! Le Mercure, le Souphre & le Sel me font voir trois Substances en une seule Substance.

V.

Mais où est donc ce Mercure aurifique, qui, étant résout en Sel & en Souphre, devient l'Humide radical des Métaux, & leur Semence animée ? Il est emprisonné dans une prison si forte, que la Nature même ne sçauroit l'en tirer, si l'Art industrieux ne lui en facilite les moyens.

VI.

Mais que fait donc l'Art ? Ministre ingénieux de la diligente Nature, il purifie par une flamme vaporeuse les sentiers qui conduisent à la prison. N'y ayant pas de meilleurs guide ni de plus sûr moyen que celui d'une chaleur douce & continuelle pour aider la Nature, & lui donner lieu de rompre les liens dont notre Mercure est comme garotté.

VII.

Oüi, oüi, c'est ce seul Mercure que vous devez chercher, ô Esprits indociles ! puisqu'en lui seul vous pouvez trouver tout ce qui est nécessaire aux Sages. C'est en lui que se trouvent en puissance prochaine & la Lune & le Soleil, qui sans Or & Argent du vulgaire, étant unis ensemble, deviennent la véritable Semence de l'Argent & de l'Or.

VIII.

Mais toute Semence est inutile si elle demeure entiére, si elle ne pourrit, & ne devient noire ; car la Corruption précéde toujours la Génération. C'est ainsi que procéde

procéde la Nature dans toutes ses Opérations ; & nous qui voulons l'imiter, nous devons aussi noircir avant de blanchir, sans quoi nous ne produirons que des Avortons.

Chant Troisième.

On conseille ici aux Alchimistes vulgaires & ignorans de se désister de leurs Opérations sophistiques, parce qu'elles sont entiérement opposées à celles que la véritable Philosophie nous enseigne pour faire la Médecine universelle.

Strophe I.

O Vous ! qui pour faire de l'Or par le moyen de l'Art, êtes sans cesse parmi les flammes de vos charbons ardens ; qui tantôt congelez, & tantôt dissolvez vos divers Mélanges en tant & tant de maniéres, les dissolvant quelques-fois entiérement, quelques-fois les congelant seulement en partie ; d'où vient que comme des Papillons enfumez, vous passez les jours & les nuits à rôder autour de vos Fourneaux.

II.

Cessez désormais de vous fatiguer en vain, de peur qu'une folle espérance ne fasse aller toutes vos pensées en fumée. Vos travaux n'opérent que d'inutiles sueurs, qui peignent sur votre front les heures malheureuses que vous passez dans vos salles retraites. A quoi bon ces flammes violentes, puisque les Sages n'usent point de charbons ardens, ni de bois enflammez pour faire l'Oeuvre Hermétique ?

III.

C'est avec le même Feu dont la Nature se sert sous terre, que l'Art doit travailler, & c'est ainsi qu'il imitera la Nature. Un Feu vaporeux, mais qui n'est pourtant pas léger ; un Feu qui nourrit & ne dévore point ; un Feu naturel, mais que l'Art doit faire ; sec, mais qui fait pleuvoir ; humide, mais qui dessèche. Une Eau qui éteint, une Eau qui lave les Corps, mais qui ne mouille point les mains.

IV.

C'est avec un tel Feu que l'Art, qui veut imiter la Nature, doit travailler, & que l'un doit suppléer au défaut de l'autre. La Nature commence, l'Art acheve, & lui seul purifie ce que la Nature ne pouvoit purifier. L'Art a l'industrie en partage, & la Nature la simplicité ; de sorte que si l'un n'applanit le chemin, l'autre s'arrête tout aussi tôt.

V.

A quoi donc servent tant & tant de Substances différentes dans des Cornuës, dans des Alembics, si la Matiére est unique aussi bien que le Feu ? Oui, la Matiére est unique, elle est par tout, & les Pauvres peuvent l'avoir aussi bien que les Riches. Elle est inconnuë à tout le monde, & tout le monde l'a devant les yeux; elle est méprisée comme de la bouë par le Vulgaire ignorant, & se vend à vil prix; mais elle est précieuse au Philosophe, qui en connoît la valeur.

VI.

C'est cette Matiére, si méprisée par les Ignorans, que les Doctes cherchent avec soin, puisqu'en elle est tout ce qu'ils peuvent désirer. En elle se trouvent conjoints le Soleil & la Lune, non les vulgaires, non ceux qui sont morts. En elle est renfermé le Feu, d'où ces Métaux tirent leur vie; c'est elle qui donne l'Eau ignée, qui donne aussi la Terre fixe; c'est elle enfin qui donne tout ce qui est nécessaire à un Esprit éclairé.

VII.

Mais au lieu de considérer qu'un seul Composé suffit au Philosophe, vous vous amusez, Chimistes insensez, à mettre plusieurs Matiéres ensemble ; & au lieu que le Philosophe fait cuire à une chaleur douce & solaire, & dans un seul vaisseau, une seule vapeur qui s'épaissit peu à peu, vous mettez au feu mille ingrédiens différens ; & au lieu que Dieu a fait toutes choses de rien, vous au contraire, vous réduisez toutes choses à rien.

VIII.

Ce n'est point avec les Gommes molles ni les durs Excrémens, ce n'est point avec le Sang ou le Sperme humain, ce n'est point avec les Raisins verts, ni les Quintessences herbales, avec les Eaux fortes, les Sels corrosifs, ni avec le Vitriol Romain, ce n'est pas non plus avec le Talc aride, ni l'Antimoine impur, ni avec le Souphre, ou le Mercure, ni enfin avec les Métaux même du vulgaire qu'un habile Artiste travaillera à notre grand Oeuvre.

IX.

A quoi servent tous ces divers mélanges ? puisque notre Science renferme tout le Magistére dans une seule Racine, que je vous ai déja assez fait connoître, & peut-être plus que je ne devois. Cette Racine contient en elle deux Substances, qui n'ont pourtant qu'une seule Essence ; & ces Substances, qui ne sont d'abord Or & Argent qu'en puissance, deviennent enfin Or & Argent en acte, pourvû que nous sçachions bien égaliser leurs poids.

X.

Oui, ces Substances se font Or & Argent actuellement, & par l'égalité de leurs poids, le volatil est fixé en Souphre d'Or. O Souphre lumineux ! ô véritable Or animé ! j'adore en toi toutes les merveilles & toutes les vertus du Soleil. Car ton Souphre est un trésor, & le véritable fondement de l'Art, qui meurit en Elixir ce que la Nature méne seulement à la perfection de l'Or.

AVANT PROPOS.

IL y a très-peu de Gens, qui entendant parler de la Pierre Philosophale, ne froncent le sourcil à ce nom, &, en secouant la tête, ne rebuttent ce Traité. En bonne foi, n'est-ce pas une grande injustice que de blâmer ainsi ce qu'on ne connoît point ? Avant que de donner son jugement, il faudroit au moins sçavoir ce que l'on condamne, & ce que c'est que la Pierre Philosophale ; mais ceux qui en usent de la sorte, jugent de cette Science par raport aux Artistes vulgaires, qui, au lieu de la Pierre qu'ils promettent de faire, consument tout leur avoir, & celui des autres ; & voyant tant d'impostures, tant de fausses Receptes, & tant de vaines promesses des Charlatans, ils prennent occasion de là d'attaquer la vérité de l'Art, ne considérant pas que ceci n'est point l'Ouvrage des Chimistes ordinaires, mais des vrais Philosophes, & qu'il est aussi peu facile à ces Philosophâtres de faire cette Pierre, que de faire décendre la Lune en Terre, ou de produire un nouveau Soleil. Pour être Philosophe il faut sçavoir parfaitement les fondemens de toute la Nature, car la Science de la Pierre Philosophale surpasse de bien loin toutes les autres Sciences, & tous les autres Arts, quelques subtils qu'ils soient ; y ayant toujours cette différence entre les Ouvrages de la Nature, & ceux de l'Art, que les prémiers sont les plus parfaits, les plus achevez, & les plus sûrs ; & si (suivant l'Axiome d'Aristote) il n'y a rien dans l'entendement qui n'ait été auparavant dans le sens, il sera vrai de dire, que ce que nous concevons, nous ne le concevons qu'à l'occasion de ce que la Nature fait tous les jours devant nos yeux; car tous les Arts ont tiré leurs Principes, & leurs prémiéres Idées des Ouvrages naturels ; ce qui est si connu de tous ceux qui ont quelque intelligence au delà du commun, qu'il seroit inutile de vouloir le justifier. Mais sans nous amuser à de vains discours, il faut sçavoir en général que la Pierre des Philosophes n'est autre chose que l'Humide radical des Elémens, répandu à la vérité en eux, mais reüni dans leur Pierre, & dépoüillé de toute soüillure étrangére. Ainsi il ne faut pas s'étonner si elle peut opérer de si grandes choses, étant très-constant que la vie des Animaux, des Végétaux & des Minéraux ne consiste que dans leur Humide radical. Et de même qu'un Homme, qui voudroit entretenir une Lampe allumée, ne craindroit pas qu'el-

le s'éteignît s'il avoit de l'huile de reserve, parce qu'il n'auroit qu'à y en remettre à mesure qu'il s'en consumeroit. Tout de même lorsque notre Humide radical, dans lequel le feu de la vie est renfermé, vient à se consumer, la Nature a besoin qu'on lui refournisse de nouvel Humide par le moyen des alimens, sans quoi cette lumiére de la vie, libre de ses liens, s'envoleroit. Il arrive cependant quelquefois que la Chaleur naturelle est si débilitée en son Humide radical par quelque accident, qu'elle n'a pas la force d'en reprendre de nouveau dans la nutrition, ce qui la rend languissante, & fait qu'enfin elle abandonne son corps par la mort. Mais si quelqu'un pouvoit lui donner une Essence dépoüillée d'excrémens, & parfaitement purifiée par l'Art; alors sans doute la Chaleur naturelle attireroit cette Essence à soi, la convertiroit en sa nature, & redonneroit au corps sa prémiére vigueur; mais tous ces médicamens ne serviroient de rien à un Homme mort, quelques balzamiques, & quelques parfaits qu'ils pussent être; car il n'y a que le Feu de Nature, renfermé dans le corps, qui s'approprie les médicamens, & se délivre par leur moyen des mauvaises humeurs, qui l'empêchent de faire avec liberté son office vital dans son propre Humide radical. Il
faut

faut donc par la voie de la nutrition lui fournir un aliment convenable & reſtaurant, & alors ce Feu vital recouvrera ſes prémiéres forces; au lieu que les autres médicamens ne font qu'irriter la Nature, bien loin de la rétablir. Que ſerviroit-il à un Soldat bleſſé à mort, & qui auroit perdu tout ſon ſang, qu'on voulût l'exciter au combat par le ſon des Trompettes, & le bruit des Tambours, & qu'on prétendît l'encourager par là à ſoûtenir les travaux de Mars? de rien ſans doute; cela lui nuiroit au contraire, & ne feroit que lui imprimer une terreur funeſte. Il en eſt de même d'une Nature débilitée & languiſſante par la déperdition ou ſuffocation de ſon Humide radical, & rien ne ſeroit ſi dangereux ni ſi inutile que de l'irriter par des médicamens; mais ſi on pouvoit augmenter & fortifier l'Humide radical, alors la Nature d'elle-même ſe débarraſſeroit de ſes excrémens & de ſes ſuperfluités. Nous pouvons dire la même choſe à l'égard du Végétable & du Minéral. On s'étonne donc avec juſtice de l'entêtement de ceux qui ſont ſans ceſſe occupez à des remédes pour la ſanté, & qui cependant ignorent entiérement la ſource d'où découle & la ſanté & la vie. Que ces Gens-là ne s'ingérent plus de parler de Pierre Philoſophale, puiſqu'ils ſe ſervent ſi mal de leur raiſon.

Pour conclusion, je dis que celui à qui Dieu aura gratuitement accordé la possession de cette Pierre, & donné l'esprit pour s'en bien servir, non seulement joüira d'une santé parfaite, mais pourra encore avec l'aide de la Providence prolonger ses jours au delà du terme ordinaire, & avoir le moyen de loüer Dieu dans une longue & douce vie.

C'est une loi inviolable de la Nature, que toutes les fois qu'un corps est attaqué de maladie procédante de la contrariété des qualités, il tombe en ruïne, parce qu'il n'est plus soûtenu que par une nature languissante, & que son esprit vital l'abandonne pour retourner vers sa patrie; & quiconque aura tant soit peu flairé l'odeur de la Philosophie, tombera d'accord que la vie des Animaux, ou leur esprit vital étant tout spirituel, & d'une nature éthérée, comme sont toutes les formes qui dérivent des influences célestes, (je ne parle pas ici de l'Ame raisonnable qui est la vraie forme de l'Homme) n'a nulle liaison avec les corps terrestres, que par des milieux qui participent des deux natures. Si donc ces milieux ne sont très constants, & très-purs, il est sûr que la vie se perdra bientôt, ne pouvant recevoir d'eux aucune permanence. Or dans la Substance des Mixtes, ce qu'il y a de plus conſtant & de plus pur, c'eſt leur Humide radical, lequel contient proprement toute la nature du Mixte, comme nous le ferons voir dans un Chapitre exprés. C'eſt donc-là un véritable milieu, & un ſujet capable de contenir en ſon centre la vie du corps, laquelle n'eſt autre choſe que le Chaud inné, le Feu de nature & le vrai Soufre des Sages, que les Philoſophes ſçavent amener de puiſſance en acte dans leur Pierre. Ainſi celui qui a la Pierre des Philoſophes, a l'Humide radical des choſes, dans lequel le Chaud inné, qui y étoit enfermé, a pris la domination par le moyen d'un artifice ſubtil mais naturel, & a déterminé ſa propre humidité, la tranſmuant par une douce coction en Soufre igné. Toute la nature du Mixte réſide dans cet Humide radical; ce qui fait que quand on a l'Humide radical de quelque choſe, on en a toute l'eſſence, toute la puiſſance, & toutes les vertus; mais il faut qu'il ſoit extrait avec beaucoup d'induſtrie, par un moyen naturel & philoſophique, & non pas ſelon l'Art ſpagirique des Chimiſtes vulgaires, dont les Extraits ſont mêlangez, pleins d'acrimonie, en ſorte qu'il ne s'y trouve plus rien de bon ou très-peu. Mais comme j'ai dit, il faut, avant toutes choſes, bien comprendre ce que c'eſt que cet Humide radical, duquel je me propofe de traitter dans les Chapitres fuivans affez au long pour en inftruire quiconque les voudra lire & relire avec application.

Qu'on juge donc de quel prix eft la Pierre des Philofophes ; & s'il eft vrai qu'on peut reprendre fa fanté par le moyen de la fubftance nourissante des alimens, & par la vertueufe effence de quelques bons remédes, nonobftant que ces alimens & ces remédes foient pris avec toute leur écorce, & avec le mêlange de leurs excrémens, quel effet ne doit-on pas attendre de leur Humide radical, ou plutôt de leur noyau & de leur centre dépoüillé de tout excrément, & pris dans un véhicule convenable. Un pareil Remédc n'agit pas violemment, & n'irrite pas la Nature ; au contraire, il rétablit fes forces languiffantes, & lui communique, par fes influences bénignes & fécondes, une chaleur naturelle en laquelle il abonde. C'eft par là qu'il opére dans les corps des Animaux des cures admirables & incroyables, lorfqu'au lieu d'employer la main du Médecin, la Nature feule fert en même temps de Médecin & de Reméde.

Tous les médicamens ordinaires ne font, comme nous avons dit, qu'irriter la Nature, & l'obliger de ramaffer toutes fes forces contr'eux ; d'où il arrive qu'aprés avoir pris quelque reméde, on reste longtemps languissant & abbatu. La Nature seule sçait rejetter les excrémens, & c'est cette seule faculté qui est nécessaire en pareille occasion. Car de donner des purgatifs à un corps affoibli, ce n'est qu'aigrir le mal, & augmenter les excrémens, au lieu de les diminuer ; mais puisque c'est le propre de la Nature, lorsqu'un Homme est en santé, de rejetter d'elle-même les humeurs superfluës ; pourquoi, quand elle est languissante, ne pas tâcher de la fortifier, & de lui communiquer une nouvelle vigueur par le moyen de notre Médecine ? Que de cures admirables & d'effets surprenans naîtroient de cette méthode.

Je ne nie pas qu'on donne quelque fois des Cardiaques, qui, avec la faculté de purger, en ont encore d'autres très-bonnes ; mais outre qu'on en use fort rarement, ces Remédes sont préparez si grossiérement, & leur vertu est si foible, qu'ils sont la plûpart du temps fort inutiles ; il arrive même souvent, que celui qui les prend est si mal, qu'il n'a pas la force, non pas de sentir l'effet du Reméde, mais de sentir même le Reméde. Je sçai bien encore qu'il y a certains Remédes qui soulagent la Nature sans l'irriter, & qui par leur vertu spécifique attirent & surmontent la maladie & l'humeur, & il est vrai qu'avec de tels Remédes on seroit quasi sûr de guérir. Mais qui est-ce qui les connoît, ou qui, les connoissant, les sçait bien préparer ? La Science douteuse ne produit que des effets douteux ; & il n'y a que la seule Médecine Philosophique qui soit propre à toutes sortes de maladies ; non que par de différentes qualités elle produise des effets différens, car sa faculté est uniquement de fortifier la Nature, laquelle par ce moyen est en état de se délivrer de toutes sortes de maux, quand on les supposeroit infinis.

C'est sans doute de cette Médecine qu'il est dit dans l'Ecriture Sainte, que Dieu a créé une Médecine de la Terre, que l'Homme sage ne méprisera point. Elle est dite de la Terre, parce que les Philosophes la tirent de la Terre, & l'élevent à une nature toute céleste. Qui connoît cette Médecine, n'a pas besoin de Médecin, à moins qu'il n'en use en plus grande quantité que la Nature ne demande ; car c'est un Feu très-pur, qui étant trop fort, dévoreroit une moindre flamme ; & comme un Homme, qui mangeroit trop suffoqueroit sa chaleur naturelle par trop de substance, de même les forces du corps ne pourroient soutenir une trop grande abondance de ce Remède, & la chaleur naturelle seroit trop dilatée. Les racines des

Arbres, & les semences des Végetaux se nourrissent d'eau, & vivent d'eau; mais s'il y en a en trop grande abondance, elles se noyent & meurent. En cela comme en toutes choses il faut de la prudence.

Qu'on ne s'étonne donc plus si notre Pierre opére de si grandes choses, lorsqu'elle est administrée par les sages mains du Philosophe, & si les maladies les plus opiniâtres & les plus incurables sont guéries comme par miracle, puisque la Nature en est tellement fortifiée & renouvellée, qu'il n'y a point de mauvaise qualité qu'elle ne soit en état de surmonter. Aprenez que c'est de la Nature seule que vous recevez la guérison & la santé, pourvû que vous sachiez l'aider, & comme vous ne craignez point que votre Lampe s'éteigne tandis que vous avez de l'huile pour y mettre, ne craignez pas non plus que les maladies vous assaillent, tandis que la Nature aura en réserve un si grand trésor. Cessez donc de vous fatiguer nuit & jour dans la recherche de mille Remédes inutiles, & ne perdez pas votre temps dans de vaines Sciences, ni dans des Opérations fondées sur de beaux raisonnemens, en vous laissant entraîner par l'éxemple, & par les opinions du Vulgaire. Tâchez plutôt de bien comprendre ce que c'est que la Pierre des Philosophes, & alors vous aurez le vrai fondement de la Santé, le tréſor des Richeſſes, & la connoiſſance certaine de la Nature, avec la Sapience.

Mais il eſt temps de dire ici quelque choſe de la vérité & de la poſſibilité de cet Art à l'égard de la Teinture, par laquelle les Philoſophes aſſûrent qu'on peut teindre en Or les Métaux imparfaits, parce que la connoiſſance de cette poſſibilité donnera encore plus d'envie de s'attacher à l'étude de cette Doctrine ; & ſans nous arrêter à l'autorité des Philoſophes, dont on peut lire les Ecrits à ce ſujet, nous ne nous attacherons qu'aux raiſons qui nous ont perſuadé, afin d'en mieux perſuader le Lecteur, & lui donner lieu de juger des choſes par lui-même, & non pas par autrui, comme nous l'avons pratiqué, avant que nous euſſions la connoiſſance de la vérité.

Tous les Métaux ne ſont autre choſe qu'Argent vif coagulé, & fixé abſolument ou en partie, & comme il ſeroit trop long de rapporter ici l'autorité des Philoſophes pour prouver cette vérité, nous les laiſſerons encore à part à cet égard, & nous dirons ſeulement qu'il eſt conſtant, par l'expérience, que la Matiére des Métaux eſt Argent vif, parce que dans leur liquéfaction ils font connoître viſiblement les mêmes propriétés & la même nature de l'Argent vif. Ils en ont le poids, la mobilité, la splendeur, l'odeur, & la facile liquéfaction ; quoi qu'on jette dessus, il surnage à la superficie ; ils sont liquides & ne moüillent point les mains ; ils sont mous, & quand ils sont liquéfiez, ils s'en vont en fumée comme l'Argent vif en plus ou moins de temps, selon qu'ils sont plus ou moins décuits & fixez, à l'exception toutefois de l'Or, qui, pour sa grande pureté & fixité, ne s'envole point du feu, mais y demeure constant dans la fusion.

Les Métaux démontrent toutes ces propriétés de l'Argent vif, non seulement dans la liquéfaction, mais encore en ce qu'ils se mêlent facilement avec l'Argent vif ; ce qui n'arrive à aucun autre Corps sublunaire, la principale propriété de l'Argent vif étant de ne se mêler qu'avec ce qui est de sa propre nature Quand donc il se mêle avec les Métaux, cela vient de la matiére de l'Argent vif, qui leur est commune, & le Fer ne se mêle avec lui, & avec les autres Métaux que difficilement, parce qu'il a très-peu d'Argent vif, dans lequel réside la vertu métallique, avec beaucoup de Soufre terrestre, & il faut même quelque artifice pour lui donner la splendeur mercurielle, la facile liquéfaction, & les autres propriétés dont nous avons parlé, lesquelles toutes conviennent plus ou moins à certains Métaux qu'à d'autres. La ductibilité, qui consiste dans l'union mercurielle, & dans la conglutination de l'Humide radical, est encore une marque dans les Métaux que l'Argent vif y abonde, & y est très-fixe, ce qui fait que l'Or est le plus ductible des Métaux.

 Outre ce que nous venons de dire, pour justifier que les Métaux ne sont autre chose qu'Argent vif, on le découvre encore dans l'anatomie, & dans la décomposition de ces mêmes Métaux, car il s'en tire un Argent vif de même essence que l'Argent vif vulgaire, & toute la substance du Métal se réduit en lui, à proportion que chaque Métail en participe; mais du Fer beaucoup moins que des autres Métaux, à cause dequoi il est le plus imparfait, comme l'Or est le plus parfait en ce qu'il est tout Argent vif. D'où l'on doit conclure que si l'Or n'est le plus parfait des Métaux, & n'est proprement tout Métal, que parce qu'il est tout Argent vif fixe, il n'y a point d'autre substance d'Argent vif, soit pure ou impure, soit cuitte ou cruë, cette différence ne changeant rien à l'espéce, comme un Fruit est toujours le même quant à l'espéce, soit qu'il soit vert ou mûr, acerbe ou doux, & qu'il différe en dégrés de maturité, ou comme un Homme sain différe d'un

SORTANT DES TENEBRES. 347

Homme malade, & un Enfant d'un Vieillard.

Cela posé, Que les Métaux ont pour Substance métallique le seul Argent vif, leur transmutation ou plutôt leur *maturation* en Or ne sera pas impossible, puisqu'il ne faut pour cela que la seule décoction ; or cette décoction se fait par le moyen de la Pierre Phisique, qui étant un vrai Feu métallique, achéve dans un instant, par la main du Philosophe, ce que la Nature est mille ans à faire. A l'égard de cette Pierre, elle est faite de la seule moyenne & très-pure Substance de l'Argent vif, & si l'Argent vif vulgaire peut bien se mêler avec les Métaux lorsqu'ils sont en fusion, comme l'eau se mêle avec l'eau, que ne peut-on pas dire de cette noble, très pure & très-pénétrante Médecine, qui est tirée de lui, & amenée à une souveraine pureté, égalité, & exaltation ? Sans doute elle pénétrera l'Argent vif dans ses moindres parties ; elle l'embrassera comme étant de sa nature, & étant toute ignée, & rouge au dessus de la rougeur des Rubis, elle le teindra en couleur citrine, qui est le résultat de la suprême rougeur, mêlée & tempérée avec la blancheur de l'Argent vif. A l'égard de la fixité, nous disons que la Substance de l'Argent vif dans tous les Métaux, l'Or excepté, est cruë & pleine d'une humidité superfluë, parce que c'est en cela que l'Argent vif abonde ; or le Sec naturellement attire son propre Humide, le desséche peu à peu, & ainsi la Sécheresse & l'Humidité se tempérant l'une par l'autre, il se fait un Métail parfaitement égalisé, qui est l'Or : Et comme il n'est ni sec ni humide, mais participant également de l'un & de l'autre, cette égalité fait que la partie volatile ne surmonte point la partie fixe, mais qu'au contraire elle resiste au feu, y étant retenuë par celle-ci ; & parce que dans l'ouvrage de la Nature le Sec terrestre & l'Humide sont liez en homogénéité ; de là vient que dans la substance de l'Argent vif, ou tout s'envole, ou tout demeure fixe & constant dans le feu, sans que rien de la partie humide s'exhale, ce qui ne peut arriver à aucun autre Corps, à cause du défaut de cette parfaite mixtion.

Nous voyons donc maintenant comment notre Humidité desséchée, & renduë souverainement pure, & pénétrante, peut entrer dans la Substance de l'Argent vif, renfermée dans les Métaux, la teindre & la fixer, après en avoir séparé les excrémens dans l'examen, & qu'il n'y a que cette seule Substance qui se puisse convertir en Or, à l'exclusion des autres. Par où se découvre l'erreur de ceux qui s'èmaginent qu'un Corps imparfait, comme le Cuivre, le Fer ou quelqu'autre semblable, peut être tout converti en Or par la Médecine, sans séparation de ses excrémens & de sa scorie ; & qu'il n'y a que sa seule Substance humide mercurielle qui puisse être ainsi changée. Ceux donc qui le prétendent, sont des Imposteurs ; car il ne se peut faire d'altération que dans des Natures semblables ; & quand on nous raconte que des clouds, ou autres morceaux de Fer, trempez dans un certain Menstruë, ont été transmuez en Or, on nous dit faux, & l'on ne connoît pas la nature des Métaux ; car quoi qu'une partie paroisse Or, & que l'autre garde sa prémiére Forme métallique, il ne s'ensuit pas pour cela qu'il y ait eu de transmutation ; mais c'est une imposture, & n'est autre chose qu'une partie d'Or, collée adroitement à une autre partie de Métail imparfait, à la vérité avec tant de justesse ; qu'il semble effectivement que ce soit un cloud entier, mais la fraude est facilement découverte par un Esprit éclairé.

Ce fûrent les choses par lesquelles je demeurai persuadé de la vérité de la Science, & je croi qu'elles suffiront à tout Homme de bon entendement, pourvû qu'il les rapporte toujours à la possibilité de la Nature. Cependant il peut consulter encore les autres Auteurs ; mais avant que d'entreprendre l'Oeuvre qu'il lise & relise attentivement ce qui suit.

CHANT PREMIER.

I.

Le Cahos ténébreux étant sorti comme une Masse confuse du fonds du Néant, au prémier son de la Parole toute puissante; ont eût dit que le désordre l'avoit produit, & que ce ne pouvoit être l'Ouvrage d'un Dieu, tant il étoit informe. Toutes choses étoient en lui dans un profond repos, & les Elémens y étoient confondus, parce que l'Esprit Divin ne les avoit pas encore distinguez.

CHAPITRE PREMIER.

L'Ouvrage de la Création étant un Ouvrage Divin, il est sans doute que pour le bien comprendre, il faudroit un esprit surnaturel; & que c'est se jetter dans de grands embarras, que d'entreprendre de parler de ce qui est si fort au dessus de nous, puisque toutes les hyperboles, & toutes les similitudes, prises des choses visibles, ne sçauroient nous fournir d'idée, qui réponde, comme il faut, à l'extension de ce Point invisible & infini. Toutefois, si par les choses créées on peut aller jusques au Créateur, & s'il est de l'ordre de sa nature ineffable, de faire connoître ses propriétés & son essence, quoi que d'une maniére imparfaite à notre égard, par les choses qu'il produit au dehors, il ne sera pas hors de propos de suivre notre Poëte dans les instructions qu'il donne sur ce sujet, & d'expliquer un peu plus au long ce qu'il a si doctement écrit en peu de mots de ce merveilleux Ouvrage, afin que ce que nous dirons puisse être de quelque utilité à ceux qui professent l'Art Hermétique, & serve en même temps à la loüange de ce grand Ouvrier, dont, (comme parle le Prophéte) les Cieux racontent la gloire, & leur Etenduë les œuvres de ses mains.

Il est impossible à l'Homme d'élever un bâtiment, si auparavant il n'a posé ses fondemens; mais ce qui est défendu à la Créature est permis au Créateur; parce qu'étant lui même la baze de ses propres ouvrages, il n'a pas besoin d'autre fondement. Si on demande donc pourquoi la Terre, pressée de tous côtés par l'Air, demeure immobile, pourquoi les Cieux

& la masse des Corps célestes se remuent avec tant d'ordre, & que cependant nos yeux ne discernent point la Cause & le Principe de toutes ces choses; il suffit pour toute réponse de dire que ce sont des émanations du Centre, & que le Centre en est la véritable baze. O Mistére admirable, revelé à peu de personnes! La baze de tout le Monde, c'est le Verbe incréé de Dieu; & comme le propre du Centre est de représenter un Point dans lequel il ne peut y avoir ni dualité ni division quelconque, qu'y a t'il aussi de plus indivisible, quelle plus grande unité que le Verbe Divin. Le Point du Centre, non moins indivisible qu'invisible, ne se peut comprendre que par la Circonférence; de même le Verbe de Dieu invisible n'est compréhensible que par les Créatures. Toutes les Lignes se tirent du Centre & aboutissent au Centre; de même tout ce qu'il y a de créé est sorti du Verbe de Dieu, & retournera en lui après la révolution circulaire des temps. Le Point du Centre demeure immobile pendant que la rouë tourne; de même le Verbe de Dieu demeure immuable pendant que toutes les autres choses sont sujettes à des changemens & à des vicissitudes. Comme toutes choses sont émanées du Centre par extension, ainsi toutes choses retourneront au

Centre par resserrement ; l'un a étéfait par une bonté incréée, l'autre se fera par une sagesse impénétrable.

Le Verbe ineffable de Dieu est donc, pour ainsi dire, le Centre du Monde, & cette visible Circonférence est émanée de lui, retenant en quelque façon la nature de son Principe ; car tout ce qui est créé renferme en soi les Loix éternelles de son Créateur, & il l'imite autant qu'il peut dans toutes ses actions. La Terre est comme le Point Central de toutes les choses visibles : tous les fruits, & toutes les productions de la Nature font aussi voir à l'œil qu'elles renferment dans leur Centre le Point de leur Semence, qu'elles l'y conservent, & que de lui émanent toutes leurs vertus & leurs propriétés, comme autant de Lignes qui se tirent du Centre, ou comme autant de Rayons qui sortent d'un Corps lumineux. L'Homme, ce petit Monde, dont l'image a tant de rapport avec celle du grand Monde, n'a t'il pas un Cœur, duquel, comme du Centre, dérivent les Artéres, qui sont les véritables lignes des Esprits vitaux, & leurs rayons étincelants ? Où, je vous prie, est le modéle & l'éxemplaire de cette structure, si ce n'est dans le grand Monde ? où est la Loi qui a prescrit une telle disposition, si ce n'est l'impression Divine ? En sorte que comme Dieu soutient tout par sa présence, tout est gouverné aussi par ses Loix éternelles. Posons donc pour constant que de ce Point ont été tirées cette infinité de Lignes que nous vóyons.

Mais il y a une grande Question, qui n'est pas encore bien décidée, à sçavoir comment & sous quelle forme étoit la Matiére des choses dans le Point de sa création. Si nous considérons de près la Nature, & la disposition des choses inférieures, nous aurons lieu de croire que ce n'étoit qu'une Vapeur aqueuse, ou une ténébreuse Humidité ; car si entre toutes les Substances créées, la seule Humidité se termine par un terme étranger, & si par conséquent c'est un Sujet très-capable de recevoir toutes les Formes, elle seule aussi a dû être le Sujet sur lequel a roulé tout l'Ouvrage de la Création. En effet, ce Cahos ténébreux, comme l'a fort bien remarqué notre Poëte, étant informe, & une masse confuse, propre à toutes les Formes, & indifférente pour toutes (selon qu'Aristote, & plusieurs sçavans Scholastiques après lui, ont dit de leur Matiére prémiére) devoit nécessairement avoir l'Essence d'une Vapeur humide.

On remarque que dans toutes les productions qui se font au Monde inférieur, les Spermes sont toujours revêtus d'une humeur aqueufe, & que les Semences des Végétaux, qui ont en elles une nature hermaphrodite, étant jettées en terre pour y être réincrudées, commencent par fe mollifier, & par être réduites en une certaine humidité muffilagineufe. Il ne fe fait point de Génération en quelque Règne que ce foit, (comme nous le ferons voir dans un Chapitre exprès) qu'auparavant les Spermes ne foient réduits en leur prémiére Matiére, laquelle eft un vrai Cahos, non plus univerfel, mais particulier, & fpécifié.

La Nature a voulu que les Semences végétables fuffent couvertes d'une dure écorce pour les défendre de l'injure des Elémens, & les conferver plus long-tems, pour la commodité & l'ufage du Genre Humain ; mais lorfque nous voulons les multiplier par une nouvelle génération, il faut nécessairement les réincruder, & les réduire en quelque façon dans leur prémier Cahos. A l'égard des Sémences des Animaux, comme elles font plus nobles, & plus remplies d'efprits de vie, elles n'auroient pû fe conferver hors de leurs corps, à moins d'avoir une écorce plus dure que le marbre, ce qui auroit répugné à la dignité du Compofé, & auroit été fort incommode pour la génération. C'eft pourquoi la fage Nature n'a pas voulu féparer le Sperme du Corps, mais elle l'y a conſervé tout cru & aqueux ; & ce Sperme, comme on l'expliquera ailleurs, par l'excitation d'un mouvement libidineux, eſt jetté dans une matrice convenable, comme dans ſa terre pour y être réincrudé par l'union du Sperme féminin, de nature plus humide, & enſuite multiplié en vertu & en quantité par le moyen de la nutrition.

Ce que nous avons dit des deux Règnes Animal & Végétable, ſe peut fort bien appliquer au Règne Minéral ; mais comme nous en devons traiter dans un Chapitre particulier, nous n'en dirons rien ici. Il ſuffit que nous ayons fait voir, que l'Humidité aqueuſe ou la Vapeur ténébreuſe a été ſans doute la Matiére de cette Maſſe informe, & de cet Embrion du Monde, qui devoit ſervir de baze & de fondement à toutes les Générations. Et tout ce que nous avons avancé ſur ce Sujet ſe prouve par la Doctrine Evangélique, où il eſt dit du Verbe Divin, que par lui toutes choſes ont été faites ; & que ſans lui rien de ce qui a été fait, n'eût été fait ; & lorſqu'il eſt ajoûté que ce Verbe étoit avec Dieu, cela veut dire, qu'au commencement il y avoit un Centre ou un Point infini, prémier Principe incompréhenſible, qui étoit ce Verbe éternel, duquel Point toutes choſes ont été tirées, & sans ce Point rien ne pouvoit être. Et à l'égard de cette Vapeur humide, qui a servi à former le prémier Cahos, & qui a été tirée de ce Point, Moïse nous la désigne assez, quand il dit que la Lumiére fut créée immédiatement, & que l'Esprit du Seigneur se mouvoit sur les Eaux; ne faisant, comme on voit, mention que de la Lumiére pour la Forme, & de l'Eau pour le Sujet cahotique, & informe avant la manifestation de la Lumiére, par la vertu de l'Esprit Divin.

Au reste, quoi qu'il soit dit qu'au commencement Dieu créa le Ciel & la Terre, il ne faut pourtant pas entendre que la distinction du Ciel & de la Terre ait été faite, avant que la Lumiére fût séparée des Ténébres, n'étant pas de la dignité ni de l'ordre des choses, que la création de la Lumiére fût postérieure à celle de la Terre, & que les choses inférieures fussent produites avant les supérieures. Car, si selon l'opinion commune des Théologiens, la troupe des Anges & des Esprits bienheureux a été créée dans le point même de la création, de la plus pure substance de la Lumiére, quelle apparence y auroit-il que l'Elément de tous le plus grossier, & la lie du Monde fût produit avant ces Intelligences célestes? Outre cela, je demanderois, si en ce temps là le Ciel & la

Terre étoient distingués comme nous les voyons, ou s'ils étoient confus & pêlemêle. Si c'est le prémier, & qu'on entende que la Terre occupoit le centre du Monde, & que les Cieux l'environnoient sphériquement ; comment se pouvoit faire le mouvement des Cieux sans la Lumiére, de laquelle dérive tout mouvement ? Car de dire qu'ils ne se mouvoient pas, ce seroit avoüer que la Terre, par ce repos & & cette privation de mouvement, auroit été derechef comme engloutie dans son prémier Cahos sans aucune distinction, puisqu'il n'apartenoit qu'à la seule Lumiére de chasser les Ténebres, & de les repousser jusqu'au fonds des Eaux, comme nous l'expliquerons dans la suite. Si aussi on dit qu'ils n'étoient pas alors arrangez comme ils sont à présent, donc ils étoient confus, & nullement distinguez en Ciel & en Terre, & le Ciel n'auroit pû à juste titre porter le nom de Firmament, ou d'Etenduë, qui sépare les Eaux d'avec les Eaux ; mais c'eût été un Cahos sans ordre, & une masse confuse, ce que nous accordons. Moïse fait donc ici une division générale du Monde, désignant par le Ciel la partie supérieure visible, & la partie inférieure par la Terre, comme plus grossiére & élémentaire ; après quoi il passe à la distinction particuliére, en nous apprenant que la Lumiére fut tirée de ce Point central & éternel. Or comme la Lumiére étoit la véritable Forme de cette prémiére Vapeur humide, il se fit aussi en même temps la production de toutes les Formes en général.

Le Cahos n'avoit donc au commencement que l'apparence d'une Eau nébuleuse, & ce qui confirme cette vérité, c'est qu'il est dit ensuite, que les Eaux, qui étoient au dessus de l'Etenduë, fûrent divisées des Eaux qui étoient au dessous de l'Etenduë; par où il paroît clairement, qu'en haut & en bas, dessus & dessous l'Etenduë, il n'y avoit autre chose qu'une Substance d'Eau, comme le Sujet le plus propre à toutes les Formes, créé à cet effet d'une façon merveilleuse.

Ce fondement ainsi posé, il faut maintenant poursuivre la description de cet Ouvrage immortel. Or nous avons dit, que du Centre étoient sorties ces Vapeurs confuses & sans ordre, qualifiées du nom d'Abîme, sur lequel les Ténébres étoient épanduës; & alors, comme l'enseigne notre Poëte, tous les Elémens confondus & mêlez ensemble sans aucun ordre, étoient dans un plein repos, & ce profond silence étoit comme une image de la mort; les Agens ne faisoient aucune action, les Patiens ne souffroient aucune altération; nul mélange des uns avec les autres, & par conséquent conféquent nul paſſage de la Corruption à la Génération ; enfin il n'y avoit aucune marque de vie ni de fécondité.

CHANT PREMIER.
Strophe II.

Qui pourroit maintenant raconter de quelle maniére les Cieux, la Terre & la Mer fûrent formez ſi légers en eux-mêmes, & pourtant ſi vaſtes, eu égard à leur étenduë ? Qui pourroit expliquer comment le Soleil & la Lune reçûrent là haut le mouvement & la lumiére, & comment tout ce que nous voyons ici bas, eut la Forme & l'Eſtre ? Qui pourroit enfin comprendre comment chaque choſe reçut ſa propre dénomination, fut animée de ſon propre eſprit, &, au ſortir de la Maſſe impure & inordonnée du Cahos, fut réglée par une loi, une quantité & une meſure.

CHAPITRE II.

LA Lumiére ſortant comme un trait de cet éternel & immenſe tréſor de Lumiére, chaſſa dans un inſtant toutes les Ténébres par ſa ſplendeur radieuſe, diſſipa l'horreur du Cahos, & introduiſit la Forme univerſelle des choſes, comme peu auparavant, le Cahos en avoit fourni la Matiére univerfelle. Auffi-tôt on vit l'Efprit du Seigneur fe mouvoir fur les Eaux, ne demandant qu'à produire, & tout prêt d'éxécuter les ordres du Verbe éternel. Dèja par la production de la Lumiére, le Firmament avoit commencé d'être, comme un milieu entre la fupérieure & la plus fubtile partie des Eaux, & entre l'inférieure & la plus groffiére. Après quoi, de la plus pure Lumiére, enrichie de l'Efprit Divin, fut créée la nature Angélique, dont l'office perpétuel eft d'être portée fur les Eaux furcéleftes dans le Ciel empirée, toûjours prête d'obéïr aux ordres de fon Souverain.

Les Loix éternelles de Dieu ont paffé de-là aux Créatures inférieures, & c'eft fur ce Divin Modéle que la Nature a formé fes régles pour toutes les chofes d'ici bas; en forte que chaque Créature eft comme le Singe de fon Créateur, & repréfente parfaitement bien l'ordre admirable dont il s'eft fervi. Car, comme du Centre du Verbe éternel les rayons de Lumiére s'épandîrent au long & au large dans l'immenfité, de même chaque Corps créé pouffe fans ceffe hors de lui fes propres rayons, quoi qu'invifibles, qui fe multiplient à l'infini. Or ces Rayons ou Efprits, qui émanent ainfi de tous les Corps, font des particules, mais envelopées, de cette premiére Lumiére parfaitement pure, qui seule peut fraper & pénétrer le Verre, & même le Diamant le plus dur, ce qui est refusé à l'Air le plus subtil. C'est donc une Loi de Dieu qui oblige chaque Créature, autant que ses forces le lui peuvent permettre, de suivre le premier ordre établi dans le point de la Création. Ce que nous justifierons encore plus clairement dans un Traité que nous ferons exprès, Dieu aidant, pour sa gloire & l'utilité des Enfans de l'Art.

Déja par la vertu de cet Esprit Divin, séparateur, les plus pures & plus subtiles Vapeurs avoient été ramassées ; & comme elles participoient abondamment de la Lumiére diffuse, elles étoient par conséquent un Sujet très-propre à y fixer la Lumiére. Aussi vit-on d'abord le Firmament orné de Corps lumineux ; déja des étincelles de Lumiére avoient brillé, & déja les Etoiles tremblantes avoient fait éclater leurs rayons dans les Cieux, quand le Souverain Créateur rassembla toute cette Lumiére dans le Corps du Soleil, qu'il fit comme le Siége de sa Majesté, suivant ce que dit le Prophète : *Il a mis son Tabernacle dans le Soleil.*

Par l'irradiation continuelle de la Lumiére le jour avoit apparu ; les Elémens étoient émûs ; le Principe des Générations étoit prochain, & n'attendoit que le commandement du Verbe éternel. Cependant, quoi qu'il y eût naturellement de la simpathie entre les Eaux inférieures & les supérieurs, il ne laissoit pas pourtant d'y avoir beaucoup de disproportion entr'elles, & les Agens supérieurs auroient sans doute agi avec trop de vitesse & de promptitude sur les inférieurs ; ce qui obligea le sçavant Architecte de l'Univers d'unir ces deux extrêmes par un milieu convenable, afin que leur mutuelle action fût plus modérée. Pour cet effet il créa la Lune, & l'établit comme la Fémelle du Soleil, afin qu'ayant reçu en elle sa Lumiére chaude & féconde, elle l'attrempât par son humidité, & versât par ce moyen des influences plus propres & plus convenables aux Natures inférieures. Il donna la domination sur le jour à l'un, & à l'autre la domination sur la nuit, la plaçant dans la plus basse partie du Ciel, afin qu'elle fût plus en état de recevoir les influences des Supérieurs, & les communiquer aux Inférieurs. Il jugea aussi à propos de la composer de la moins pure partie des Eaux supérieures, qu'il ramassa en un corps afin que sa Lumiére fût plus opaque, plus froide, & plus humide ; & de là vient que toutes les altérations des Corps sublunaires sont attribuées plutôt à la Lune qu'au Soleil, à cause de son affinité avec la Nature inférieure, & que les milieux s'uniſſent bien plus aiſément aux extrêmes, que les extrêmes ne s'uniſſent entr'eux. Mais il eſt temps de pourſuivre l'ordre de la Création.

Dèja par la Création du Firmament & des Corps lumineux s'étoit fait le mélange des Elémens, & dèja les Eaux inférieures commençoient à ſouffrir quelque altération, quand, par l'action des Supérieurs, & par la voie de la raréfaction, il s'éleva comme du ſein de ces Eaux, & ſe forma de la plus pure de leurs parties l'Air que nous reſpirons; & comme les Eaux les plus groſſiéres environnoient encore toutes choſes, Dieu, par ſa parole, les raſſembla toutes, faiſant apparoir le Sec ou la Terre, qui fut comme l'excrément & les féces de ce prémier Cahos.

Mais que dirons nous du mouvement & de l'étenduë des Cieux, de la ſtabilité de la Terre, & de tout ce qui eſt contenu en eux? & comment pourrons-nous atteindre à ce qui eſt ſi fort au-deſſus de notre portée? Il ſemble qu'il ne doit appartenir qu'aux céleſtes Habitans d'annoncer de ſi grandes choſes; cependant, puiſque nous faiſons la principale partie de cette Lumiére très-pure, ce ſeroit un crime de ne pas profiter des avantages que Dieu nous a donnez, & notre ame toute céleſte, quoi qu'enfermée dans un Corps élémentaire, ſeroit indigne de ſon origine, ſi elle ne publioit de toutes ſes forces les choſes magnifiques du trés-Haut ; ce ſeroit même une eſpéce d'impiété, & en quelque façon, combattre l'harmonie admirable des Ouvrages Divins, que de n'oſer nous élever juſqu'aux choſes ſupérieures, puiſqu'elles ſont d'un même ordre avec nous. Il n'y a qu'un ſeul Auteur de toutes choſes, dans lequel il ne peut y avoir de variété ; qu'il ne reçoit aucune exception, & il a toute la perfection qu'il eſt poſſible d'imaginer. Ainſi il faut reconnoître que tout eſt également l'ouvrage de ſa ſageſſe, & l'effet de ſa bonté & que l'intention du Créateur a été que les choſes créées, qui étoient incompréhenſibles en lui, fûſſent compréhenſibles de lui, afin que par elles nous pûſſions parvenir à le connoître ; & puiſque le Ciel, l'Air & le Soleil même, ſont auſſi-bien les Créatures de ſes mains que la moindre pierre & le moindre grain de ſable, il faut croire qu'il n'eſt pas plus difficile de connoître les uns, que de comprendre les autres.

Peut-être que quelque Eſprit mal-fait, & qui fuit la Lumiére pour ſuivre les Ténébres, s'imaginera que le Corps humain eſt d'une ſtructure moins noble, & moins parfaite que les Cieux ; mais il ſe tromperoit fort, puisque les Cieux & le Monde même n'ont été faits que pour lui. Ayons donc bon courage, & ne craignons point d'entreprendre de discourir des choses supérieures, par rapport à ce que nous connoissons des inférieures, puisqu'une petite lumiére en augmente une plus grande, & qu'une étincelle allume quelquefois un grand feu.

Mais avant que d'entrer dans la distinction des Cieux, il faut sçavoir ce qu'on doit entendre par ce mot de Ciel, & consulter sur cela l'Ecriture Sainte comme notre unique régle, puisque l'ordre de la Création y est fort fidélement décrit dans la Genèse, quoi qu'un peu obscurément, & que Moïse n'en a rien dit que par inspiration Divine, étant pourtant d'ailleurs fort sçavant, & fort instruit dans la Science de la Magie naturelle. On nous y apprend donc que Dieu fit le Firmament ou l'Etenduë, afin de séparer les Eaux d'avec les Eaux, & que Dieu appella cette Etenduë *Ciel*, par où l'on voit que le mot de Ciel & celui de Firmament ne font qu'une seule & même chose ; & que lorsqu'il est dit qu'il y a eu deux sortes d'Eaux, les unes au dessus du Firmament, & les autres au dessous ; c'est comme si on disoit qu'il y a eu des Eaux au dessus du Ciel, & des Eaux au dessous du Ciel. Il est encore dit que les Eaux, qui étoient au dessous du Ciel, fûrent rassemblées en un lieu, afin que le Sec, c'est-à-dire la Terre, apparût, & que cet amas d'Eaux fût appellé Mer, comme tout ce qui est au-dessus de ces Eaux inférieures fût appellé du seul nom de Ciel ou Firmament. Au reste il ne faut pas croire que ces Eaux inférieures puissent jamais outrepasser le commandement Divin, qui porta qu'elles seroient assemblées en un lieu. C'est pourquoi, quand nous voyons que ces Eaux ne peuvent s'élever au dessus de la Région des nuës, c'est parce qu'immédiatement au delà est le Ciel ou le Firmament séparateur des Eaux. Car quoique le propre de l'Eau soit de se raréfier, & que la raison naturelle nous dicte, que plus elle monte, plus elle doit acquérir de raréfaction, à cause de la grande capacité du lieu; toutefois il arrive que ces Eaux se resserrent au lieu de se dilater, & qu'elles se condensent en cet endroit là, comme si elles y rencontroient un verre ou un cristal solide; ce qui ne provient nullement du froid, ou de quelque autre Cause éloignée, mais de leur seule obéïssance aux ordres de Dieu, qui a voulu qu'elles fussent distinctes & séparées des Eaux supérieures par le Firmament. Nous pouvons donc déterminer que le Ciel, proprement parlant, contient tout cet espace, qui est depuis le dessus des nuës jusqu'aux Eaux supérieures, appellées par plusieurs le Ciel cristalin : & le Ciel ou Firmament (pour parler selon l'Ecriture) est le Séparateur des Eaux. A l'égard de la division qu'on fait du Ciel en plusieurs parties différentes, ce n'est qu'une façon de parler.

Dieu plaça les Etoiles & les autres Luminaires dans le Ciel, chacun dans le lieu qui convenoit le plus à sa nature ; le Firmament n'étant de soi autre chose que la division des Eaux, & une certaine étendue dans laquelle la Lumière devoit être répandue pour éclairer & informer le monde. Mais comme la Lumière est de nature spirituelle, & par conséquent invisible, il étoit nécessaire de la revétir de quelque Corps opaque, par le moyen duquel elle pût être sensible aux autres Créatures, ce qui obligea le souverain Créateur de former des Luminaires de l'amas des Eaux supérieures, dont il fit divers Corps suivant sa volonté, & leur départit la Lumière nécessaire pour luire deçà & delà. Et comme dans tous les Corps de cette basse Région, les Eaux inférieures ont servi à fournir la Matière dont il étoit besoin, on doit dire aussi que tous les Corps célestes n'ont été formez que de la seule Matière des Eaux supérieures ; car en effet, à quoi bon multiplier les Matiéres, puisque du seul Cahos on pouvoit faire toutes les diverses distinctions qui ont été faites.

Dieu donc ayant ramassé quelques parties des Eaux supérieures, sous une forme sphérique, la nature de l'Eau étant toujours de se condenser en rond, il les revêtit de lumiére, & les plaça dans le Firmament, afin (comme il est dit dans la Genèse) que quelques-unes présidassent sur le jour, & les autres sur la nuit & fûssent pour signes des temps & des saisons. Sur quoi il est bon de remarquer en passant combien c'est une chose ridicule, pour ne pas dire impie, que d'ajoûter foi aux discours de ces Astrologues qui font leurs observations sur ces Corps célestes, avec la pensée de pénétrer dans les secrets de Dieu, touchant les divers événemens des Hommes, leurs inclinations, leurs actions, & autres accidens, qui ne peuvent être prévûs que par Dieu seul, lequel s'en est reservé la connoissance, & duquel seul dépend tout ce qui arrive au Monde. Mais laissons-les flotter au gré de leurs erreurs, & contentons-nous de pouvoir, par le moyen de ces Corps célestes, faire des prognostics, touchant les divers changemens du temps & des saisons, ce que pourra facilement connoître un Homme un peu habile & expérimenté.

Tous les Corps lumineux occupérent chacun leur place dans la vaste étenduë du Firmament, & y fûrent balancez par leur propre poids & selon leur nature différente. Et quoique ce soient des Corps légers, puisqu'ils sont formez des Eaux supérieures ; néanmoins, par rapport au Firmament, & eu égard à leur masse, ils seroient assez pésans pour craindre qu'ils ne sortissent de cette même place, s'ils n'y étoient arrêtez, & comme fixez par le vouloir de Dieu, & par la direction de quelque Intelligence assignée à chacun d'eux, selon l'opinion de quelques Théologiens, qui veulent que tous les Corps des Créatures ayent chacun une Intelligence particuliére qui préside sur eux. Ajoûtez à cela le mouvement rapide du prémier Mobile, qui, étant circulaire, fait, que tout ce qui se meut par lui, demeure dans sa propre Sphére & dans son Eccliptique. L'expérience même nous faisant voir que quelque masse que ce soit, de Plomb ou de Marbre, dès qu'elle vient à tourner sphériquement, perd son poids, & vole, pour ainsi dire, en tournoyant également autour du Centre ; en sorte qu'un fil très-délié seroit capable de l'y retenir toûjours dans une même distance. Nous voyons encore qu'une rouë, quelque grande qu'elle soit, après le prémier mouvement qui lui est imprimé, se meut par soi-même, & tourne avec facilité autour de son Axe. Après cela il ne faut plus s'étonner que les Corps des Luminaires, quoique d'une grandeur prodigieuse, tournent facilement chacun dans sa propre Sphére, sans varier d'un seul point, comme s'ils étoient cloüez à un mur solide. Au reste la cause d'un tel mouvement ne provient que de cet Esprit vivant & lumineux, dont ces Corps sont pleins ; car cet Esprit ne peut souffrir le repos, & c'est de lui que dépendent toutes les actions, & toute la force des Esprits vitaux, comme nous le ferons voir quelque jour en traitant de la structure admirable de l'Homme.

Le Ciel donc proprement est pris pour le Firmament ; lequel de sa nature est unique, & sans distinction. Mais comme nous avons accoûtumé d'appeller du nom de Ciel tout ce que nous voyons au dessus de nous revêtu d'un habillement céleste, soit le Lieu des Eaux supérieures, soit l'Empirée, la dénomination se prenant ordinairement de ce qui est le plus sensible & le plus en vûe ; de même Moïse a employé le mot de Terre pour désigner les Elémens inférieurs, & celui de Ciel pour signifier les supérieurs. En imitant Moïse, nous appellerons donc tout ce qui est au dessus de nous *Ciel*, & tout ce qui est en bas *Terre*; après quoi nous diviserons cette Partie supérieure en trois Classes ou en trois Cieux.

Le prémier Ciel sera posé depuis cette Région Elémentaire, qui est immédiatement au dessus des nuës, & où les Eaux inférieures ont leur terme assigné par le Créateur jusqu'aux Etoiles fixes; c'est-à-dire, jusqu'au Lieu où sont les Planettes errantes, ainsi dites à cause que dans leur tour, elles n'observent aucun ordre entr'elles, mais tournent différemment les unes des autres pour mieux donner la forme à l'Univers, & servir à marquer le changement des tems & des saisons.

Le deuxiéme Ciel sera le Lieu même des Corps fixes, dans lequel les Etoiles vont également, gardant toûjours entre-elles la même distance, & observant un cours invariable, ce qui fait qu'on les appelle fixes, comme si elles étoient effectivement attachées à quelque Corps solide. Ce prémier & ce deuxiéme Ciel se joignent successivement, & il n'y paroît aucune distinction, n'étant qu'un même Firmament, & la même Partie supérieure de l'Univers, comme nous l'avons dèja dit.

Le troisiéme Ciel sera le Lieu même des Eaux surcélestes, distinctes des Eaux inférieures par le Firmament séparateur, & c'est là que sont les Cataractes des Cieux, qui s'y conservent pour l'éxécution des secrets jugemens de Dieu, & pour servir d'instrumens à sa vengeance, comme on a vû autrefois, lorsque Dieu envoya le Déluge pour la punition des Hommes. C'est jusqu'à ce troisiéme Ciel, voisin de l'Empirée, où réside la Majesté de Dieu & l'Armée de ses saints Anges, & où l'Ecriture nous apprend que Saint Paul a été ravi, & elle ne nous marque point de bornes plus éloignées que le troisiéme Ciel.

On pourroit demander si ces Eaux sur-célestes moüillent, où non ; mais il n'y a nulle difficulté à décider qu'elles ne moüillent point, parce que ce sont des Eaux raréfiées d'une raréfection souverainement parfaite, & que c'est proprement l'Esprit des Eaux. Et s'il nous est permis d'argumenter du moins au plus : Les Eaux inférieures, quoique grossiéres & comme les féces des autres, ne moüillent point lorsqu'elles sont raréfiées & répanduës ça & là dans les Airs, les Eaux supérieures doivent encore moins moüiller, tant à cause de leur nature plus subtile, que parce qu'elles sont dans une bien plus vaste étenduë. D'où l'on peut apprendre que plus l'Eau est raréfiée, plus elle approche de la nature de cette prémiére Eau très-pure, placée au dessus du Firmament dans la Région Ethérée. De cette raréfaction des

Eaux, & de leur nature bien étudiée, le Philosophe Hermétique tirera plus d'instruction que de toute la Science d'Aristote & de ses Sectateurs, quoique d'ailleurs très-subtile & très-belle, considérée à d'autres égards : C'est ce qu'insinuë le docte Sendivogius dans sa *Nouvelle Lumiére*, quand il dit qu'on doit bien observer les merveilles de la Nature, & surtout dans la raréfaction de l'Eau ; mais nous traitterons de ces choses plus amplement dans leur lieu.

A l'égard de la Matiére, dont le Firmament est composé, on ignore si ce n'est qu'un vuide, ou si c'est quelque chose de différent des Eaux qui l'environnent. Mais en éxaminant de près la nature des choses, peut-être ne laisserons-nous pas de pénétrer la vérité malgré l'éloignement qu'il y a delà à nous. Nous disons donc que la Substance des Eaux a servi de Matiére universelle, comme la Lumiére a servi de Forme universelle ; & comme la Lumiére diffuse de tous côtés devoit être principalement resserrée dans le Firmament, & y resplandir avec plus d'éclat, son domicile devoit aussi par conséquent avoir plus d'affinité avec la Lumiére que la Substance matérielle n'en a, afin qu'elle eût lieu de luire & de l'épandre plus librement ; or il n'y a que l'Air, & la nature de l'Air qui soit voisine du Feu, ce que nous voyons par l'éxemple de notre feu ordinaire qui vit d'air, comme étant très conforme à sa nature, d'où nous concluons que dans la Région Ethérée, où les Elémens sont plus purs & dans une plus grande vigueur, la Lumiére tient lieu de Feu, le Firmament d'Air, & les Eaux supérieures d'Eau. A l'égard de la Terre, comme elle n'est pas proprement un Elément, mais l'écorce & la lie des Elémens, elle n'a point de rang dans un lieu où il n'y en a point pour des excrémens ; car la Lumiére étant là dans son propre & naturel habitacle, elle n'a pas besoin d'envelope, comme elle en a besoin ici bas, ainsi que nous l'allons faire voir.

Après avoir parlé du Ciel & des Corps célestes, il est temps de venir aux Elémens inférieurs ; & parce que nous avons souvent fait mention des Eaux inférieures, il faut présentement en dire quelque chose.

Les Eaux inférieures ayant été séparées, & ramassées en un lieu par la vertu du Verbe Divin, à quoi contribua beaucoup l'action de la Lumiére, qui, chassant les Ténébres, les obligea de se réfugier dans le profond des Eaux, voilà aussitôt comme un nouveau Cahos, qui se fit voir dans la Nature inférieure ; car tous les Elémens y étoient confondus & sans ordre

dre, & il ne s'y faisoit aucune action. Ce qui obligea le Sage Créateur de départir à cette Nature inférieure une Lumiére qui lui fût particuliére ; mais parce qu'il est de la nature de la Lumiére de vouloir toûjours s'élever en haut, il songea à lui donner un Sujet qui fût propre à lui servir de domicile & à le retenir, & pour cela il choisit le Feu : Mais parce qu'il est très-pur & très-sec de sa nature, fort sitibond, & fort attractif de son humide naturel aërien, qu'il auroit trop aisément absorbé par l'action qui lui est naturelle, & se seroit si fort augmenté ; qu'il auroit été capable de consumer presque tout le Monde, & de convertir en lui tout l'Air inférieur ; la Nature prudente, ou plutôt l'Auteur même de la Nature, en établissant le Feu pour servir de véhicule à la Lumiére, voulut en même temps lui assigner une dure Prison, à sçavoir la Terre, & qu'il y fût retenu sous ses envelopes impures, de peur qu'il n'échapât. Il fut donc garotté, pour ainsi dire par un double lien, à sçavoir par la froideur de la Terre, & par l'humidité de l'Eau crasse, afin qu'étant soumis à ces qualités contraires & antiperistatiques, il demeurât arrêté pour la commodité de la Nature inférieure. Voilà comment le Feu fut fait le véhicule de la Forme, c'est-à-dire de la Lumiére ; & son

Siége mis en la Terre, la lie des Eaux inférieures, où il est détenu sous une dure écorce.

Ce Feu agit sur la Matiére qui lui est plus voisine, & plus propre à patir, à sçavoir l'Eau, qu'il raréfie aussitôt & convertit en la nature de l'Air, qui est au dessous des nuës mêlé d'Eau, & attiré par la force des Corps célestes. Mais si ce Feu trouve renfermée au Centre de la Terre une humidité aërienne, dèja produite par son action, laquelle n'ait pû s'exhaler à cause de la solidité des Lieux & l'opacité de la Terre, & qu'il agisse de nouveau sur elle, en joignant à cette humidité aërienne les plus séches & les plus subtiles parties de la Terre, de là se fait le Soufre bitumineux & terrestre, lequel est divers selon la diversité des Lieux. Si aussi cet Air trouve jour pour sortir, il émeut l'autre Air & cause le vent. Et si ce même Feu agit sur une humidité aqueuse, l'aërienne s'étant exhalée, & qu'elle se joigne aux plus pures, mais plus séches parties de la Terre, ausquelles elle se rende adhérante, alors se fait le Sel commun, & delà vient la cause de la sallure de la Mer; car la Mer étant trop profonde, & quasi au Centre de la Terre, où le Feu central est le plus vigoureux, ce Feu trouvant là un grand amas d'Eaux, qui y sont en quelque sorte de repos, il agit continuellement sur cette Matiére humide, l'aërienne s'exhalant toujours par les portes de l'Eau, & delà se fait le Sel, comme de cette exhalaison d'Air naissent les tempêtes, les tourbillons, & les vents qui viennent de la Mer. Mais nous traitterons quelque jour plus amplement de ces choses, aussi bien que du flux & reflux de la Mer. C'est assez pour le présent de sçavoir quels effets produit ordinairement cette exhalaison de l'humidité aërienne, laquelle étant aussi quelquefois retenuë dans la Terre, en des lieux très-renfermez qui font obstacle à son passage, y excite de grands tremblemens de Terre selon la quantité de la Matiére émûë. De cette continuelle action du Feu sur l'humidité aqueuse, l'union des plus subtiles parties de la Terre, se fait, comme nous avons dit, le Sel commun, lequel par l'agitation de la Mer, sort des cavernes de la Terre, & l'Eau s'en impregnant par un mouvement continuel, devient salée. Mais ces Eaux salées, venant à passer par les pores de la Terre dans leur cours ordinaire, ce Feu n'a plus d'action sur elles, dautant que les Sources des Fontaines ou des Rivieres se trouvent profondes ; car la génération du Sel ne se fait point sur la superficie de la Mer mais dans la Terre. Delà vient que si l'es

Lieux où se fait le Sel sont enduits de croye, ou s'ils ont les pores fort petits, en sorte que l'Eau ne puisse les pénétrer pour y servir à la génération du Sel, ou que le Sel étant fait, elle ne puisse le puiser ni s'en impregner, alors il demeure dispersé dans les entrailles de la Terre, & l'Eau reste sur la superficie, douce comme elle étoit auparavant ; mais dans le fonds de la Mer, où il y a une grande quantité d'aréne, il y a passage à l'Eau pour entrer & se charger de la substance du Sel, & ainsi devenir salée.

 Voilà comment le Ciel, la Terre, & la Mer ont été produits de ce prémier Cahos informe, & comme le Monde s'est trouvé formé de leurs divers arrangemens, avec régle, poids & mesure. Mais mon dessein étant de traitter de cette grande Matiére dans un Livre exprès, nous y renvoyons le Lecteur.

CHANT PREMIER.
Strophe III.

Ô vous ! du divin Hermès les Enfans & les Imitateurs, à qui la Science de votre Pére a fait voir la Nature à découvert ; vous seuls, vous seuls sçavez comment cette main immortelle forma la Terre & les Cieux de cette Masse informe du Cahos ; car votre grand Oeuvre fait voir clairement que de la même manière dont est fait votre Elixir philosophique, Dieu aussi a fait toutes choses.

Chapitre III.

Les seuls Enfans de la Science Hermétique connoissent les véritables Fondemens de toute la Nature, & eux seuls, éclairez de cette belle Lumiére, méritent le nom de Phisiciens. C'est à eux, ainsi qu'à des Aigles, qu'il est permis de regarder fixement le Soleil, source de toute Lumiére, à l'heure de sa naissance, & qui peuvent de leurs mains toucher ce Fils du Soleil, le tirer de ses ténèbres, le laver, le nourrir & le mener à un âge de maturité. Ce sont eux encore qui connoissent & adorent Diane, sa véritable Sœur, & qui ayant eu Jupiter favorable dans leur naissance, sont comme les Singes du Créateur dans l'Ouvrage de leur Pierre ; mais s'ils l'imitent sagement, ils le bénissent & le loüent perpétuellement, lui rendant des graces infinies du grand bien qu'ils possédent. En effet, qui pourroit s'imaginer que d'une petite Masse confuse, où les yeux du Vulgaire ne voyent que féces, & abomination, le sage Chimiste en puisse tirer une Humidité ténébreuse & mercurielle, contenant en soi tout ce qui est nécessaire à l'Oeuvre, suivant le dire commun. *Que dans le Mercure est tout ce que cherchent les Sages* ; & que dans ce Réservoir des Eaux supérieures & inférieures tous les Elémens se trouvent renfermez, lesquels en doivent être extraits par une seconde Séparation Phisique, parfaitement purifiez, & conduits ensuite à l'acte de la Génération par le moyen de la Corruption. Qui pourroit croire que là se trouvât le Firmament, diviseur des Eaux supérieures d'avec les inférieures, & le domicile des Luminaires ausquels il arrive quelquefois des éclipses ? Qui croiroit enfin qu'au Centre de notre Terre se trouvât un Feu, le vraj véhicule de la Lumiere, qui ne fût ni dévorant ni consumant, mais au contraire qui est nourrissant, naturel, & la source de la vie, & de l'action duquel s'engendre au fonds de la Mer Philosophique le vrai Sel de Nature, & qu'il se trouve en même temps au sein de cette Terre vierge le vrai Soufre, qui est le Mercure des Sages, & la Pierre des Philosophes ? O ! vous parfaitement heureux d'avoir pû conjoindre les Eaux supérieures avec les inférieures, par le moyen du Firmament : O vous encore plus habiles d'avoir sçû laver la Terre avec le Feu, la brûler avec l'eau, & ensuite la sublimer ! Certainement toute sorte de félicité & de gloire vous accompagnera sur la Terre, & toute obscurité s'enfuira de vous. Vous avez vû les Eaux supérieures qui ne moüillent point ; vous avez manié la Lumiére avec vos propres mains ; vous avez sçû comprimer l'Air ; vous avez sçû nourrir le Feu, & sublimer la Terre en Mercure, en Sel, & enfin en Soufre. Vous avez connu le Centre ; vous en avez sçû tirer des rayons de Lumiére ; & par la Lumiére, vous avez sçû chasser les Ténébres & voir un nouveau Jour. Mercure vous est né, la Lune a été entre vos mains, & le Soleil a pris naissance chez vous ; il y est né une seconde fois, & a été exalté. Vous avez admiré ce Soleil dans sa rougeur, & la Lune dans sa blancheur, & vous avez contemplé toutes les Etoiles du Firmament au milieu des Ténébres de la nuit ; Ténébres devant la Lumiére ; Ténébres après la Lumiére, enfin la Lumiére mêlée avec les Ténébres vous a apparu. Que dirai-je davantage, vous avez produit un Cahos, vous avez donné une Forme à ce Cahos, que vous avez tirée de lui-même, & ainsi vous avez eu la prémiére Matiére, que vous avez informée d'une Forme plus noble qu'elle n'avoit auparavant ; vous l'avez ensuite corrompuë, & l'avez enfin élevée à une Forme entiérement parfaite. Mais c'est trop parler sur un Sujet où il est bon d'être plus réservé.

CHANT PREMIER.

Strophe IV.

Mais il n'appartient pas à ma foible plume de tracer un si grand tableau, n'étant encore qu'un chétif Enfant de l'Art, sans aucune expérience. Ce n'est pas que vos doctes Ecrits ne m'ayent fait appercevoir le véritable but où il faut tendre; & que je ne connoisse bien cet Illiaste, qui a en lui tout ce qu'il nous faut, aussi bien que cet admirable Composé, par lequel vous avez sçû amener de puissance en acte la vertu des Elémens.

Chapitre IV.

Ici notre Poëte s'excuse d'avoir osé se servir de la comparaison qu'il a mise en avant, & fait bien voir que c'est une qualité attachée au vrai Philosophe que d'être humble, & sans vanité; au contraire des autres qui parlent hardiment de ce qu'ils ne sçavent pas. Ils disent bien à la vérité que le Mercure & le Soufre entrent dans notre Composition; mais aveugles qu'ils sont, ils ignorent quel est ce Mercure, quel est ce Soufre, & ne connoissent ni ce qu'ils traittent, ni le but où il faut tendre, & les voies qu'il faut tenir leur sont incompréhensibles. Ils s'en tiennent au Mercure vulgaire, assurant qu'il n'y en a point d'autre, quoique le docte Sendivogius affirme le contraire dans son Dialogue, où il dit qu'il y a bien un autre Mercure, & quoi qu'il soit dit encore ailleurs que notre Mercure ne se trouve point tel sur la Terre, mais qu'il est extrait des Corps. Enfin quoique tous les Philosophes unanimement condamnent le Mercure vulgaire, & défendent de s'en servir, ils s'obstinent à commenter à leur mode le texte des Philosophes, & veulent absolument qu'ils ayent entendu que le Mercure, dans la forme que nous le voyons, n'est pas à la vérité le Mercure des Philosophes, mais seulement lorsqu'il est travaillé & purifié à leur fantaisie, & qu'il est réduit sous une autre forme. Quelle folie, grands Dieux ! c'est à peu près comme si quelque Auteur avoit défendu qu'on se servît du Soufre commun pour la confection du Verre, & qu'un Homme s'obstinât néanmoins de l'en vouloir tirer, par la seule raison que la défense auroit regardé le Soufre tel que nous l'avons, mais non pas le Soufre travaillé & préparé ; en faisant en lui-même ce beau raisonnement, que le Soufre a été au commencement Terre ; & que par conséquent il peut se réduire en Cendre, de laquelle se fera le

Verre. Qui ne voit que ce seroit aller directement contre l'intention de celui qui auroit fait la défence. Voilà comme font ceux qui travaillent sur le Mercure vulgaire, lequel par l'action de la Nature a passé dans une Substance certaine, trés-inutile à l'Art ; & quoique le Mercure, l'Or, & les autres Métaux, même tous les Corps sublunaires contiennent en eux naturellement le Mercure des Philosophes, c'est pourtant une très-grande folie de travailler sur les uns & sur les autres, puisque l'Art a besoin d'un Corps qui soit voisin de la génération. Qu'ils sçachent donc que nous devons travailler sur un Corps créé par la Nature, que comme une bonne & prévoyante Mére elle présente à l'Art tout préparé. Dans ce Corps, le Soufre & le Mercure se trouvent mêlez, mais très foiblement liez ensemble, ensorte que l'Artiste n'a qu'à les délier, les purifier, & de rechef les réünir par un moyen admirable. Tout cela se doit faire, non pas par caprice, & par un travail ordinaire, mais avec beaucoup de sagesse & d'industrie, & toujours selon les voies & les régles de la Nature, qui seule doit gouverner entiérement l'Ouvrage Philosophique, & c'est par là seulement qu'on peut parvenir au but qu'on se propose.

Ce Corps est appellé par notre Poëte,

Illiaste, ou Hylé, & en effet c'est un véritable Cahos, qui dans cette nouvelle production contient en soi, quoique confusément, tous les Elémens, lesquels l'Art industrieux doit séparer, & purifier par le ministére de la Nature, afin qu'étant de rechef conjoints, il en naisse le véritable Cahos des Philosophes ; c'est-à-dire, un Ciel nouveau & une Terre nouvelle. De cet Hylé ou Cahos le docte Pennot dit admirablement bien dans ses Canons sur l'Ouvrage Phisique, que l'Essence, en laquelle habite l'Esprit que nous cherchons, est antée & gravée en lui, quoi qu'avec des traits & des linéamens imparfaits. La même chose est dite par Ripleus, Anglois, au commencement de ses douze Portes; & Ægidius de Vadis dans son Dialogue de la Nature, fait voir clairement, & comme en lettres d'Or, qu'il est resté dans ce Monde une portion de ce prémier Cahos, connuë, mais méprisée d'un chacun, & qui se vend publiquement. Je pourrois alléguer une infinité d'Auteurs qui parlent de ce Cahos ou Masse confuse ; mais ce qu'ils en disent ne peut être entendu que des Enfans de l'Art. Ce sont les Oracles du Sphinx ; qui ne sont clairs que pour ceux qui les comprennent, & qui sous une même écorce cachent la vie & la mort. Que celui donc qui entreprendra de manier nos Serpens hermétiques, s'arme d'une Théorie solide & fondamentale, s'il ne veut trouver sa perte où il cherche sa sûreté & ses avantages.

Que ces malheureux Philosophâtres sont à plaindre, qui sur la simple lecture de quelques Livres, osent mettre la main à l'Oeuvre. Il ne s'agit pas de lire, mais d'entendre ce qu'on lit ; car s'il n'y avoit qu'à prendre au pied de la lettre ce que disent les Philosophes, que de Sçavans, que d'Hermès, que de Gébers il y auroit au Monde ! mais il n'y a eu, & n'y aura qu'un Hermès & qu'un Géber. Qu'il suffise donc aux plus Sages d'être reputez dignes de leu succéder, & qu'ils comptent qu'ils ne sçauront jamais rien faire, s'ils n'apprennent auparavant comment il faut faire. Notre Poëte a parfaitement connu cette vérité, Qu'il ne sert de rien de connoître la Matiére, de sçavoir les Opérations vulgaires, & de comprendre même la nature de l'Illiaste, si en même temps on n'a une parfaite intelligence des Livres, & une profonde théorie. Car enfin ceci est l'Ouvrage des Philosophes & non des Chimistes ordinaires ; c'est une Oeuvre de la Nature, & non une subtilité de l'Art. Il faut donc commencer par bien apprendre ce que c'est que la Nature, & c'est ce que tu trouveras, mon cher Lecteur, écrit en plusieurs lieux ; mais c'est à toi de séparer la rose des épines, & si ton jugement ne te sert à cela, la quantité des Livres & des Docteurs ne te servira de rien ; ce sera plutôt une confusion qu'une véritable Science, & loin d'acquérir des Connoissances, tu ne seras que perdre & ton temps & ta peine.

CHANT PREMIER.

Strophe V.

Ce n'est pas que je ne sçache bien que votre Mercure secret, n'est autre chose qu'un Esprit vivant, universel & inné, lequel en forme de vapeur aërienne décend sans cesse du Ciel en Terre pour remplir son ventre poreux, qui naît ensuite parmi les Soufres impurs, &, en croissant, passe de la nature volatile à la fixe, se donnant à soi-même la forme d'Humide radical.

Chapitre V.

Il est temps maintenant de mettre au jour, autant qu'il dépendra de nous, le fondement de toute la Doctrine, puisqu'il ne serviroit de rien de connoître le Sujet de notre Science, si l'on ignoroit ce qui est renfermé en lui, & ce qui en doit être tiré ; c'est dans ce dessein que notre Poëte continuë d'expliquer la nature du Mercure des Philosophes, mais pourtant sous un voile qui cache la vérité aux yeux des Ignorans, & la laisse appercevoir aux Sages & aux Entendus.

Il établit un double mouvement au Mercure, un de Descension, & l'autre d'Ascension : Et comme le premier sert à l'information des Matiéres disposées, par le moyen des rayons du Soleil & des autres Astres, qui de leur nature se portent vers les Corps inférieurs, & à réveilller par l'action de son Esprit vital le feu de Nature, qui est comme assoupi en elles, aussi le mouvement d'Ascension lui sert naturellement à purifier les Corps des excrémens qu'ils ont contractez, & à éxalter les Elémens purs avec lesquels il s'unit, & dont il fortifie la Nature ; après quoi il retourne vers sa Patrie, devenu plus vicieux à la vérité, mais non pas plus mûr ni plus parfait.

Tout de même qu'il y a dans le Mercure un mouvement double, aussi trouve-t-on en lui une double nature, à sçavoir une ignée & fixe, l'autre humide & volatile; & c'est par là qu'il accorde les Discordans, & qu'il concilie les Contraires. Si nous regardons sa nature intrinséque, c'est le Cœur fixe de toutes choses, très-pur, & très-persévérant au feu, le vrai Fils du Soleil, le Feu de la Nature, l'eu essentiel, le véhicule de la Lumière; en un mot le véritable Soufre des Philosophes. De lui procéde la splendeur; de sa Lumière la Vie, & de son mouvement l'Esprit. A l'égard de sa nature extrinséque, c'est de tous les Esprits le plus spirituel; de toutes les puretés la plus pure; la Quintessence des Elémens; les Fondemens de toute la Nature, la prémière Matiére des choses; une Liqueur Elémentaire; en un mot le véritable Mercure des Philophes.

Ce double mouvement, & cette double nature du Mercure, font qu'on le considére sous deux différens regards; car avant sa Congélation & dans la voie de Descension, c'est la Vapeur aërienne & très-pure des Elémens de la Nature des Eaux supérieures, portant naturellement dans son sein l'Esprit de la Lumière, & le vrai Feu de la Nature: Il est humide & volatile, & c'est la plus noble portion de ce prémier Illiaste ou Cahos: C'est l'Eau permanente, tirée de cette prémière Humidité, toujours la même, & toujours incorruptible: C'est le Vent ou l'Air des Cieux, qui porté en son ventre la fécondité du Soleil, & qui de ses aîles couvre la nudité du Feu. Mais après la Congélation, c'est l'Humide radical des choses, qui sous de viles scories, ne laisse pas de conserver la noblesse de sa prémiére origine, & sans que son lustre en soit taché ; c'est une Vierge très-pure, qui n'a point perdu sa virginité, quoi qu'on la trouve au milieu des Places publiques ; elle est en tout Corps, & chaque Composé la recelle en lui. Que seroit-ce qu'un Corps sans son Humide radical, & comment une Substance pourroit-elle subsister sans son propre Sujet ? Comment les Esprits pourroient-ils être retenus s'il n'y avoit pas un lieu propre à les retenir ? Comment enfin le Soufre de Nature pourroit-il être renfermé, s'il n'avoit pas sa propre prison ? Pour le mieux reconnoître, éxaminons un peu de plus près la nature des choses.

Il y a trois Humidités en tout Composé, comme l'enseigne le docte Evaldus Vogélius au Chapitre de l'Humidité radicale, dont la prémiere s'appelle Elémentaire, laquelle, dans chaque Corps, est opiniâtrément unie à la Terre, & cette Terre & Eau, ainsi unies, sont appellées le Vase des autres Elémens ; cette humidité n'abandonne jamais absolument le Composé, au contraire elle demeure toujours avec lui, même dans les Cendres, & dans le Sel, qui en est tiré ; & ce qui eſt plus admirable, c'eſt qu'elle reſte même dans le Verre, à qui elle donne la fluidité : Cette Humidité eſt le véritable & très-pur Elément de l'Eau, qui n'a reçu aucune altération des autres Elémens, mais qui eſt demeuré dans la ſeule & ſimple nature d'Eau, hors l'union qu'il a contractée avec la partie terreſtre. La deuxiéme Humidité eſt nommée Radicale, de laquelle il a été dit quelque choſe ci-deſſus, & dont nous parlerons encore plus amplement ci-après : Dans cette Humidité conſiſte particuliérement la force du Corps ; mais elle s'enflamme, & ſe ſépare aiſément du Compoſé ; il en reſte pourtant toujours quelque petite portion, & même dans les cendres ; mais elle ſe diſſipe entiérement dans la vitrification. La troiſiéme Humidité s'appelle Alimentaire, & c'eſt proprement l'aliment qui ſurvient au Compoſé : Elle eſt de la nature de l'Humidité radicale ; mais c'eſt avant ſa Congélation, & lorſqu'elle n'a point encore ſouffert d'altération conſidérable par les Agens ſpécifiques : Elle s'appelle de divers noms, & ſouvent elle eſt priſe chez les Philoſophes pour l'Humidité radicale, à deſſein d'embaraſſer les Lecteurs : Cette Humidité eſt volatile, & abandonne preſque la prémiere le Corps. Au reſte la connoiſſance de ces trois Humidités eſt plus nécessaire pour ceux qui s'attachent à notre Science, que celle de leur propre Langue ; car sans elle il est absolument impossible de bien connoître le Mercure des Philosophes.

Je dirai encore en peu de mots, touchant la prémiére Humidité, que c'est l'Elément grossier de l'Eau uni avec l'Element grossier de la Terre, & qu'ils sont les Vases de la Nature, dans lesquels les deux autres Elémens purs sont renfermez, sçavoir le Feu dans la Terre, & l'Air dans l'Eau ; mais non pas pourtant immédiatement ; car le véritable Air est renfermé dans un autre Corps plus pur, aussi-bien que le véritable Feu. Ces deux Elémens sont encore nommez les Corps par les Philosophes, parce qu'ils communiquent la corporéïté à toute la Nature, & que leur substance sert comme d'habillement pour couvrir la nudité des véritables Elémens ; mais le Corps de la Terre particuliérement comprend & revét toutes choses.

A l'égard de la seconde Humidité, c'est une Humidité aërienne, qui, avant sa Congélation, étant la vapeur des Elémens, de nature éthérée, conserve cette même nature après la Congélation, ce qui fait que dans chaque Composé, elle prend la forme d'Huile, sur-tout dans les

Végétaux, & dans les Animaux. A l'égard des Minéraux, comme ils abondent principalement en humidité aqueuse & en terrestréité, toutes deux liées ensemble, à cause de quoi leur Huile a reçu une altération terrestre & grossiére, il s'ensuit que la nature de leur Huile, où domine l'Humidité, est transmuée en une qualité terrestre, où régne principalement la sécheresse, & delà vient que leur Humide radical, sur-tout des Métaux, résiste plus opiniâtrément au feu que l'Humide des autres Corps; toutes fois cet Humide n'est pas fixe en tous, parce que l'aqueux y prévaut quelquefois au terrestre; mais si une telle Humidité étoit resserrée & transmuée par la Coction, alors l'Humide radical deviendroit très-constant & très-fixe au feu. L'Huile donc abonde en Humidité aërienne, ce qui fait qu'elle brûle, & s'allume aisément, cette propriété étant particuliére à l'Humidité aërienne, (au lieu que les autres Humidités s'envolent sans s'enflammer) parce que l'Air est de la nourriture du Feu, qui vit de l'Air, s'en substante, s'en réjouit & se revét de son corps; de sorte qu'on peut dire que tout ce qui est de substance huileuse dans les Corps, contient en soi cette Humidité radicale, laquelle dans les Végétaux est sous une forme oléagineuse;

dans les Animaux sous une forme de graisse ; & dans les Minéraux sous une forme de Soufre, comme nous avons dit ; quoi qu'il arrive pourtant quelquefois que cette Substance varie, & pour le nom & pour la forme : Mais, au fonds, c'est cette seule Humidité aërienne & radicale, renfermée dans leur intrinséque, qui est à considérer ; car cette Humidité étant détruite, le Composé tombe, & n'est plus ce qu'il étoit ; étant altérée, tout le Corps est altéré ; car c'est dans cette seule Humidité que consiste le vrai sujet de toutes les altérations, aussi-bien que le fondement des générations ; mais cette Humidité subsistant, subsiste en même temps la vertu du Composé, lequel est vigoureux ou languissant, selon l'abondance ou le défaut de cette Humidité : Enfin, la Nature se trouve renfermée en elle, & s'y conserve : C'est le véritable Sperme des choses, dans lequel réside le Point séminal, comme nous l'expliquerons ci-après.

Pour ce qui est de la troisiéme Humidité, c'est proprement le Mercure végétable étant encore dans la voie de Descension, lorsque par les Rayons planétaires, il décend pour faire végéter la Nature, & multiplier la Sémence dans les Corps ; mais parce que c'est une vapeur très-subtile, & très-spirituelle, comme l'insinuë fort doctement notre Auteur, elle a besoin, pour pénétrer les Corps inférieurs & se mêler avec eux, de révêtir la forme d'Eau, par le moyen de laquelle elle empêche que les Corps ne soient brûlez : Elle sert entiérement à la production des choses dans l'acte de la génération, car c'est le véritable Dissolvant de la Nature, pénétrant les Corps par sa spiritualité innée, & réveillant le Feu interne lorsqu'il est assoupi ; causant aussi par son Humidité la corruption & la noirceur, & à cause de l'acidité qu'il a contractée dans un Corps tout-à-fait minéral. Il est très-acide, & très-aigu, & c'est le véritable Auteur de toutes les motions. Il est quelquefois comparé au Menstruë, & il a une telle & si grande vertu, qu'on ne sçauroit l'exprimer, quoi qu'à le considérer en lui-même, & grossiérement, il soit très-imparfait, très-crud & même très-vil ; mais c'en est assez.

Les Philosophes ont quatre sortes de Mercure, dont les noms confondent tellement les Lecteurs, qu'il est quasi impossible d'en pénétrer le véritable sens. Le principal & le plus noble est le Mercure des Corps, car c'est le plus virtuel & le plus actif de tous, & c'est aussi à son acquisition que tend toute la Chimie, puisque c'est la véritable Sémence, tant recherchée, de laquelle se fait la Teinture & la Pierre des Philosophes. C'est ce Mercure, qui a mû les Philosophes à tant écrire ; c'est lui qui est véritablement la Pierre ; & qui ne le connoît pas, se rompt inutilement la tête à la chercher. Le second est le Mercure de Nature, dont l'acquisition demande un Esprit très-subtil, & très-docte : C'est le véritable Bain des Sages, le Vaze des Philosophes, l'Eau véritablement Philosophique, le Sperme des Métaux, & le fondement de toute la Nature : Enfin, c'est la même chose que l'Humide radical, dont nous avons parlé ci-devant. Le troisiéme est appellé le Mercure des Philosophes, parce qu'il n'y a que les seuls Philosophes qui le puissent avoir ; il ne se vend point ; il n'est point connu, & ne se trouve que dans les seuls magazins des Philosophes, & dans leurs Miniéres. C'est proprement la Sphére de Saturne, la véritable Diane, & le vrai Sel des Métaux, dont l'acquisition est au-dessus des forces humaines ; sa nature est très-puissante, & c'est par lui que commence l'Ouvrage Philosophique, c'est-à-dire, après son acquisition. O que d'Enigmes ont pris de lui leur origine ! que de Paraboles faites pour lui ! que de Traités composez sur lui ! Il est caché sous tant de voiles, qu'il semble que toute l'adresse des Philosophes a été mise en Oeuvre pour le bien enveloper. Le quatriéme est le Mercure commun, non celui du Vulgaire, qui est nommé de la sorte seulement par ressemblance, mais le nôtre, qui est le véritable Air des Philosophes; la vraie moyenne Substance de l'Eau, & le vrai Feu sécret : Il est appellé commun, parce qu'il est commun à toutes les Miniéres ; que c'est par lui que les Corps des Minéraux sont augmentez, & que c'est en lui que consiste la Substance métallique.

Si tu connois bien ces quatre Mercure, mon cher Lecteur, te voilà dèja à l'entrée, & le Sanctuaire de la Nature t'est ouvert ; car tu as dèja en eux trois Elémens parfaits, à sçavoir l'Air, l'Eau & le Feu : A l'égard de la Terre pure, tu ne peux l'avoir que par la Calcination Philosophique ; & alors seulement la vertu de la Pierre sera entiére, quand tout sera changé en Terre. Mais voilà suffisament parlé de la nature de Mercure, & si notre Auteur, dans un autre genre d'écrire, en a traité doctement & magnifiquement, nous croyons avoir dit en peu de mots tout ce qui s'en pouvoit dire, & aussi clairement qu'une telle Science le peut permettre. Tu verras encore dans la suite de plus grandes choses ; en sorte qu'il ne

te

te restera que de mettre la main à l'Oeuvre ; mais avant que de commencer, prends garde à bien entendre ce que tu liras.

CHANT PREMIER.
Strophe VI.

Ce n'est pas que je ne sçache bien encore, que si notre Vaisseau ovale n'est scellé par l'Hyver, jamais il ne pourra retenir la vapeur précieuse, & que notre bel Enfant mourra dès sa naissance, s'il n'est promptement secouru par une main industrieuse & par des yeux de Lincée, car autrement il ne pourra plus être nourri de sa première humeur, à l'exemple de l'Homme, qui après s'être nourri de sang impur dans le ventre maternel, vit de lait lorsqu'il est au monde.

Chapitre VI.

Tous les Auteurs disent beaucoup de choses du Sceau d'Hermès, & assûrent tous que sans lui le Magistére seroit détruit, puisque par son moyen seul les Esprits sont conservez & le Vaisseau bien muni. Mais je n'ai pû encore comprendre ce que veut dire notre Poëte par le mot d'Hiver qu'il employe, de sorte que je croirois aisément que c'est une faute d'écriture, & qu'il devroit y avoir *sigillarsi di vetro* au lieu *di verno*, la ressemblance des mots ayant pû tromper le Copiste. Cependant je n'ignore pas ce que Sendivogius entr'autres enseigne, à sçavoir que l'Hiver est cause de putréfaction, parce que les pores des Arbres & des Plantes sont bouchez par le froid, ce qui fait que les Esprits s'y conservent mieux, & ont leurs actions plus vigoureuses. Mais je ne vois pas comment ce raisonnement pourroit être appliqué à notre Oeuvre, où une chaleur continuelle doit environner la Matiére, & l'échauffer jusques à la fin, tous les Auteurs convenant que si elle vient à cesser un moment, la Composition tombe & l'Ouvrage est détruit. Ils apportent pour éxemple l'Oeuf mis sous la poule pour la production du Poulet, qui devient inutile dès qu'il est réfroidi. C'est ce qui a mis mon esprit en suspens sur l'intention de notre Auteur. Pour toi, mon cher Lecteur, sans t'arrêter à tout cela, lorsque tu voudras en temps dû mettre ton Oeuvre dans ton Vaisseau, prends seulement bien garde qu'il soit scellé éxactement, afin que la vertu y soit retenuë dans toute sa force, & que les Eaux salutaires & prétieuses ne puissent en sortir, car c'est là où est tout le péril : Rapporte fur tout ton Ouvrage à celui de la Nature; qu'elle te ferve de Maîtreffe & de Guide, & obferve foigneufement comment elle opére en pareil cas; ayant toujours dans ton efprit la maniére dont elle fe fert pour mettre fon ouvrage dans fon vafe, & l'y fceller éxactement, car la connoiffance de l'un donne celle de l'autre. Si tu veux chaffer le froid de la maifon, allumes-y du feu; mais fi tu veux retenir l'Efprit, qui ne demande qu'à retourner vers fa Patrie, empêche l'Ennemi d'approcher des murailles, de peur qu'il ne tombe entre fes mains, & alors il demeurera à la maifon; fois donc prudent & avifé.

Nous avons néceffairement befoin d'une Sage-femme lors de la naiffance de l'Enfant; mais, fi elle le reçoit fans précaution, on doit appréhender qu'il ne lui échape : Ou, fi l'ayant reçû devant le temps, elle le ferre trop avec fes linges, il courra rifque d'être fuffoqué : Et enfin, fi elle n'a bien foin d'en féparer l'arriérefais & les autres fuperfluités, il eft à craindre, ou qu'il n'en meure, ou qu'il n'en foit perpétuellement infecté. On ne fçauroit donc trop, en pareille occafion, recommander la prudence & la vigilance; car chaque chofe a fon heure déterminée pour la naiffance, auffi-bien que fon Automne pour la maturité. Les fruits cuëillis avant le temps, ne viennent jamais à une parfaite maturité ; s'ils muriſſent auſſi plus qu'il ne faut, ils pourriſſent aiſément. Ainſi rien n'eſt ſi néceſſaire que de connoître ce terme moyen & précis de la parfaite maturité ; car que ſerviroit-il de cultiver un fruit, de l'arroſer, & le faire murir, s'il n'étoit pas cuëilli dans le temps convenable ; ce ſeroit une peine entièrement perduë.

Le temps de la naiſſance n'eſt point déterminé par les Philoſophes, qui varient fort entre eux ſur cela ; mais il ſuffit d'avertir le Lecteur que tout fruit ſe doit cuëillir en ſa ſaiſon, & que la Nature qui ſe plaît dans ſes propres Nombres, eſt ſatisfaite du Nombre miſtérieux de *Sept*, ſur tout dans les choſes qui dépendent du Globe Lunaire, la Lune nous faiſant voir ſenſiblement une quantité infinie d'altérations & de viciſſitudes dans ce Nombre *Septénaire*. C'eſt par ce Nombre magique que la Nature, & tout ce qui en dépend, eſt ſécretement gouverné. Mais ce Miſtére naturel eſt caché aux Eſprits groſſiers, qui ne peuvent rien voir que par les yeux du corps, qui ſe contentent de cela & ne cherchent rien davantage.

Ce Nombre *Septénaire* eſt un des grands Sécrets des Philoſophes, & quiconque sçaura par lui comprendre l'ordre de l'Univers, sçaura un Mistére, qui, bien loin de devoir être révélé, doit au contraire être enséveli dans un profond silence ; mais quelque jour, Dieu aidant, nous traiterons plus à fonds des ces grandes choses.

Que dirons nous présentement de la Nutrition, ou de la sécréte Multiplication, dont le Mistére repose parmi les plus grands Sécrets des Philosophes. Car que serviroit-il de cuëillir la Moisson, si étant cuëillie, on ne la conservoit avec soin pour l'employer à l'usage de la Multiplication. Nous disons donc qu'il y a de trois sortes d'Augmentations ; une, qui se fait par la voie de la Nutrition ; l'autre par l'addition d'une nouvelle Matiére, & la troisiéme par dilatation ou raréfaction ; mais cette derniére n'est pas proprement une Augmentation, c'est une Circulation d'une même Matiére, & l'atténuation de ses parties. Des deux autres, la seconde, qui est celle qui se fait par addition, regarde plutôt l'Art que la Nature, laquelle n'a point de mouvement local, ni de parties qui y soient propres ; mais elle use seulement d'attraction, & c'est là proprement l'Augmentation qui se fait par la voie de la Nutrition.

Pour comprendre fondamentalement ce que c'est que la Nutrition, il est nécessaire de sçavoir que le *Sec* attire naturellement son *Humide*, & que plus l'Humide est spiritueux, plus il est facilement attiré: Or le Feu de Nature, qui réside dans l'Humidité radicale, comme nous le ferons voir ci-après, étant très-sec, & le plus actif des Élémens, il attire à soi celui d'entr'eux qui est le plus rarefié, & le plus spiritualisé, à sçavoir l'Air. Delà vient que l'Air étant ôté, le Feu s'éteint, parce qu'il est nourri, quoique d'une maniére insensible, de la moyenne Substance du Feu. Cette moyenne Substance aërienne est revétuë d'un Corps aqueux, & elle est dépoüillée de cette écorce extérieure par le moyen de la corruption, s'insinuant dans le profond de l'Humide radical, qui est de même nature qu'elle, mais plus congelé; & ensuite, par une nouvelle génération, au moyen du feu digérant, elle se transforme en ce même Humide radical, d'où il arrive une continuelle corruption, & une continuelle génération. Il est vrai que la nutrition & la réparation de ce qui a été détruit, ne se fait pas toujours, parce que le feu qui doit faire en même temps une double action, à sçavoir de consumer ce qui a été digéré, & de rétablir par une nouvelle nutrition ce qui a été consumé, se trouve quelquefois affoibli, ou bien est empêché par quelque accident de faire son attraction, & c'est alors que le Corps meurt par la dissipation de son Humide radical, consumé par son propre feu. Afin donc que la nutrition se fasse comme il faut, il ne suffit pas qu'il y ait un feu agissant, & une consumation de l'Humide radical (laquelle pourtant est nécessaire, car si rien ne se consumoit, la Nature seroit toujours contente, le Composé seroit immortel, & dans les Animaux il n'y auroit jamais de faim, ni de désir de nouvel aliment.) Il ne suffit pas non plus qu'il y ait un nouvel aliment tout prêt ; mais il faut encore que l'action du Feu interne soit égale, & même supérieure à la résistance qui se fait de la part du *Nourrissant*; autrement l'effort de l'*Attirant* seroit vain dès qu'il ne pourroit convertir l'*Attiré* en sa nature. Nous en avons l'éxemple dans l'Homme, dont la chaleur naturelle dévore perpétuellement son propre Humide radical, ce qui cause la faim, & le désir d'une nouvelle matiére semblable : Quoi qu'il ait pris son aliment, & que ce mouvement de désir ait cessé, il ne laisse pas d'être encore nécessaire, pour que cet aliment soit converti en nourriture, de lui ôter tous ses empêchemens, de le dépouiller de son écorce extérieure, de l'attenuer par la formation du Chile, & de le faire passer, pour ainsi dire, en la nature de son prémier Cahos ; & alors l'aliment, ainsi rarefié, est aisément attiré par la chaleur naturelle pour suppléer au défaut de l'Humide radical consumé, lequel pourtant ne se répare jamais absolument, à cause des excrémens que laissent les alimens, qui vont toujours en s'augmentant, & aussi à cause que le Feu agissant s'affoiblit par une action trop continuée, suivant cet Axiome, que tout Agent, à force d'agir, patit, & en patissant s'affoiblit. Voilà comme se fait la nutrition de l'Homme, & par conséquent son augmentation, à sçavoir par l'assimilation des alimens ; d'où il s'ensuit que dans l'Oeuvre Phisique, cet Agent naturel, ou Feu de Nature, consume continuellement par son action son propre Humide radical, & qu'ainsi il est nécessaire de lui donner un nouvel aliment à la place de celui qui a été consumé : Mais parce qu'au commencement sa vertu est foible, il ne faut lui donner d'acord qu'un peu d'aliment, qui soit fort léger, jusqu'à ce que ce feu s'étant fortifié, on puisse lui donner des mêts plus solides. Notre Auteur nous enseigne donc par là de fortifier l'Enfant après sa prémière nourriture par de nouveaux alimens, à l'éxemple de l'Embrion humain, qui dans le ventre de la Femme, est substané d'un menstruë foible, mais à qui on donne après qu'il est né, une plus forte nourriture, à sçavoir du lait. CHANT

CHANT PREMIER.
Strophe VII.

Quoique je sçache toutes ces choses, je n'ose pourtant pas encore en venir aux preuves avec vous, les erreurs des autres me rendant toujours incertain. Mais si vous êtes plus touché de pitié que d'envie, daignez ôter de mon esprit tous les doutes qui l'embarrassent ; & si je puis être assez heureux pour expliquer distinctement dans mes Ecrits tout ce qui regarde votre Magistére, faites, je vous conjure, que j'aye de vous pour reponse : Travaille hardiment, car tu sçais ce qu'il faut sçavoir.

Chapitre VII.

Après que notre Auteur nous a fait comme toucher au doigt notre divine Science, il s'excuse de n'en pas dire davantage, sur ce qu'il lui reste à lui-même beaucoup de choses à apprendre ; & il confesse qu'il auroit dû faire voir plus de doctrine, ayant à parler à des Gens sçavans : Il craint même qu'il ne manque quelque chose à son Ouvrage, & que l'ordre n'y soit pas bien gardé. Apprenez de là, Vendeurs de fumée, combien il est difficile de faire notre Oeuvre, puisqu'il ne s'agit pas de faire des Opérations vulgaires, qui, bien que parfaites dans leur genre, sont inutiles à notre dessein, & méprisées de tous les Philosophes. Il n'y a, comme nous avons dit, qu'une Opération dans notre Magistére : Tous les Philosophes nous l'enseignent, en nous avertissant d'abandonner toutes ces Opérations Sophistiques, & de nous tenir à la Nature, chez laquelle seule on trouve la vérité.

C'est dans la Sublimation Philosophique que sont renfermées toutes les autres Opérations, & en elle seule consiste tout ce que l'Artiste peut faire de mieux & de plus subtil. Si donc quelqu'un sçait bien faire cette Sublimation, il peut se vanter d'avoir connu un des plus grands Sécrets, & des plus grands Mistéres des Philosophes. Mais afin que tu puisses toi-même la comprendre clairement, vois comment Géber définit la Sublimation : C'est, dit-il, l'Elevation par le feu d'une Chose séche avec adhérence au Vaisseau. Pour donc faire une bonne Sublimation, il y a trois choses que tu dois connoître, le Feu, la Chose séche, & le Vase. Si tu les connois, tu es heureux, & tu n'as qu'à faire ensorte que la Chose séche adhére au Vaisseau ; car si elle n'y adhéroit pas, elle ne vaudroit rien ; mais pour qu'elle y adhére, il faut qu'elle soit de même nature que le Vaisseau, & c'est leur nature qui fait leur ressemblance ; car la Sécheresse est de la nature du Feu, lequel est de toutes les choses la plus séche : C'est par elle qu'il dissipe & consume toute humidité, comme c'est par elle aussi qu'il abonde en pureté ; mais elle s'augmente de beaucoup dans notre Sublimation ; & c'est toute autre chose que quand il étoit renfermé dans les féces : Il faut avoir soin aussi que le Vaisseau soit très-pur & de la nature du Feu. Or, entre toutes les Matiéres, le seul Verre & l'Or sont les plus constans au feu, s'y plaisent, & s'y purifient davantage ; mais parce que l'Or ne se peut avoir qu'à grand prix, & que de plus il se fond aisément, les Pauvres n'auroient pas le moyen d'entreprendre l'Ouvrage Philosophique, & il n'y auroit que les Riches & les Grands de ce Monde ; Ce qui dérogeroit à la Providence & à la bonté du Créateur, qui a voulu que ce Sécret fût indifféremment pour tous ceux qui le craindroient. Il faut donc s'en tenir à un Vaisseau de verre, ou de la nature du verre, très-pur, & tiré des cendres avec adresse & subtilité d'esprit. Mais, que les Disciples de l'Art prennent bien garde ici à ne pas se tromper, & à bien connoître ce que c'est que le Verre Philosophique, en s'attachant au sens & non pas au son des mots ; c'est l'avis que je leur donne par un esprit de piété & de charité. Dans ce Vaisseau de verre bien connu, s'accomplit la Sublimation, lorsque la Nature séche s'éleve par le moyen du Feu & adhére au Vaisseau à cause de sa pureté & de leur même nature. Au reste, s'il y a beaucoup à suër dans la recherche du Vaisseau, il n'y a pas moins de peine dans la construction du Feu. Mais comme nous en parlerons dans un Chapitre particulier, nous croyons qu'il suffit pour le présent de ce que nous avons dit : Que ceci serve seulement de leçon aux Chimistes ignorans, qui croyent qu'on doit entendre ces choses à la lettre, & qui, sans étude précédente, s'imaginent faire l'Oeuvre par leurs Sublimations vulgaires. Ils lisent continuellement Géber, mais sans l'entendre, & le succès, ne répondant pas à leur attente, ils sont les prémiers à abboyer contre les vrais Philosophes : Et parce qu'ils ont pris un seul Auteur pour leur Guide, ils ne daigneroient pas en regarder d'autres, ne sçachant pas qu'un Livre en ouvre un autre, & que ce qui se trouve en abrégé dans l'un, se trouve étendu dans l'autre : Qu'ils lisent donc les Livres des Philosophes, & sur tout de ceux qui, moins

Envieux que les autres, ont tranſmis à leurs Succeſſeurs la Connoiſſance de la Nature. Entre tous ces Traités, ceux qui ſe trouvent inférez dans le *Muſæum Hermeticum* tiennent, à mon ſens, le prémier rang, & ſur tout le Traité, qui a pour titre *Via veritatis*, quoi qu'il y ait auſſi bien que dans les autres un Serpent caché, qui d'abord ne laiſſe pas de piquer ceux qui n'y prennent pas garde. Mais que dirons-nous de tant de Volumes, plus dangereux que la peſte, dont les Auteurs, quoi que très-doctes en leur genre, ſont pourtant ſi remplis d'envie, que Dieu ſans doute les punira d'avoir été la cauſe de tant de malheurs, & les meſurera à la même meſure dont ils ont meſuré les autres ? Car enfin, ſi l'amour du Prochain eſt auſſi bien que celui de Dieu, le Sommaire de la Loi Sainte & des Commandemens Divins, que devient cette Loi, & où ſera l'obſervation de ces Commandemens, ſi l'envie régne ſi fort parmi les Hommes ? A quoi ſervent tant de Traités pleins d'impoſtures, tant de fauſſes Receptes, & tant d'Ecrits ſuggérez par le Démon, ſinon pour perdre les Gens trop crédules ? Et quel avantage a un Philoſophe de ſuër ſur de pareils Ouvrages, qui cauſent tant de maux ? N'eſt-ce pas aſſez de ces Rejettons peſtilentieux, & de ces Semences maudites, incapables de rien produire de bon, sans que l'Envie, à l'exemple de Satan, vienne remplir nos Champs d'yvroye? C'est cette rage envieuse, source de tant de malheurs, dont le soufle fatal renverse les Maisons, & dont les broüillards infects gâtent la Moisson & détruisent l'espérance des Pauvres. Ce sont vos langues envenimées, dont les pointes réduisent en cendre la substance des Malheureux, & ce sont ces noires vapeurs, que vous répandez dans vos Ecrits, qui jettent l'horreur & les ténébres dans l'esprit de ceux qui vous lisent. Si vous ne voulez pas qu'on profite de la lecture de vos Livres, pourquoi attirer les Gens par de belles promesses, & que ne gardez-vous plutôt un silence, dont Dieu & les Hommes vous sçauroient plus de gré que de parler avec envie? On voit beaucoup d'Auteurs, qui, en accusant les autres d'avoir été envieux, & d'avoir caché malicieusement la vérité, répandent dans leurs discours encore plus d'obscurité que les prémiers, ce qui fait que les pauvres Etudians ne recueillent de toute leur doctrine que beaucoup de confusion; car si l'un rejette une chose, l'autre l'éleve jusqu'au Ciel; l'un commande ce que l'autre défend, & de cette maniére ils confondent tellement l'esprit du Lecteur, que plus il étudie, plus il a sujet de se défier de la vérité de l'Art.

Il n'y en a quasi point, parmi ceux qui écrivent, qui ne promettent de parler fidélement & sincérement ; & cependant leurs discours sont si pleins d'embiguité, qu'à grand peine peuvent-ils être entendus par les plus Doctes : Et quoi qu'ils s'excusent sur ce qu'ils n'ont pas la liberté d'en dire davantage, & qu'on a mis, pour ainsi dire, un cachet sur leurs lévres, on ne laisse pourtant pas de démêler leur envie, quelque soin qu'ils prennent de la cacher. Il vaut bien mieux se taire, lorsqu'on se croit obligé de garder le sécret, que de substituer un mensonge à sa place, à dessein de jetter les Gens dans l'erreur : Enfin les Philosophes parlent entr'eux si obscurément, qu'à peine y trouve-t'on un seul mot éxemt de Sophisme. Qu'ils cachent la Pratique tant qu'ils voudront, à la bonne heure ; mais, au moins, qu'ils enseignent fidélement la Théorie & les Fondemens de la Science, car sans Fondemens il ne peut y avoir d'Edifice. Est-ce que l'Art ne seroit pas assez caché aux Ignorans, si les Philosophes se contentoient d'être réservez ou sur la Matiére, ou sur le Vaisseau, ou sur le Feu ? A peine avec cela, y en auroit-il de mille un qui pût approcher de cette Table sacrée ; mais il ne suffit pas à ces Messieurs de cacher toutes ces choses, il faut encore qu'ils mettent en leur place des visions & des fantaisies, par où, bien loin de rendre un Lecteur plus sçavant, ils ne font que montrer leur malice & leur envie. Que ces Envieux n'imitent-ils Hermès, dont ils se disent les Enfans ; car quoique dans sa Table d'Emeraude il ait été un peu réservé, il n'a pas laissé pourtant de faire sentir l'odeur de cette divine Science, de laquelle il a parlé très-doctement ; mais ceux qui sont venus après lui, au lieu d'éclaircir ses paroles, y ont jetté de plus grandes ténèbres, & ont porté la chose à un tel excès d'obscurité, qu'il n'y a point d'Esprit, quelque subtil & éclairé qu'il soit, qui puisse la pénétrer, à moins que d'être secouru de la Lumiére d'en haut, à laquelle rien ne peut résister.

Il se trouve des Gens, qui, lisant certains Auteurs, lesquels ont d'abord un air de sincérité & de charité, tiennent qu'il faut rejetter pour l'Oeuvre toutes sortes de Minéraux, & s'attacher, par leur conseil, aux Métaux : Mais lisant ensuite que les Métaux du Vulgaire sont morts, parce qu'ils ont souffert le feu de fusion, ils recourent à ceux qui sont encore dans les Mines & se mettent à travailler sur eux, & ne trouvant rien dans la suite de l'Ouvrage, qui les contente, après avoir fait divers Essais, tantôt sur un Métail, & tantôt sur un autre, rebutez de leurs Expériences, ils reprennent les Livres, & trouvant que tous les Métaux imparfaits, sans exception, sont condamnez, touchez par la raison & par l'autorité, ils en reviennent aux Métaux parfaits, à sçavoir à l'Or & à l'Argent ; mais après y avoir pendant quelque tems perdu leur peine, & consumé leur Bien, ils se ravisent tout d'un coup, en considérant que ces Métaux sont d'une très-forte composition, & se mettent en tête qu'il faut les réincruder, comme ils disent, par un Dissolvant naturel, qu'ils croyent mal-à-propos être le Mercure vulgaire ; mais quoiqu'ils fassent avec de telles Matiéres, ils ne trouvent que du dommage & de la honte, parce qu'ils ignorent les véritables Principes de la Nature, sur lesquels on doit asseoir son fondement, & ne sçavent ni ce que l'Or vulgaire contient, ni ce qu'il peut donner ; car s'ils connoissoient bien cela, ils verroient que notre Corps, le véritable Or des Sages, possède suffisamment tout ce qui est nécessaire à l'Art. Ceux qui travaillent, comme nous venons de dire, se voyant enfin trompez dans leurs espérances, viennent à mépriser toutes sortes de Corps, & à blasphémer contre la Nature, ne comprenant pas que chaque Corps, selon son Espéce, contient en soi sa propre Sémence, laquelle ne se trouve point dans des choses diverses. Après donc avoir vainement travaillé tantôt sur une chose, & tantôt sur une autre, ils recourent encore une fois aux Livres, où trouvant que les Auteurs condamnent toutes sortes de Végétaux, d'Animaux, de Minéraux, & de Métaux mêmes, par un raffinement ridicule, ils sortent hors de la Nature, & portent leur recherche, ou plutôt leur folie, tantôt jusques dans le Ciel, & tantôt jusqu'au Centre de la Terre, essayant par de pénibles travaux, d'extraire un Sel vierge de la Terre, ou un Lait volatil de l'Air, de la Rosée, ou de la Pluie; mais lorsqu'ils croient avoir fait une Pierre très-fixe, & le vrai Soufre des Philosophes, il se trouve qu'ils n'ont autre chose qu'une Pierre aërienne & le Soufre des Sots.

Les erreurs infinies de ceux qui travaillent, ne viennent que de ce que les Philosophes trompent de dessein formé ceux qui les lisent, s'imaginant que par ce moyen, ils les détourneront du travail; mais ils se trompent eux-mêmes; car chacun aime tellement son erreur, qu'il se remet à travailler de nouveau avec plus de chaleur & de confiance qu'il n'a fait. La cause de tant de malheurs est donc la seule envie des Auteurs ; ce qui fait que notre Poëte, épouvanté de tant de fortes d'erreurs où tombent ceux qui s'attachent à cette Science, doute de lui-même, & de son propre Ouvrage, implorant avec humilité l'indulgence des Philosophes, & sur tout de ceux, qui, n'étant point infectez du venin de l'Envie, en éxercent tous les devoirs, & font revêtus d'une charité vraiment Philosophique. C'est de ceux là dont on ne sçauroit trop, ni trop bien parler, car ce font les Oracles de la Nature, qui n'annoncent que de bonnes choses : Ce font des Astres radieux, dont la Lumiére éclatte pleinement aux yeux de ceux qui les consultent. Mais revenant à la modestie de notre Poëte, qui lui fait dire qu'il ne sçait pas l'Oeuvre, & lui fait demander l'indulgence des Philosophes, il y a beaucoup d'apparence qu'il n'en use de la sorte que par prudence, & qu'il aime mieux passer pour Disciple que pour Maître. Néanmoins, pour le satisfaire, & ceux aussi qui feront dans les mêmes doutes que lui, nous voulons bien les assurer qu'ils peuvent entreprendre l'Oeuvre hardiment, quand ils sçauront par théorie, comment, par le moyen d'un Esprit crud, on peut extraire un Esprit mûr du Corps dissout, & derechef l'unir avec l'Huile vitale pour opérer les miracles d'une seule

Chose, ou pour parler plus clairement, quand ils sçauront avec leur Menstruë végétable, uni au minéral, dissoudre un troisiéme Menstruë essentiel, pour ensuite, avec ces divers Menstruës, laver la Terre, & l'ayant lavée, l'exalter en nature céleste, afin d'en composer leur Foudre sulfureux, lequel, dans un clein d'œil, pénétre les Corps, & détruit leurs excrémens. Voilà tout ce qu'il nous est permis de leur dire, encore d'un stile figuré, parce que cela regarde la Pratique, de laquelle peut-être quelque jour nous traiterons plus clairement : Soyez-en donc contens, vous, qui aimez la Science, & qui recherchez la vérité.

Fin du prémier Chant.

CHANT DEUXIEME.

Strophe I.

Que les Hommes, peu versez dans l'Ecole d'Hermès, se trompent, lorsqu'avec un esprit d'avarice, ils s'attachent au son des mots. C'est ordinairement sur la foi de ces noms vulgaires d'Argent vif & d'Or qu'ils s'engagent au travail, & qu'avec l'Or commun ils s'imaginent par un feu lent fixer enfin cet Argent fugitif.

CHAPITRE PREMIER.

Nous avons dèja touché les erreurs de ceux qui travaillent avec l'Or & l'Argent vif, s'imaginant de pouvoir en tirer quelque profit ; & nous avons fait voir qu'ils ignorent entiérement les Principes de la Nature ; ce qui fait qu'au lieu de trouver la Pierre, au milieu des Ténébres qui les environnent, ils heurtent lourdement contre les plus groffes Pierres qui fe trouvent en leur chemin. Leur opinion roule uniquement fur ce que l'Or eft le plus noble de tous les Corps, & qu'il contient en lui la Sémence aurifique, laquelle ils prétendent, difent-ils, multiplier avec fon Semblable, & dans cette vûë ces pauvres Idiots fe propofent de le faire végéter. Cette erreur eft fortifiée chez eux par les difcours captieux de certains Philofophes, qui enfeignent que dans l'Or font les Sémences de l'Or, & qu'il eft le véritable Principe d'aurification, comme le Feu l'eft d'ignition. Doctrine, dont fans doute on peut tirer beaucoup de fruit, pourvû qu'elle foit prife dans fon véritable fens, mais qui étant mal entenduë, perd les Ignorans. Notre Poëte fait fort bien connoître la caufe d'une telle erreur, quand il reprend ceux qui n'approchent de cet Art divin que dans un efprit d'avarice, & dont le cœur, ne défirant que de l'Or, fait qu'ils ne font jamais contens, s'ils n'ont de l'Or dans leurs mains : Son éclat éblouït leurs efprits auffi bien que leurs yeux, & fa folidité ébranle la foibleffe de leur cerveau : Sa beauté attache leur défir, & fa vertu occupe tous leurs Sens; mais fa forte Compofition ne produit que leur confufion, & fa nobleffe fait voir la petiteffe de leurs conceptions.

Il est sans doute que dans l'Or est con-contenuë la Sémence aurifique, & même plus parfaitement qu'en aucun autre Corps; mais cela ne nous oblige pas nécessairement à nous servir d'Or vulgaire; car cette Sémence se trouve de même dans chacun des autres Métaux, puisque ce n'est autre chose que ce Grain fixe, que la Nature a introduit dans la prémiére Congélation du Mercure, comme l'enseignent parfaitement Flamel & les autres; & en cela, il n'y a point de contradiction, puisque tous les Métaux ont une même origine & une Matiére commune, comme nous le ferons voir ci-après: D'où il s'ensuit, que quoi que cette Sémence soit plus parfaite dans l'Or, toutefois elle se peut extraire bien plus aisément d'un autre Corps que de l'Or même, & la raison en est que les autres Corps sont plus ouvrets, c'est-à-dire moins digérez, & leur humidité moins terminée, la Nature n'ayant accoûtumé d'introduire la Forme de l'Or qu'après la derniére cuisson. Les autres Métaux donc n'ayant pû encore recevoir cette Forme à cause du manque de cuisson, se trouvent plus ouverts, non-seulement par l'humidité de leur Substance, qui n'est pas assez digérée, mais encore à cause du mêlange & de l'adhérence des excrémens, qui empêchent la compacité & la parfaite union ; ce qui fait que le Fer, quoi que plus cuit que l'Argent (comme entr'autres l'enseignent doctement Bernard Trévisan) n'est pas néanmoins si parfait, ni si uni dans sa Substance mercurielle, à cause de la quantité des féces, qui ont empêché la cuisson, & par conséquent l'union : Mais pour ce qui est de l'Or, il a reçu la derniére cuisson, & la Nature a éxercé sur lui son action dans toute son étendue, & y a imprimé toutes ses vertus ; en sorte qu'il seroit très-long, très-difficile, & presque impossible de travailler sur lui, à moins que d'avoir cette Eau éthérée, le Ciel des Philosophes, & leur vrai Dissolvant. Quiconque l'a, peut se vanter d'avoir la parfaite connoissance de la Pierre, & d'avoir atteint, comme on dit, les bornes Atlantiques. L'Or vulgaire ressemble à un fruit, qui, parvenu à une parfaite maturité, a été séparé de l'Arbre, & quoi qu'il y ait en lui une Sémence très-parfaite, & très-digeste, néanmoins, si quelqu'un, pour le multiplier, le mettoit en terre, il faudroit beaucoup de temps, de peine, & de soins pour le conduire jusqu'à la végétation ; Mais, si au lieu de cela, on prenoit une greffe, ou une racine du même Arbre, & qu'on la mît en terre, on la verroit en peu de temps & sans peine végéter & rapporter

porter beaucoup de fruit. Il en est de même de l'Or; c'est le fruit de la Terre minéralle & de l'Arbre solaire; mais un fruit d'une très-solide mixtion, & le Composé le plus achevé de la Nature, lequel, à cause de cette égalité d'Elémens, qui se trouve en lui, souffre très-difficilement la corruption & l'altération de ses qualités, pour passer à une nouvelle génération. C'est donc une entreprise fort difficile & presque impossible, de prétendre le mettre en Terre pour le réincruder & le conduire à la végétation; mais, si au lieu de cela, on prend sa racine ou sa greffe, on aura bien plus aisément ce qu'on souhaite, & la végétation en arrivera bien plutôt. Concluons donc, Que quoique l'Or contienne en soi sa propre Sémence, c'est en vain qu'on travaille sur lui, puisqu'on peut la trouver plus aisément ailleurs. Mais que dirons-nous de l'Argent vif vulgaire, que les Ignorans prennent pour leur Dissolvant & pour la Terre Philosophique, dans laquelle l'Or doit être semé pour s'y multiplier: Certes, c'est une erreur pire que la première; & quoique d'abord il semble, à cause de son affinité avec l'Or, qu'il doit avoir la faculté de le dissoudre; toutefois il est aisé de s'en désabuser dès qu'on éxamine un peu les Principes de notre Art: Car nous accordons bien qu'il n'y a point de Corps qui ait tant de ressemblance & d'affinité avec la nature de l'Or que lui, en sorte qu'il est vrai de dire que l'Or n'est autre chose qu'un Argent vif congelé, & cuit par la vertu de son propre Soufre, à cause dequoi il a acquis l'extention sous le marteau, la constance au feu, & la couleur citrine; mais cela ne fait pas que l'Argent vif ait la puissance de le dissoudre, ni qu'il la puisse jamais acquérir, d'autant plus qu'il a passé dans une autre Substance, & qu'il a perdu sa prémiére pureté & simplicité, étant devenu un Corps métallique très-abondant en humidité superfluë, & chargée d'une lividité terrestre, qui le rendent incapable de cette action.

Ce seroit une grande bétise de s'imaginer qu'en mettant de la Sémence d'un Homme avec du sang d'un autre Homme, on pourroit faire une nouvelle génération, sur ce fondement que la Sémence n'est autre chose que la très-pure partie du sang, lequel a reçu une grande digestion, & que le sang est seulement plus humide & plus cru; mais si au lieu de cela le Sperme étoit jetté dans la matrice d'une Femme, où il se trouve un sang menstruel fort cru, lequel, par la vertu du Sel de la matrice, a acquis une certaine acuité & ponticité, alors ce Sperme, se trouvant dans son propre vase, s'y réincruderoit sans doute par la voie de la putréfaction, & passeroit à une nouvelle génération. Il en est de même de l'Argent-vif; car quoi qu'il soit de même nature que l'Or & que par son abondante humidité il s'insinuë aisément dans ses pores, & y fasse une disgrégation des moindres parties, en sorte qu'il paroisse dissout; toutefois ce seroit une grande erreur de croire une pareille Dissolution bonne, qui proprement n'est autre chose qu'une corrosion du Métail, comme sont celles qui se font avec les Eaux fortes vulgaires. Un tel Argent-vif n'est pas notre Sang menstruel, & ce n'est que pour tromper les Ignorans, que les Auteurs se servent de ce nom équivoque.

L'Or & l'Argent-vif vulgaires ne conviennent point du tout à l'Oeuvre Phisique, non-seulement à l'égard de leur propre Substance, mais encore parce qu'il leur manque une chose, qui, dans notre Art, est d'une absoluë nécessité, à sçavoir un Agent propre. Je n'entens pas parler ici de cet Agent interne, qui est la vertu du Soufre Solaire, dont nous parlerons ci-après; mais de l'Agent externe, lequel doit exciter l'interne, & l'amener de puissance en acte Or cet Agent a été séparé de l'Or dans la fin de sa décoction, c'est-à-dire qu'à mesure qu'une nouvelle forme d'Or a été introduite dans la Matiére, cet Agent s'est retiré, après y avoir toutefois imprimé sa propre vertu, (comme dit très-bien sur cela l'Auteur du Livre intitulé *Margarita pretiosa*) en sorte qu'il n'est resté qu'une seule Substance matérielle ; déterminée par l'action de l'Agent interne après son excitation. Si donc la Nature a séparé de l'Or cet Agent, parce qu'ils ne peuvent compatir ensemble, pourquoi voudrions-nous le rejoindre derechef ? En vérité cela seroit ridicule, tandis que nous pouvons avoir un Corps, avec lequel cet Agent se trouve uni par les poids de la Nature, ausquels, si on sçait ajouter les poids de l'Art, alors l'Art achevera ce que la Nature n'a pû faire. Zachaire parle aussi fort doctement, dans son Opuscule, de l'Argent-vif vulgaire, comme étant privé de cet Agent externe, & nous enseigne qu'il n'est demeuré tel que nous le voyons, que parce que la Nature ne lui a pas joint son propre Agent. Que se peut-il de plus clair & de plus intelligible ? Si donc l'Or & l'Argent-vif vulgaires sont destituez de leur Agent propre, que pouvons-nous espérer de bon de leur cuisson ? Le Comte Bernard semble avoir eu la même pensée, lorsque, défendant de prendre pour l'Ocuvre Phisique, les Animaux, les Végétaux, & les Minéraux, il ajoûte, & les Métaux, comme s'il vouloit dire les Métaux, qui sont restez seuls & sans Agent (1), ainsi que l'explique l'Auteur

(1) Il paroît que le Trévisan pense autrement qu'on ne le rapporte ici. Ce que je vais transcrire de lui à ce sujet, quoiqu'un peu long, n'en sera pas moins satisfaisant pour ceux qui aiment les éclaircissemens. Il est impossible, dit-il dans sa Réponse à Thomas de Boulogne, que l'Art produise les Sémences humaines, mais il peut mettre l'Homme dans l'état qu'il doit être pour engendrer son semblable. Les Sémences vitales se digérent seulement par la Nature dans les Vaisseaux Spermatiques ; mais nous pouvons mêler ces Sémences dans la matrice par la Conjonction du Mâle & de la Fémelle, & cette Conjonction est comme l'Art, qui dispose & mêle les Natures ou Sémences pour la génération de l'Homme. Par exemple : La Sémence de l'Homme, comme plus mûre, plus parfaite & plus active, est conjointe par artifice avec la Sémence passive & moins digérée de la Femme. La Sémence de l'Homme, contenant en soi plus actuellement les Elémens d'Agent, qui sont l'*Air* & le *Feu*, est plus mûre & plus active pour la digestion : De même, la Sémence de la Femme, contenant en soi plus actuellement les Elémens indigestes & cruds, qui sont la *Terre* & l'*Eau*, est passive & indigeste. Ces deux Sémences étant mêlées dans le Vase naturel de la Femme, sans aucune addition de choses étrangéres, & étant aidées par la chaleur interne de la Femme, les Elémens actifs de la Sémence de l'Homme digérent & mûrissent les Elémens passifs de la Sémence de la Femme, & par ce moyen l'Homme est engendré parfait en sa nature. Notre Art divin est semblable à cette génération de l'Homme : Parce que comme dans le Mercure, dont la Nature fait l'Or dans le Vase minéral, se fait la Conjonction des deux Sémences, masculine & féminine ; De même, en notre Art se fait une semblable Conjonction de l'*Agent* & du *Patient* ; car les Elémens actifs, qui sont la Sémence masculine, & les Elémens passifs, qui sont la Sémence féminine, se conjoignent naturellement, en gardant toujours

du Livre intitulé *Arca aperta*. Or il est certain qu'entre tous les Métaux, ces deux seulement, à sçavoir l'Or & l'Argent-vif, peuvent être dits sans Agent propre ; l'Or,

la proportion de la Nature. Cette prémiére Conjonction mercurielle s'appelle Digestion ; durant laquelle la *Puissance* est mise en *Acte* ; c'est-à-dire, la Sémence masculine est tirée de la Sémence féminine, ou autrement, l'Air & le Feu sont tirez de la Terre & de l'Eau, par une Digestion & Subtiliation qui se fait de ces Elémens. Outre cette Conjonction & Digestion naturelles des Sémences dans le Mercure, les Philosophes ont imaginé une autre Conjonction & Digestion plus subtiles : C'est pourquoi, non-seulement ils font de l'Or, mais encore ils le font plus excellent que le commun. Ils commandent donc de prendre l'*Or*, qui contient en soi les Elémens actifs, comme une Sémence masculine, & le *Mercure*, qui contient en soi les Elémens passifs, comme une Sémence féminine, & de conjoindre dûment l'un avec l'autre, afin de les dissoudre en leur administrant seulement une chaleur, qui mette en mouvement celle de l'*Or* pour digérer le *Mercure*. Ainsi donc, comme l'Homme s'engendre naturellement, de même l'Or est engendré artificiellement, quoi que l'Art ne puisse engendrer les Sémences. L'Art ne peut sçavoir les proportions requises dans la Mixtion pour faire les Sémences & les Causes des Estres, qui se font dans la Terre, qui est le Lieu naturel de leur génération ; mais il conjoint les Sémences, produites par la Nature, afin que de leur Conjonction soit produite la Chose, qui doit être engendrée, dans laquelle ces deux Sémences demeurent mêlées ensemble, quoiqu'Aristote semble être d'une opinioin contraire. *Notre Soufre donc, ou Sémence masculine, ne se retire point après la Coagulation du Mercure, comme quelques-uns l'assûrent faussement*, en disant que cela se fait par la vertu du Soleil, dont la chaleur parfait sous la Terre la Forme de l'Or. Ils parleroient mieux s'ils disoient que c'est par le moyen du mouvement de son Globe & de celui de tous les Cieux, parce que les rayons du Soleil n'échauffant que la superficie de la Terre, n'échauffent point sa profondeur, dans laquelle les Métaux sont engendrez.

parce que son Agent en a été séparé dans la fin de sa décoction; & l'Argent-vif, parce qu'il n'y a jamais été introduit, & qu'il est demeuré ainsi cru & indigeste. Que les Chimistes apprennent donc de là, combien ils se trompent lorsqu'ils travaillent avec l'Or & l'Argent vif; prenant l'un pour le Dissolvant, & l'autre pour ce qui doit être dissout; & combien peu ils entendent les Philosophes? Pour nous, nous vous disons hardiment que ni l'Or vulgaire, ni l'Argent-vif vulgaire, ne doivent point entrer dans l'Oeuvre Philosophique, ni en tout ni en partie. Qu'après cela chacun fasse valoir tant qu'il voudra son opinion, il me suffit de sçavoir que je suis dans la vérité, & que je l'ai manifestée au monde.

CHANT DEUXIEME.
Strophe II.

Mais s'ils pouvoient ouvrir les yeux de leur esprit pour bien comprendre le sens caché des Auteurs, ils verroient clairement que l'Or & l'Argent vif du vulgaire sont destituez de ce Feu universel, qui est le véritable Agent, lequel Agent ou Esprit abandonne les Métaux dès qu'ils se trouvent dans des Fourneaux exposez à la violence des flammes; & c'est ce qui fait que le Métail hors de sa Mine, se trouvant privé de cet Esprit, n'est plus qu'un Corps mort & immobile.

Chapitre II.

Notre Poëte semble souscrire à l'opinion que nous venons d'expliquer, en disant que les Métaux vulgaires sont sans Esprit ou Agent, parce qu'ils l'ont perdu dans la fusion; ce qui insinuë que tous les Métaux, étant encore dans leurs Mines, ont avec eux cet Agent, à la réserve seulement de l'Or & de l'Argent-vif, lesquels, quoique dans leurs Mines, n'ont pourtant pas leur Agent propre, parce que, comme nous avons fait voir, il a été séparé de l'Or par sa décoction

SORTANT DES TENEBRES. 433

décoction finalle, & n'a jamais été joint à l'Argent-vif par la Nature. Mais afin que le Lecteur ne retombe pas dans sa prémiére erreur, il est tems que nous disions quelque chose de la Génération des Métaux.

Tous les Philosophes assurent unanimement que les Métaux sont formez par la Nature de Soufre & de Mercure, & engendrez de leur double vapeur : Mais la plûpart expliquent trop briévement & trop confusément la manière dont se fait cette Génération. Nous disons donc que la vapeur des Elémens, comme nous l'avons ci-devant montré, sert de Matiére à toute la Matiére inférieure, & que cette vapeur est très-pure & presque imperceptible, ayant besoin de quelque envelope au moyen de laquelle elle puisse prendre corps, autrement elle s'envoleroit & retourneroit dans son prémier Cahos. Cette vapeur contient en soi un Esprit de lumiére & de feu, de la nature des Corps Célestes, lequel est proprement la Forme de l'Univers. Ensorte que cette vapeur, ainsi impregnée de l'Esprit Universel, représente assez bien le prémier Cahos, dans lequel tout ce qui étoit nécessaire à la Création étoit renfermé, c'est-à-dire la Matiére Universelle, & la Forme Universelle. C'est elle qu'Hermès appelle Vent, lequel porte en son ventre le Fils du Soleil. Lors

Tome III. O o *

donc que par le mouvement des Corps Célestes elle est poussée vers le Centre, comme elle ne peut demeurer sans agir, elle s'insinuë dans la Terre, qui est le Centre du Monde : Mais ayant besoin d'un Corps pour se rendre sensible, elle prend un Corps d'Air, qui est le même que nous respirons, & se renferme en lui pour servir d'aliment à la vie qui est en nous, & en même temps pour nourrir & vivifier toute la Nature. Cette vapeur est attirée au travers de l'Air par notre Feu interne, lequel la transmuë & la convertit en sa propre nature ; mais toutefois après l'avoir fait passer par des *Milieux* convenables, comme nous le ferons voir plus amplement quelque jour, en traitant de la véritable Anatomie de l'Homme. Cet Air est attiré si promptement & si naturellement qu'il est impossible de concevoir aucun temps, aucun lieu, aucun corps dans lequel ne se fasse pas une telle attraction, ce qui prouve invinciblement qu'il n'y a point de vuide dans la Nature, comme l'attestent tous les Philosophes & tous les Scholastiques ; & bien que quelques-uns tâchent de prouver le contraire par des expériences, ce sont de mauvaises preuves, fondées sur de fausses suppositions ; car ils ne prennent pas garde, que ce qu'ils appellent vuide, n'est qu'une simple raréfation, qui n'empêche point qu'il n'y ait de l'Air, ou une Substance semblable, dans laquelle réside l'Esprit dont nous parlons.

Nul Corps au Monde ne pourroit avoir ni conserver son Estre substantiel, s'il n'étoit doüé de cet Esprit, lequel se spécifie & revet la nature de chaque Corps, pour y éxercer les fonctions déterminées de Dieu, lequel a voulu que chaque chose eût en soi son Esprit spécifique pour la conservation de son Estre substantiel : Et comme cet Esprit, qui réside en chaque Corps, est de la nature du Feu, ainsi que nous l'avons expliqué au Traité de la Création, il est sans doute qu'il a sans cesse besoin d'un aliment qui lui soit propre, la nature du feu demandant qu'il soit nourri & alimenté continuellement pour remplacer ce qu'il dissipe aussi continuellement, à cause du mouvement perpétuel qui est en lui, aussi bien que dans les Corps Célestes, doüez de ce même Esprit.

Le mouvement de cet Esprit, tel qu'il se fait dans les Corps, est caché & ne peut jamais s'appercevoir par les Sens, à moins que l'Art ne conduise ce même Esprit à une nouvelle génération par le ministére de la Nature. A la vérité nous voyons bien que les Animaux attirent cette vapeur spirituelle, qui est dans l'Air ; mais à l'égard des autres Corps, dont la Nature est plus grossiére & plus impure, il n'est pas si facile à cet Esprit de s'y insinuer lorsqu'il n'est revêtu que du Corps de l'Air : Il a donc besoin d'un Corps plus solide, & qui ait plus d'affinité avec les Corps Terrestres : C'est pourquoi cette pure vapeur des Elémens s'insinuë dans l'Eau, & se revet de son Corps, & par ce moyen les Végétaux & les Minéraux reçoivent bien plus facilement leur aliment, à cause de cette conformité à leur nature : Cet Esprit donc n'est pas seulement renfermé dans l'Air, mais aussi dans l'Eau.

L'Eau est dispersée par toute la Terre, & devient quelquefois salée, comme nous l'avons fait voir. Or il arrive qu'en certains Lieux où l'Air est renfermé, cet Air, par la simpathie & la correspondance qu'il a avec les Corps Célestes, est émû de leur mouvement, & ce mouvement de l'Air cite la vapeur renfermée dans cette Eau salée, & raréfie l'Eau : Dans cette raréfaction, il se fait une grande commotion, & dilatation des Elémens : Et comme en même temps d'autres vapeurs sulfureuses, qui sont aussi répanduës dans ces Lieux-là, à cause de la continuelle génération du Soufre qui s'y fait (comme nous l'avons encore fait voir ci-dessus) viennent à s'élever, il arrive qu'elles se mêlent avec la vapeur aqueuse & mercurielle, & circulent ensemble dans la matrice de cette Eau salée, d'où ne pouvant plus sortir, elles se joignent au Sel de cette Eau, & prennent la forme d'une Terre lucide, qui est proprement le Vitriol de Nature; le Vitriol n'étant autre chose qu'un Sel, dans lequel sont renfermez les Esprits mercuriels & sulfureux, & n'y ayant rien dans toute la Nature qui contienne si abondamment & si visiblement le Soufre que le Vitriol, & tout ce qui est de la nature du Vitriol.

De ces Eaux Vitrioliques, par une nouvelle commotion des Elémens, causée par celle de l'Air, dont nous avons parlé, s'élève une nouvelle Vapeur, qui n'est ni mercurielle ni sulfureuse, mais qui est de la nature des deux, & en s'élévant par son mouvement naturel, elle éléve aussi avec elle quelque portion de Sel, mais la plus pure, la plus lucide, & la mieux purifiée par l'attouchement de cette Vapeur; en suite dequoi elle se renferme dans des Lieux plus ou moins purs, plus secs ou plus humides, & là, se joignant à la féculence de la Terre, ou à quelqu'autre Substance, il s'en engendre diverses sortes de Minéraux, de la génération spécifique desquels nous traiterons, Dieu aidant, en quelque autre occasion. Mais à l'égard de la génération des Métaux, nous disons que si cette double Vapeur parvient à un Lieu, où la graisse du Soufre soit adhérante, elles s'unissent ensemble, & font une certaine Substance glutineuse, qui ressemble à une masse informe, de laquelle, par l'action du Soufre, agissant sur l'Humidité vaporeuse qui est abondante en ces Lieux-là, se forme un Métail pur ou impur, selon la pureté ou l'impureté des Lieux : Car si ces Vapeurs sont pures & les Lieux aussi très purs, il s'engendrera un Metail très-pur, à sçavoir l'Or, duquel le propre Agent sera séparé à la fin de la décoction; en sorte qu'il ne restera plus que la seule Humidité mercurielle, mais coagulée : Et s'il arrive que la décoction ne s'acheve pas, & que le Soufre ne soit pas entiérement séparé, alors il s'engendrera divers Métaux imparfaits, qui le seront plus ou moins, à proportion de la pureté ou de l'impureté de la Vapeur & du Lieu, & tels Métaux sont dits imparfaits, parce qu'il n'ont pas encore acquis une entiére perfection par la derniére Forme.

A l'égard de l'Argent-vif vulgaire, il s'engendre aussi de cette même Vapeur, lorsque, par la chaleur du Lieu, ou la commotion des Corps supérieurs, elle s'eléve avec les plus pures parties du Sel, mais séparée de son Agent propre, dont l'Esprit s'est évaporé par un mouvement trop subit, comme il arrive à l'Esprit des autres Métaux dans la fusion : Et cela fait qu'il ne reste dans l'Argent-vif que la partie mercurielle, privée de son Mâle, c'est-à-dire, de son Agent ou Esprit sulfureux, & qu'ainsi il ne peut jamais être transmué en Or par la décoction de la Nature, à moins qu'il ne fût de nouveau impregné de cet Agent, ce qui n'arrive jamais.

Parce que nous avons dit, il est aisé de voir combien le Vitriol est éloigné, dans la génération des Métaux, & quelle illusion se font ceux qui travaillent sur lui comme sur la véritable Matiére de la Pierre, dans laquelle doit résider actuellement la véritable Essence métallique.

On voit aussi que les Métaux, tandis qu'ils sont dans leurs Mines, ont avec eux leur propre Agent, mais qu'ils en sont privez par la fusion, & ne retiennent que l'écorce & l'enveloppe de ce Soufre, qui est proprement la scorie du Métal, par où est encore condamnée l'erreur de ceux qui travaillent sur les Métaux imparfaits, après qu'ils ont souffert la fusion.

Mais quelque misérable Chimiste inférera peut-être de là, que les Métaux imparfaits, étant encore dans leurs Mines, pourroient donc bien être le Sujet sur lequel l'Art doit travailler. Quand on lui accorderoit la conséquence, toujours seroit-ce mal-à-propos qu'il entreprendroit de travailler sur eux, puisque nous avons fait voir que les Vapeurs mercurielles, dont ces Métaux imparfaits ont été formez, où les Lieux de leur naissance étoient impurs & contaminez. Comment donc pourroient-ils donner cette pureté qu'on demande pour l'Elixir ? Il n'appartient qu'à la seule Nature de les purifier, ou à ce bienheureux Soufre aurifique, c'est-à-dire, à la Pierre parfaite & achevée, laquelle, en cet état, est un vrai Feu éthéré, très-pénétrant, qui dans un instant donne la pureté aux Métaux, en séparant d'eux leurs excrémens, & en y introduisant la fixité & la pureté, parce qu'il est lui-même très-fixe & très-pur : Et si l'Artiste prétendoit séparer lui-même ces impuretés, il arriveroit qu'en y travaillant, cet Esprit ou cet Agent, si nécessaire à l'Œuvre, s'enfuiroit de ses mains. C'est donc l'ouvrage de la Nature, & non pas de l'Art : Mais ce que l'Art peut faire, c'est de prendre un autre Sujet, déja préparé par la Nature, duquel nous traitterons dans un Chapitre exprès, le plus clairement qu'il nous sera possible, pour le soulagement des pauvres Etudians, & pour la gloire du très-Haut.

CHANT DEUXIEME.
Strophe III.

C'est bien un autre Mercure, & un autre Or, dont a entendu parler Hermès ; un Mercure humide & chaud, & toujours constant au feu. Un Or qui est tout feu & tout vie. Une telle différence n'est-elle pas capable de faire aisément distinguer ceux-ci de ceux du vulgaire, qui sont des Corps morts privez d'esprit, au lieu que les nôtres sont des Esprits corporels toujours vivans.

Chapitre III.

On n'entend parler chez les Philosophes que d'Or-vif, d'Or Philosophique ; mais bien loin de vouloir nous expliquer ce que c'est, il semble qu'ils prennent à tâche de le voiler, & de l'enveloper sous des ombres. Cependant, comme c'est en cela principalement que consiste le véritable fondement de la Doctrine, & même de la Pratique, j'ai cru ne pouvoir mieux faire que d'en dire présentement quelque chose.

Ce n'est pas sans raison que les Philosophes lui ont donné le nom d'Or, car il est réellement Or en Essence, & en Substance; mais bien plus parfait & plus achevé que celui du Vulgaire: C'est un Or qui est tout Soufre, ou plutôt, c'est le vrai Soufre de l'Or: Un Or, qui est tout feu, ou plutôt le vrai feu de l'Or, qui ne s'engendre que dans les Cavernes & dans les Mines Philosophiques: Un Or, qui ne peut être altéré ni surmonté par aucun Elément, puisqu'il est lui-même le Maître des Elémens: Un Or très-fixe, en qui seul consiste la fixité: Un Or très-pur, car il est la pureté même: Un Or tout-puissant, car sans lui tout languit: Or balzamique, c'est lui qui préserve tous les Corps de pourriture: Or animal, c'est l'ame des Elémens, & de toute la Nature inférieure: Or végétable, c'est le Principe de toute végétation: Or minéral, car il est sulfureux, mercuriel, & salin: Or éthéré, car il est de la propre nature des Cieux, & c'est un vrai Ciel Terrestre, voilé par un autre Ciel: Enfin, c'est un Or Solaire, car c'est le Fils légitime du Soleil, & le vrai Soleil de la Nature: C'est lui dont la vigueur fortifie les Elémens, dont la chaleur anime les Esprits, & dont le mouvement meut toute la Nature: De son influence naissent toutes les vertus des

Choses, car il est l'influence de la Lumière, une portion des Cieux, le Soleil inférieur & la Lumière de la Nature, sans laquelle la Science même est aveugle : Sans sa chaleur, la Raison est imbécille ; sans ses rayons, l'Imagination est morte ; sans ses influences, l'Esprit est stérile, & sans sa Lumière, l'Entendement demeure dans de perpétuelles Ténèbres. C'est donc très-à-propos que les Philosophes lui ont donné le nom d'Or-vif, puisqu'il est lui-même, comme j'ai dit, la vie de l'Or, & de sa propre Substance : Car l'Or n'est qu'une Substance mercurielle très-pure, séparée de ses excrémens, & de son propre Agent externe, dans laquelle le Soufre interne, ou autrement le Feu intrinsèque a introduit ses qualités, par lesquelles les autres qualités élémentaires ont été changées, & sont demeurées soûmises à la domination de celles-ci ; ce qui fait que l'Or est inaltérable ; car toutes les qualités des Elémens sont en lui dans un tel équilibre, qu'il n'y a plus de lieu au mouvement ; en sorte que le Volatil étant surmonté par la nature du Fixe, & le Fixe également mêlé avec le Volatil, il en résulte une certaine homogénéité, qui fait sa perfection & la pureté du Composé.

L'Or vif des Philosophes n'est encore autre chose que le pur feu du Mercure, c'est-à-dire la plus digeste & la plus accomplie portion de la très-noble Vapeur des Elémens : C'est l'Humide radical de la Nature, plein de son chaud inné : C'est une Lumiére, revétuë d'un Corps éthéré parfaitement pur, comme nous l'avons expliqué au Chapitre de la Création, où nous avons fait voir que la Lumiére ne pouvant résider dans cette Région inférieure, le Créateur l'avoit renfermée dans le Feu, & l'avoit revétuë de son Corps : Or ce Feu est un pur Esprit, qui fait sa demeure dans le Centre des Elémens, & sert de véhicule à la Lumiére. Notre Esprit donc est joint à l'Humide radical des choses, & réside particuliérement dans le chaud inné ; ce qui fait qu'à bon droit les Sages ont dit de leur Or-vif, que c'étoit la très-pure Vapeur des Elémens, sur laquelle l'Esprit igné avoit commencé d'agir, & y avoit imprimé la fixité, la faisant passer en nature de Soufre, d'où elle a pris le nom de Soufre des Philosophes, à cause de la qualité ignée, qui domine en elle : Elle ne laisse pas aussi d'être appellée très-souvent du nom de Mercure, parce que toute son Essence dépend de la Substance mercurielle.

C'est ce Soufre qui agit en tout Composé, & qui ayant en soi la nature de la Lumiére Céleste, veut, à son exemple, continuellement séparer la Lumière des Ténébres, c'est-à-dire le pur de l'impur; C'est là le véritable Agent interne, qui agit sur sa propre Matiére mercurielle, ou Humide radical, dans lequel il se trouve renfermé. C'est la Forme informant toutes choses; & dans l'ordre de la Génération, c'est de son action & de l'altération qu'il cause, que naissent toutes les diverses Couleurs, selon les divers dégrés de la digestion; mais sa Couleur propre & naturelle est le rouge parfait, auquel se termine toute son action, & où se manifeste son entiére domination sur le Sujet altéré. C'est le chaud inné, lequel se repaît continuellement de son propre Humide radical; & comme celui-ci fournit sans-cesse la Matiére, l'autre agit aussi perpétuellement. C'est enfin le véritable Artisan de la Nature, par qui se manifestent les vertus simpathiques, & par qui se font toutes les attractions; d'où il nous est aisé de comprendre la nature de la Foudre, qui n'est autre chose qu'une exhalaison très-séche de la Terre, laquelle étant répanduë dans les airs, ne demande qu'à s'élever, & dans cette élévation, venant à se purifier & à se dépoüiller des féces & des excrémens auxquels elle est jointe, elle commence à sentir peu à peu ses forces simpathiques. Cette exhalaison contient en soi cette Vapeur des Elémens, que nous avons dit être répanduë par toute la Nature, mais revétuë d'un Corps, parce qu'elle a dèja acquis quelque fixité au moyen de la siccité terrestre: Et comme dans cette nouvelle élevation, elle se trouve jointe à une autre Vapeur plus volatile, qui éxhale incessamment de la Terre, elle est contrainte de s'élever avec elle jusqu'au plus haut de l'air, où se trouvant plus pure & plus dégagée de ses excrémens, comme j'ai dit, elle prend une nature ignée, & continuant à s'élever toûjours d'avantage, à cause de la Vapeur volatile à laquelle elle est unie, elle s'échauffe enfin & s'altére par le mouvement des Etoiles & des Corps Célestes; en sorte qu'ayant attiré à soi les plus subtiles parties terrestres de l'exhalaison, & tout son Humide radical étant consumé, elle est dans un instant transmuée en un Soufre terrestre, lequel étant de nature fixe, n'est plus porté en haut, comme il arrive aux Soufres volatils, mais tombe en terre avec tant d'impétuosité, qu'il n'y a point d'obstacle assez fort pour lui résister. La même chose arrive au Soufre des Philosophes, lorsqu'il est projetté sur de l'Argent-vif; car, par son feu, il change en sa nature tout l'Humide radical, qui est très-abondant dans l'Argent-vif, après en avoir séparé & rejetté les excrémens; Et cet Argent-vif devient lui-même Soufre & Medecine dans toutes les parties, pourvû que l'Humidité se trouve inférieure à la vertu & siccité du Soufre : Car, si la projection se fait sur une trop grande quantité d'Argent-vif, en sorte qu'elle absorbe & surmonte la vertu du Soufre, alors il n'est changé & fixé qu'en Or, dans lequel il se fait un tempérament entre l'Humide radical & le Chaud inné. Au reste, la Foudre, étant portée au travers de l'Air par sa propre vertu, elle est attirée en Terre par un autre Soufre qui se trouve fixe en elle, parce que le Fixe s'éjoüit de la Nature fixe, & va avec précipitation l'embrasser, & se joindre à lui : Après quoi la Foudre, étant tombée en Terre, son mouvement cesse, & se trouvant dans un Lieu qui lui est propre, & où, par la présence de l'Attirant, il se fait plûtôt une rétention qu'une attraction, elle demeure en repos, se refroidit & se concentre dans son propre Corps, après avoir déposé sa férocité, & réprimé sa violence. A l'égard de ses effets prodigieux, il ne s'en faut point étonner ; car comme c'est le Feu très-fixe de la Nature, il détruit en un clin d'œil tout ce qu'il touche, & en consume tout l'Humide radical, à peu près comme une grande flamme en devore une moindre, & qu'une grande Lumiére en absorbe une médiocre.

Il arrive aussi quelquefois, que la Foudre acquiert dans ces exhalaisons, une certaine nature spécifique, suivant laquelle elle détermine son action, en sorte qu'elle détruira une chose, & ne fera aucun dommage à une autre ; ce qui provient de ce qu'elle attire à soi, & absorbe seulement ce qui est de sa nature, laissant ce qui lui est étranger : Et quoique chaque Corps ait en soi cet Humide radical des Elémens, qu'il soit d'une seule & même nature par tout, & qu'il n'y en ait point de deux sortes, toutefois parce qu'il se trouvera dans quelque Corps des Esprits spécifiques, opposez à ceux de la Foudre, & qu'il sera outre cela environné de divers excrémens, alors la Foudre, sentant une nature contraire à la sienne, se portera ailleurs, & s'attachera à un autre Sujet. A l'égard de ces Esprits spécifiques, nous en traiterons plus amplement ailleurs, il suffit pour le présent d'avoir fait connoître d'où proviennent les vertus simpathiques & la force des attractions.

L'effet du Soufre, ou Chaud inné des Elémens, duquel nous traitons dans ce présent Chapitre, se découvre encore mieux dans la Poudre à Canon, car elle abonde extrêmement en vapeur aërienne mercurielle, à cause de la nature du Soufre & du Salpêtre, qui y sont renfermez :

Mais

Mais, parce que son Humide est cru, & plus volatil que fixe par sa nature aërienne; quoique cet Humide ait pourtant en soi son Chaud inné ou Feu interne, il arrive que lorsqu'elle est embrasée, elle démontre entiérement sa nature volatile, & remonte en haut vers sa Patrie, à cause de la conformité qu'elle a avec les choses supérieures, enlevant avec soi des portions d'exhalaison terrestre & ignée ; mais elle ne fait que vaguer au milieu des airs, sans qu'il y ait en elle aucun sentiment d'attraction, ni aucun mouvement, qui la porte plus loin, & dans cet état indifférent elle sert seulement à la Nature pour de nouveaux usages. Mais si la Nature fixe étoit en elle, alors elle chercheroit le Centre de la Terre, & s'y précipiteroit, comme on voit qu'il arrive à la Foudre, ou à la Poudre fulminante de l'Or, dont les Experts sçavent bien extraire le Soufre fixe (suivant ce qu'enseignent fidellement plusieurs Auteurs) lequel après qu'il a été mêlé avec des choses inflammables & volatiles, à la façon de la Poudre à Canon, devient lui-même inflammable ; mais étant enflamé, il ne s'envole pas dans les Airs ; au contraire, devenu plus libre & dégagé de ses excrémens, il se précipite vers la Terre à l'exemple de la Foudre ; & malgré tous les obstacles, il se cache en elle, à cause que le Soufre de l'Or, étant devenu fixe par la Nature, est puissamment attiré par le Feu fixe, qui est renfermé dans la Terre; & ainsi par son propre mouvement, il est entraîné vers le lieu de sa Sphére. Puisqu'on discerne donc si visiblement de semblables attractions, pourquoi ne voudra-t'on pas que ce qu'on appelle Vertus occultes & simpathiques, viennent de la même Cause, quoique cela ne soit pas tout-à-fait sensible aux Ignorans. O combien y a-t'il de choses dans le cours ordinaire de la Nature qu'on attribuë fort mal à propos à ces Vertus ocultes? Mais il n'appartient pas à de malheureux Philosophâtres de connoître la nature des Choses; cet avantage est réservé aux seuls vrais Philosophes. Que ceux donc qui s'arrêtent ainsi aux Causes occultes, s'en tiennent aux vaines subtilités de l'Ecole; quoiqu'il fût beaucoup mieux pour eux de passer pour Chimistes, & que cela leur servît au moins à la connoissance de quelque vérité, que d'abboyer, comme ils font, contre la Lune, faisant voir qu'il ne sont au fonds que des Bêtes: Mais que chacun se berce à son gré de ses propres chiméres, j'y consens de bon cœur.

 Notre Soufre est à bon droit appellé Or vif, puisqu'il est en effet le mouvement & la vie de toutes choses; & notre Poëte en a très-doctement décrit la nature, en disant qu'il est chaud & humide, très-fixe au feu, & pourtant de nature spirituelle; ce qui fait véritablement un Esprit corporifié. Il n'est donc pas surprenant que les Philosophes le cachent aux Ignorans, & ne le découvrent que sous le nom d'Or vif; parce qu'en lui consiste tout le Secret, & toute la Science. Mais examinons un peu en quel Lieu, & en quel Corps principalement on peut le trouver, afin d'en expliquer fidellement toute la Théorie.

Le Soufre, dont il s'agit, est renfermé en tout Corps, & nul Corps ne peut subsister sans lui, comme il est aisé de l'inférer de sa nature; il est dans les Vallées; il est dans les Montagnes; il est au profond de la Terre, dans le Ciel, dans l'Air, en toi, en moi, en tout Lieu enfin, & en tout Corps; en sorte qu'on peut fort bien dire que l'Or-vif des Philosophes se trouve par tout; mais proprement on le doit trouver dans sa Maison, & c'est là qu'il faut la prendre, autrement ce sera en vain qu'on le cherchera ailleurs. L'Or la Maison de l'Or est le Mercure, comme l'enseignent tous les Philosophes: C'est donc dans la Maison du Mercure qu'il faut le chercher; mais il ne faut pas entendre ici le Mercure vulgaire; car quoiqu'il s'y trouve aussi, & que son Corps le renferme, toutefois ce n'eſt qu'imparfaitement & en puiſſance ſeulement, comme nous avons déja dit. Aprens donc à connoître le Mercure, & ſçache que là où il réſide principalement & plus abondamment, c'eſt là que ſe trouve le Soufre: Sçache de plus que c'eſt un vrai Feu, & que le Feu vit de l'Air: Où donc l'Air abonde davantage, c'eſt là qu'il ſe nourrit, qu'il croît, & qu'il ſe trouve facilement: Mais prends garde à le bien diſcerner dans les Lieux, où, quoi qu'empriſonné, il ne laiſſe pas d'éxercer quelque ſorte d'empire, & non pas en ceux où il eſt abſolument ſoûmis aux autres, & ſoüillé par des excrémens; car le Feu de la Nature tend toujours à dominer ſur les autres Elémens, s'il n'en eſt empêché par l'abondance d'Eau qui lui eſt contraire, ou qu'il ne ſoit ſuffoqué ſous les excrémens: De là vient qu'il eſt écrit: Ne mange pas du Fils, dont la Mére abonde en menſtruë.

Les Philoſophes ont donc cherché leur Pierre dans les Minéraux, penſant y trouver une Nature fixe, & une permanence propre à conſerver la vie dans ſon Eſtre, parce que les Minéraux ſont d'une nature plus fixe, à cauſe de la groſſiéreté des Elémens qui les compoſent, & l'abondance d'Eau & de Terre, qui eſt en eux; ce qui fait que leur Humide radical, approchant davantage de la fixité, se convertit plus aisément en Soufre fixe. Outre cela les Minéraux, & sur tout les Métaux s'engendrent aux entrailles de la Terre, où l'Humide des Elémens, que les Influences ont porté au Centre, se conserve en plus grande abondance, d'où vient que les Principes, dont les Métaux sont composez, sont fort remplis de cet Esprit éthéré; & outre cela encore, à force de circuler en vapeur, & de se sublimer, ils se purifient davantage, au lieu que dans les autres Composés, on ne sçauroit trouver cette naturelle & parfaite Sublimation, à cause de la porosité des Vases & de la débilité des Matrices, qui feroit que tout ce qui se sublimeroit s'envoleroit : Ou si la Substance étoit plus corporelle, il se feroit une Altération & une Corruption, tendante à Génération, avec quelque déperdition d'Esprits, qui, particuliérement dans la génération d'un Enfant, pénétrant la Matrice, causeroient divers simptômes, ou à la tête, ou à quelqu'autre partie du corps. Les Elémens donc ne s'élevant pas en vapeur, ni ne se raréfiant pas, il ne se fait aucune circulation, & par conséquent point de purification ; par où il est aisé de voir de quelle excellence doit être la Pierre Phisique, qui, par le moyen d'une seconde Sublimation, qui se fait dans le

Vaisseau Philosophique, acquiert une bien plus grande perfection, & une pureté, si j'ose le dire, toute céleste; ce qui fait qu'à bon droit les Philosophes l'ont appellé leur Ciel.

CHANT DEUXIEME.
Strophe IV.

O grand Mercure des Philosophes, c'est en toi que s'unissent l'Or & l'Argent, après qu'ils ont été tirez de puissance en acte; Mercure tout Soleil & tout Lune; triple Substance en une, & une Substance en trois. O chose admirable! Le Mercure, le Soufre & le Sel me font voir trois Substances en une seule Substance.

Chapitre IV.

Nous avons déja discouru briévement du Mercure des Philosophes; mais afin de le donner mieux à connoître, il faut sçavoir que c'est par les seuls Philosophes que ce Mercure est tiré de puissance en acte, la Nature n'étant pas capable d'elle-même d'achever cette production, parce qu'après une prémiére Sublimation, elle s'arrête, & sa Matiére étant disposée, elle y introduit la Forme, faisant de l'Or ou quelqu'autre Métail, selon le plus ou le moins de Décoction, & aussi selon que les Lieux sont purs ou impurs. Les Philosophes ont pris soin de cacher ce Mercure sous des voiles, & de l'enveloper de Paraboles ; n'en ayant jamais parlé que par Enigme, & sur-tout sous le nom d'Amalgame d'Or, & d'Argent vif vulgaires, donnant au Soufre le nom d'Or, & au Mercure celui d'Argent vif, & cela pour mieux tromper les Ignorans. Tous leurs mots sont équivoques, & c'est là leur façon de parler ; tellement que ce seroit une pure bêtise de vouloir travailler suivant le son de leur paroles. Si cet Amalgame ne se faisoit qu'avec l'Or & l'Argent vif vulgaires, ô que de Gens deviendroient Possesseurs de la Pierre Philosophale ; tout le monde seroit Philosophe, & la Science seroit aisée à acquérir par cette seule Opération. Mais, au fonds, que peut-on recueillir d'un pareil Amalgame, quoique fait avec beaucoup de soin ? rien sans doute, & il n'y a qu'un Esprit subtil & pénétrant qui puisse bien comprendre le Mercure & le Soufre des Philosophes, aussi bien que leur union. Que les Chimistes cessent donc de s'arrêter au son des mots, & qu'ils sçachent que de travailler suivant leur sens apparent, c'est une pure folie, & une dissipation de ses Biens, ce qu'ils reconnoîtront enfin à leurs dépens.

Après que par la Sublimation l'Art purifié le Mercure, ou la Vapeur des Elémens, à quoi est requise une industri merveilleuse, alors il faut l'unir à l'Or vif, c'est-à-dire y introduire le Soufre, afin qu'ils ne fassent ensemble qu'une seule Substance, & un seul Soufre. C'est cette union que l'Artiste doit parfaitement connoître ; & les *Points* ou *Milieux*, par lesquels il peut y parvenir ; sans quoi il sera frustré de son attente. Il a besoin pour cet effet de sçavoir plusieurs choses ; mais sur-tout, si le Mercure & le Soufre sont bien purifiez ; ce qui n'est pas aisé, à moins de connoître bien le principal Agent de cet Oeuvre, le Vaisseau qui y est propre, & plusieurs autres choses, enseignées par les Philosophes au sujet de la Sublimation. Quand donc ils seront bien purifiez, il faudra les unir parfaitement & les amalgamer ensemble, afin que, par l'addition de ce Soufre l'Ouvrage soit abrégé, & la Teinture augmentée. C'est ici où nous devons imiter le silence des Philosophes, de peur que la Science ne soit profanée ; car il est écrit de laisser ceux qui errent, dans leur erreur, & que ce n'est que par la permissiō nde Dieu qu'on parvient à la connoissance de cet Oeuvre, lequel consiste à sçavoir conjoindre le Soleil & la Lune dans un seul Corps. Mais afin aussi qu'on
ne

ne nous accuſe pas d'envie, ſi nous n'en diſons pas davantage, nous proteſtons que ſi à la vérité nous nous ſommes reſervez quelque choſe, il n'y a au moins aucun menſonge dans tout ce que nous avons dit : Que nous n'avons enſeigné aucune Opération Sophiſtique : Que nous n'avons point propoſé diverſes Matiéres, & Qu'enfin nous avons fait voir clairement qu'il n'y a qu'une ſeule vérité, quoique, par un juſte jugement de Dieu, elle ſoit voilée pour quelques uns.

Nous ajoûtons encore que ce Mercure eſt très-ſouvent appellé par les Philoſophes leur Cahos, parce qu'en lui eſt renfermé tout ce qui eſt néceſſaire à l'Art : Par la même raiſon encore ils l'ont nommé leur Corps, le Sujet de l'Art, la Lune pleine, l'Argent vif animé, & d'une infinité d'autres noms. Et parce que les trois Principes y ſont également balancez par l'opération de la Nature, les Philoſophes, à cauſe de cette parfaite union des Principes, l'ont quelquefois appellé Vitriol : En effet le mariage du Soleil & de la Lune s'y fait voir à l'œil, on y voit le Roi dans ſon bain, Joſeph dans ſa priſon, & l'on y contemple le Soleil dans ſa Sphére ; mais l'explication de tous ces noms demanderoit un gros volume, ainſi nous la remettrons à une autre fois.

Tome III. Q q*

CHANT DEUXIEME.
STROPHE V.

Mais où est donc ce Mercure aurifique, qui, étant resout en Sel & en Soufre, devient l'Humide radical des Métaux, & leur Sémence animée ? Il est emprisonné dans une prison si forte, que la Nature même ne sçauroit l'en tirer, si l'Art industrieux ne lui en facilite les moyens.

CHAPITRE V.

LE Soufre des Philosophes est, comme nous avons dit, enclos dans l'intime de l'Humide radical, mais emprisonné sous une si dure écorce, qu'il ne peut s'élever dans les airs que par une extrême industrie de l'Art ; car la Nature n'a pas dans les Mines un Menstruë convenable ni capable de dissoudre & délivrer ce Soufre, faute de mouvement local, & selon que la vapeur s'éléve, ou qu'elle demeure renfermée, tout ce qui est de la prémiére Composition demeure aussi, ou s'envole ; mais si derechef elle pouvoit dissoudre, putréfier & purifier le Corps métallique, sans doute elle nous donneroit elle-même la Pierre Phisique, c'est-à-dire un Soufre exalté & multiplié en vertu. Tout fruit, ou tout grain, qui n'est pas derechef mis dans une terre convenable pour y pourrir, ne multipliera jamais, & demeurera tel qu'il est. Or l'Artiste, qui connoît le bon grain, prend ce grain, & le jette dans sa terre après l'avoir bien fumée & préparée, & là il se pourrit, se dissout, & se subtilie tellement, que sa vertu prolifique s'étend & se multiplie presque à l'infini : Et au lieu que d'abord cette vertu étoit renfermée & comme assoupie dans un seul grain, elle acquiert dans cette régénération tant de force & d'étenduë, qu'elle est contrainte d'abandonner sa prémiére demeure, pour se loger dans plusieurs autres grains. Que les Disciples de l'Art considérent donc attentivement comment, par le seul acte de la Putréfaction & de la Dissolution, ce Soufre interne acquiert une si grande vertu, renfermée dans le prémier grain, qui est si simple d'abord, & à laquelle on n'en ajoûte point de plus grande, & tellement fortifiée & purifiée par elle-même, qu'elle passe aisément de la puissance à l'acte en multipliant son Humide radical par l'Humide radical des Elémens, auquel elle se joint ; car c'est en cela que consiste la vertu spécifique, & point du tout en autre chose. Tout de même, si l'on sçait prendre le Grain Phisique, & qu'on le jette dans sa terre bien fumée, bien purgée de

Q q ij

les Soufres impurs, & amenée à une parfaite pureté, il est sans doute qu'il pourrira; que le pur se séparera de l'impur dans une véritable Dissolution, & qu'enfin il passera à une nouvelle Génération beaucoup plus noble que la prémiére.

Si tu sçais trouver cette Terre, mon cher Lecteur, il te reste peu de chemin à faire pour atteindre à la perfection de l'Oeuvre. Ce n'est point une terre commune, mais une Terre Vierge; ce n'est pas non plus celle que les Fous cherchent dans la terre sur laquelle nous marchons, où il n'y a nulle Germe & nulle Sémence; mais c'est celle qui s'éléve souvent au-dessus de nos têtes & sur laquelle le Soleil terrestre n'a point encore imprimé ses actions. Cette Terre est infectée de vapeurs pestilentielles, & de venins mortiférés, desquels il faut la purger avec beaucoup de soin & d'artifice, & l'aiguiser par son Menstruë cru, afin qu'elle acquiére plus de vertu pour dissoudre: Au reste il ne faut pas entendre ici cette Terre des Sages, où les vertus des Cieux se trouvent ramassées, & dans laquelle le Soleil & la Lune sont ensevelis; car une pareille Terre ne s'acquiert que par une véritable & complette Calcination Phisique; mais celle, dont il s'agit ici, est une Terre qui appéte les embrassemens du Mâle, c'est-à-dire la Sémence

Solaire ; en un mot elle est désignée chez les Philosophes par le nom de Mercure. Mais prends garde, cher Lecteur, de ne pas confondre ce nom de Mercure, & prends pour ton Maître & ton Guide le Chapitre cinquiéme du prémier Chant, afin que par son moyen tu te débarrasses de ces filets ; car cet Art est un Art mistérieux, qui ne peut s'apprendre, qu'après avoir bien connu ses véritables Principes. Attaches-toi donc à les connoître, & tu parviendras à la fin que tu désires.

CHANT DEUXIÉME.

STROPHE VI.

Mais que fait donc l'Art ? Ministre ingénieux de la diligente Nature, il purifie par une flamme vaporeuse les sentiers qui conduisent à la prison. N'y ayant pas de meilleur guide ni de plus sûr moyen que celui d'une chaleur douce & continuelle pour aider la Nature, & lui donner lieu de rompre les liens dont trè Mercure est comme garrotté.

CHAPITRE VI.

LA Nature a toujours accoûtumé de se servir de chaleur pour la Génération des choses, & cette chaleur est manifeste & sensible dans les Animaux. A l'égard des Végétaux, elle est à la vérité insensible, mais elle ne laisse pas d'être compréhensible suivant que le Soleil s'avance ou se recule ; ce qu'on appelle les Saisons ; quoi qu'il ne faille pas croire que la chaleur du Soleil soit une Cause efficiente ; mais seulement une Cause occasionnelle ; le Feu externe de la Nature étant excité par le mouvement du Soleil & des autres Sphéres. Mais pour ce qui est des Minéraux, la chaleur n'y est jamais perceptible, si ce n'est par accident, lorsque les Soufres s'enflamment. Une telle chaleur ne contribuë point à la Génération, au contraire, elle brûle & détruit ce qui est déja engendré dans les lieux voisins : Ainsi, il faut chercher pour eux une autre chaleur, & l'on trouvera qu'elle ne doit pas s'appercevoir par les Sens ; parce que si cela étoit, l'Ouvrage de la Nature seroit trop prompt, mais elle doit être telle qu'on s'apperçoive plutôt du froid, comme il arrive dans les Mines, où règne un froid perpétuel, malgré lequel (ce qui est admirable) la Nature conserve toujours la Cause de la Génération ; c'est-à-dire, une chaleur, qui ne repugne point au froid, & qui étant de la nature des Estres supérieurs, est plutôt intelligible que sensible ; mais ce n'est pas merveille que nos Sens, étant renfermez dans un Corps grossier, ne puissent discerner ce qui est d'une Substance spirituelle. Nous concevons bien, par exemple, dans les choses artificielles, que l'aiguille d'une Montre se meut sans cesse, & nous jugeons de son mouvement par les effets qu'il produit ; cependant il n'y a personne qui ait le Sens assez Subtil pour apercevoir ce mouvement, quelque application qu'il ait à l'observer. On peut donc aisément conclure, par un argument tiré du petit au grand, que le mouvement de la Nature, beaucoup plus subtil que celui de l'Art, doit être imperceptible à nos Sens. Enfin, c'est une chaleur de la nature des Esprits, qui est d'être toujours en mouvement ; & comme le mouvement est la Cause de la chaleur, elle a une faculté innée d'échauffer. On en peut trouver quelque idée dans les Eaux fortes, & dans de semblables Esprits, qui ne brûlent pas moins en Hiver, que le feu fait en tout temps, & qui font de tels effets, qu'on les croiroit capables de détruire toute la Nature, & la réduire à rien ; toutefois l'Humide radical des Elémens ne craint point leur voracité, car en lui, comme nous avons dit, réside un feu d'une nature beaucoup plus noble, qui méprise cet autre feu. De là vient que l'Or, qui abonde en cet Humide radical, n'est point détruit par de telles Eaux, & quoi qu'il paroisse quelquefois dissout par elles & réduit en nature d'Eau, ce n'est qu'une illusion des Sens; puisqu'il sort de ces mêmes Eaux aussi beau qu'auparavant, en conservant son même poids ; ce qui n'arrive pas aux autres Corps, parce que leur Humide n'est pas si terminé ni si digéré par le feu intrinséque de la Nature, lequel se trouve suffoqué en eux par l'Humidité trop cruë, ce qui le rend languissant, & susceptible d'altération par le Feu de ces Eaux fortes, en sorte qu'il s'envole aisément, & que le Composé est réduit à rien, ne restant plus qu'une cendre corrodée. A l'égard de ces Esprits corrosifs, ils sont appellez Feux contre Nature, parce qu'ils détruisent la Nature. Que les Ignorans apprennent donc de là combien ils errent, quand ils prennent de pareilles Eaux pour dissoudre les Métaux, ou d'autres Matiéres semblables, au lieu de se servir du même Feu, dont se sert la Nature, lequel il faut seulement sçavoir bien aiguiser, afin de le rendre plus actif, & plus convenable à la nature du Composé. Au reste, la construction de ce Feu est très-ingénieuse, & en cela consiste presque tout le Sécret Phisique, les Philosophes n'en ayant rien dit, ou très-peu de chose. Pour nous, nous en parlerons ci-après, nous contentant pour le présent d'avertir les Chimistes de se donner bien de garde de construire leur Feu avec les Eaux fortes & vulgaires, car ce n'est pas avec un tel Feu qu'il faut secourir la Nature, mais avec un Feu doux, naturel & administré à propos.

CHANT DEUXIEME.
Strophe VII.

Oüi, oüi, c'est ce seul Mercure que vous devez chercher, ô Esprits indociles ! puisqu'en lui seul vous pouvez trouver tout ce qui est nécessaire aux Sages. C'est en lui que se trouvent en puissance prochaine & la Lune & le Soleil, qui sans Or & Argent du vulgaire, étant unis ensemble, deviennent la véritable Semence de l'Argent & de l'Or.

CHAPITRE VII.

IL est dit dans le Dialogue de la Nature, & ailleurs, qu'on juge aisément du Principe qui fait agir, par la fin qu'on se propose. Mais à l'égard des Chimistes, il n'est pas difficile de voir que le but auquel ils aspirent, est de faire de l'Or, & qu'ils ne sont portez à l'acquisition de cet Art que par ce seul motif. La tirannie que l'Or éxerce sur les cœurs, s'est tellement emparée du Monde, qu'il n'y a aucun Païs, aucune Ville, aucun endroit où l'Or ne manifeste son pouvoir : Il n'y a point de Sçavant, point de Païsan, point d'Enfant même qui ne soit réjoüi par son éclat, & ne soit attiré par sa beauté ; & cela parce qu'il est de la Nature Humaine de désirer le bien, & de rechercher ce qu'il y a de plus parfait. Or il n'y a rien sous le Soleil de plus parfait que ce Fils du Soleil, dans lequel est gravé le véritable caractére du Pére : Ce n'est point un Enfant adultérin, mais son Fils légitime, & sa véritable Race, revêtuë de toute sa splendeur, qui a réuni en soi toutes ses vertus, & qui les départ ensuite libéralement aux autres. Rien n'est si beau dans le Ciel que le Soleil, rien de si parfait sur la Terre que l'Or ; aussi toute la Troupe Chimique n'aspire qu'à sa possession ; d'où il arrive que telle qu'est leur fin, tel est leur travail ; c'est-à-dire, que leur intention étant d'avoir de l'Or, le fondement de leur travail est l'Or ; mais ils ne sçavent pas que pour la Multiplication des choses, on ne demande pas le Fruit ni le Corps, mais le Sperme & la Sémence du Corps, avec laquelle il se puisse multiplier. Mais il est temps d'expliquer en peu de mots ce que c'est que ce Sperme & cette Sémence.

 Nous avons déja dit ci-devant en plusieurs endroits, que le véritable Sujet de la Nature, ou Substance des Corps, étoit l'Humide radical, & nous avons si bien fait voir la Nature de cet Humide radical, qu'il ne reste plus à sçavoir que l'ordre de sa Spécification, & la maniére de sa Multiplication. Pour y parvenir, il faut regarder comme une chose constante que le Feu de la Nature, ou autrement le Soufre de Nature, réside dans cet Humide radical, & qu'il est le grand Artisan de la Nature, auquel elle obéït absolument; car ce qu'il veut, la Nature le veut aussi. Or ce Feu, ainsi renfermé dans les Corps, ne désire que de s'étendre en vertu, & en quantité; c'est pourquoi il convertit sans-cesse en soi l'Humide radical, & se multiplie en le consumant; mais cela se fait imperceptiblement, & à mesure, autrement la nature du Corps se détruiroit, si on ne lui fournissoit pas toujours un nouvel Humide pour remplacer l'Humide consumé. Ce Feu est le Chaud inné, toujour splein de vie & de chaleur; mais il est gouverné par des Esprits spécifiques, lesquels sont de la nature de la Lumiére surcéleste, & ont reçu cette Spécification dans le point de la Création par la vertu ineffable de Dieu, & selon son bon plaisir, auquel la Nature ne fait qu'obéïr, en suivant sans relâche ses Loix éternelles. Ces Esprits spécifiques demeurent constamment dans les Corps jusqu'à ce qu'ils soient entiérement confumez, & réduits à rien ; c'eſt-à-dire, tant que l'Humide radical ſubſiſte en tout ou en partie ; mais lui, étant une fois détruit, la vertu ſpécifique eſt auſſi détruite. Ce Chaud inné, enrichi de ſon Eſprit ſpécifique, réſide, comme nous avons dit, dans le Domaine royal de l'Humide radical, comme le Soleil dans ſa propre Sphére : La nature du Corps lui obéït, & l'Humide radical lui fournit ſans-ceſſe ſa matiére & ſon aliment, lequel eſt auſſi ſans-ceſſe dévoré par ce Feu, & converti dans ſa propre nature ; mais cette coction eſt plus ou moins forte, & la Nature opére plus ou moins facilement, ſelon le plus ou le moins d'excrémens qu'elle rencontre. Cet Humide eſt diſperſé par tout le Corps, & ſe conſerve dans le Centre de la moindre de ſes particules ; & lorſqu'il abonde en Humidité, c'eſt le Sperme du Corps : Mais ſi cette Humidité eſt terminée & plus cuite, alors c'eſt proprement la Sémence du Corps. La Sémence n'eſt donc autre choſe qu'un Point inviſible du Chaud inné, revêtu de ſon Eſprit ſpécifique, lequel réſide dans l'Humide radical, & cet Humide, après quelque altération, eſt proprement le Sperme du Corps.

Cette Sémence, en quelque Règne que ce ſoit, Animal, Végétable ou Minéral, veut sans-cesse se multiplier autant qu'elle en a le moyen ; mais elle est souvent contrainte de demeurer en repos & sans action, renfermée dans son Corps, à cause que la Nature n'a pas de mouvement local, à moins que l'Art industrieux n'excite la chaleur interne par quelque moyen externe, & ne lui donne lieu par cet aiguillon de rassembler ses forces, & de réveiller sa vertu pour s'en servir à dévorer son Humide radical, & ainsi se multiplier : Mais l'Humide radical, qui est l'aliment propre de la Sémence, est aussi quelquefois tellement enveloppé d'excrémens, qu'il ne sçauroit aider au Chaud inné ; en sorte qu'il demeure tout languissant & sans action, quoique le propre de sa nature soit d'agir ; & lors, ne pouvant attirer à soi qu'une très-petite portion de l'Humide radical, & encore avec beaucoup de peine & de temps, il arrive enfin, par l'émotion naturelle & l'intempérie des Elémens, qu'il se détruit entiérement, & retourne vers sa Patrie ; d'où il revient dans de nouveaux Corps : Ainsi la Corruption de l'un est la Génération de l'autre, par une continuelle vicissitude des choses.

Dans le Règne Animal, le Chaud inné attire des alimens l'Humide, qui lui est nécessaire pour sa restauration ; & par cette attraction, les parties du Corps affoiblies, se refourniffent d'un nouvel Humide à la vérité, mais pourtant plus cru, quoi qu'il soit de même nature, & qu'il ait d'autant plus d'affinité avec lui, que ces alimens sont plus souvent pris du même Règne : Ils sont quelquefois pris aussi du Végétable, où cet Humide a reçu une spécification particuliére, mais plus convenable pourtant à la Nature Animale, que celui qui se trouve, dans les Minéraux ou dans les Élémens, dont la nature est trop universelle. Au reste, tous ces Humides radicaux sont d'une même Substance & Essende, à la différence que quelqu'uns n'ont reçu aucune coction, & que les autres l'ont reçuë en partie.

La Nature, dans ses Opérations, passe toujours par des *Milieux*, & ne va jamais d'une extrémité à l'autre, si elle n'y est forcée ; ce qui arrive très-rarement, comme on le remarque dans les Gens, qui, au rapport de quelques Auteurs, ont vêcu pendant un certain temps d'air seulement, ou de terre appliquée sur leur estomach, d'où on prétend qu'ils ayent tiré l'Humide, qui y étoit renfermé : Mais quand cela seroit vrai, il n'en faudroit pas faire une régle. Quoi qu'il en soit, l'Humide radical est attiré de toutes les parties du Corps pour le rétablissement du Chaud inné, qui a été consumé, & toutes ces diverses parties, se trouvant pleines de cet aliment, rejettent un certain superflu aqueux, qui a quelque affinité avec l'eau, lequel demeure répandu par tout le Corps, jusqu'à ce que, par la faculté attractive de certaines parties, il y soit attiré & conservé pour l'usage du Sperme : Ensuite dequoi, venant à recevoir sa détermination dans les Vases Spermatiques, il devient enfin un véritable Sperme, lequel ayant été répandu par tout le Corps, & en ayant ramassé en soi toute la vertu, contient, à cause de cela, en puissance tous les membres du Corps distinctement : Et de là s'établit la vérité de cette Doctrine, Que le Sperme est le dernier & le plus parfait excrément de l'aliment.

Ce Sperme veut toujours être séparé du Corps grossier, pour être porté dans un lieu pur, où il puisse servir à la génération de l'Animal ; & comme c'est l'Extrait & la Quintessence du Corps, il est nécessaire qu'il soit dissout par quelque chose de fort pur, afin que le Chaud inné, ou le Point Séminal, contenu en lui, puisse aisément se fortifier & multiplier en vertu. Pour donc y parvenir, la Nature a donné cet instinct à l'Animal de s'accoupler avec sa Fémelle, afin que, par cet accouplement, ce Sperme fût porté hors de son lieu, & jetté dans une matrice convenable.

Le Sperme masculin, étant entré dans la matrice, s'unit dans l'instant avec le Sperme féminin, d'où résulte un certain Sperme de nature hermaphrodite. Dans le Sperme féminin dominent les Elémens passifs, & dans le Sperme masculin dominent les Elémens actifs, ce qui leur donne lieu d'agir & de pâtir entr'eux ; car autrement, s'ils étoient de même qualité, il ne se feroit pas d'altération, ni si facilement ni si promptement, & il seroit à craindre que la vertu spécifique de la Sémence, qui est très-subtile, ne s'évanoüît.

Ces Spermes, venant à recevoir quelque altération, à quoi contribuë la qualité acide du Menstruë, alors le Chaud inné commence à agir sur l'Humide & l'assimile à soi ; & ainsi croissant en vertu & en quantité, il devient plus mûr & plus actif ; en sorte que recevant toujours un nouvel aliment du Menstruë, il le transmuë en chair, en os, & en sang. Mais comme nous traiterons de cela dans son lieu, il suffit pour le présent de sçavoir, que ce Sperme s'augmente par la transmutation du sang menstruel, & que ce sang menstruel abonde en Humidité, laquelle sert à faire corrompre le Sperme ; c'est-à-dire, que par sa crudité & son acidité, il corrompt les Elémens
humides

humides de l'Humide radical, & les dissout ; en sorte qu'étant purifiez par cette altération, ils deviennent un aliment plus noble & plus propre pour la Sémence, à laquelle ils donnent lieu d'agir avec plus de vertu, & de conduire les choses à une plus grande maturité. Mais c'est assez parler du Règne Animal.

A l'égard du Végétable, nous disons de même, que le Sperme des Végétaux est leur Humide radical, répandu dans toute la masse du Corps, lequel est abondant en Humidité aqueuse : Ce Sperme ne demande qu'à être subtilisé & élevé en haut par l'attraction de l'Air supérieur, parce qu'il est Air lui-même, & que la Nature s'éjouit en sa nature ; de là vient que les Arbres, & les Plantes s'élevent en haut, laissant en bas la partie grossiére, jusqu'à ce qu'étant parvenus à une subtilité convenable, & le pur étant toujours séparé de l'impur, ils passent enfin en grain de Sémence. Ce grain, où est renfermé le Sperme, est de nature hermaphrodite, & contient en soi les qualités masculine & féminine ; car les Végétaux n'ayant pas un mouvement local pour faire l'accouplement des deux Natures, il a été nécessaire que cette double Nature fût contenuë dans les Grains, & dans les Sémences. Ces Grains demeurent sans action, & ne passent point à une nouvelle génération, à moins qu'ils ne soient mis en mouvement par un Agent externe : Mais si le Laboureur les jette dans une terre, qui leur soit propre, comme dans une matrice, dans laquelle il y ait une humeur cruë & menstruale, alors ils se corrompent par le moyen de cette humeur, & d'un certain Esprit acro nitreux, & par cette corruption le Sperme est purifié, & la Sémence dissoute, laquelle attire à soi son aliment pour sa restauration ; mais n'en trouvant pas suffisamment dans le Grain même, elle est obligée d'en attirer de la terre, dont elle fortifie & multiplie sa vertu : Et en même temps, par cette attraction, sont aussi attirées quelques parties de Terre & d'Eau, qui servent de voies aux autres Elémens & à l'Humide radical ; & de cette façon la Sémence croit en quantité à l'égard du Corps, & en qualité à l'égard de sa vertu. La Sémence est puissamment portée à une telle attraction, en sorte que ne pouvant demeurer en repos, elle va d'elle-même au devant du nutriment, s'étendant en racines, lesquelles se glissent sous terre pour y chercher sans cesse un nouvel aliment, & quoi qu'il y en ait abondamment dans l'Air, toutefois celui qui est dans la terre a plus d'affinité avec la nature du Grain, parce qu'il est moins spirituel ; ce qui a obligé le Maître de la Nature de difpofer tellement les chofes, qu'en même temps que les Grains feroient femez, le froid de l'Hiver environât la Terre, afin que les pores en étant bouchez, la Sémence ne pût aller prendre fon aliment dans l'Air, mais qu'elle le cherchât dans la Terre, où, comme nous avons dit, il eft plus convenable à fa nature.

Outre cela, par l'action du grand froid, cette vapeur des Elémens, ou cet Humide radical cru des chofes, fe conferve bien mieux en terre, parce que les pores en étant bouchez, les racines s'étendent bien plus librement dans fon fein, & y deviennent bien plus vigoureufes, y prenant un corps dur & folide, à caufe de la froideur de la terre, & de la groffiéreté de l'eau : Mais quand le Printemps vient reprendre la place de l'Hiver, alors les pores de la Terre s'ouvrent ; & cette vapeur, venant à s'exhaler, les racines, qui fe trouvent deftituées d'aliment, font obligées d'aller le chercher dans l'Air, où elles fentent qu'il eft, ce qui fait qu'elles s'élévent, & font comme attirées en haut, & dans cette élévation, le pur eft toujours plus aifément féparé de l'impur, l'aliment groffier étant attiré des racines pour la production de la maffe feulement : Au refte, la Plante croît & fe fortifie jufqu'à ce qu'elle soit parvenuë à un âge de perfection ; après quoi son attraction étant affoiblie, elle est contrainte de s'arrêter dans les termes de sa grandeur ; mais le pur ne laisse pas toujours d'être séparé de l'impur, & de se renfermer sous une écorce, d'où il se forme une grande quantité de nouveaux Grains ; & ainsi se fait la multiplication des Végétaux, par laquelle d'un seul Corps, il en naît plusieurs d'une façon merveilleuse.

Venons présentement aux Minéraux, & disons qu'ils sont produits de la même manière, parce que la Nature est une, & la même par tout. A l'égard des Métaux en particulier, comme nous avons déja traité de leur Génération, nous y renverrons le Lecteur, nous contentant de dire quelque chose ici de leur Sémence. La Sémence des Métaux est proprement leur Chaud inné ; c'est-à-dire, le Feu enclos dans l'Humide radical ; & parce que la Nature a eu le temps & le lieu propre pour bien purifier leur Humide & le subtiliser en vapeur, on peut dire que les Métaux, à raison de leur grande homogénéïté, ne sont autre chose que l'Humide radical lui-même ; sur tout les Métaux parfaits, lesquels n'ont retenu aucune Scorie, ni aucun Soufre externe, mais en ont été séparez. Cet Humide est appellé d'un autre nom, Argent vif; mais il ne faut pas s'imaginer qu'il ait été purifié & subtilié assez parfaitement pour avoir acquis entiérement une nature spermatique ; au contraire, il a contracté dans la terre quelque grossiéreté par l'union d'une Substance aqueuse, en laquelle les Métaux abondent extrémement ; ce qui fait que ce sont proprement des fruits de l'eau, comme les Végétaux le sont de la terre. Pour ce qui est des autres Elémens, ils y sont mêlez diversement.

Le Sperme donc des Métaux est renfermé dans un Corps, lequel Corps est l'Argent-vif, tant du Vulgaire, que celui des autres Métaux, & c'est lui qui en est proprement la Matiére ; en sorte que si vous séparez du Métail la Substance de l'Argent-vif (ce qui est facile à faire,) ce qui reste n'est plus un Métail. Ce Sperme ne laisse pas d'être souillé, parce qu'il est renfermé dans un Corps de terre & d'eau, & bien que cette eau & cette terre soient très-pures & très-resplandissantes au regard des autres Corps, toutefois, par raport à la Sémence, ce ne sont que comme des féces, & comme une écorce ; parce que le Point séminal est de la nature du Ciel, dont il participe beaucoup plus que de la Nature inférieure. Ce Sperme est le véritable véhicule de la Lumiére céleste, qui ne pouvoit loger que dans un Corps auſſi pur, & ce Corps eſt proprement la moyenne Subſtance de l'Argent vif, dont Géber & les autres parlent tant, diſant que c'eſt la Pierre connuë des Philoſophes, & deſignée dans leurs Chapitres: Et que c'eſt enfin le véritable Sperme des Métaux, lequel il faut néceſſairement avoir, puiſque ſans lui la multiplication de la Sémence eſt impoſſible. La Sémence des Métaux eſt donc encloſe dans ce Sperme, de la même maniére qu'il a été dit à l'égard des autres Règnes; mais dans des dégrés différens, ſelon le plus ou le moins de coction & de purification. Elle ſe peut auſſi extraire de tous Corps, mais fort facilement à l'égard de quelques-uns, & très-difficilement à l'égard des autres, c'eſt-à-dire, quaſi point du tout. Il eſt néceſſaire à l'Artiſte de bien connoître cette Sémence, & l'ayant connuë, l'extraire pour opérer une nouvelle Génération & Multiplication: Mais avant cela, il eſt néceſſaire que ſon Sperme ſe putréfie, ſe ſépare, & ſe purifie par un Moyen propre & un Menſtruë couvenable, dans une matrice qui le ſoit auſſi; après quoi tu la trouveras multipliée, & tu auras la véritable Pierre des Philoſophes, & le Soufre des Sages. Je te dis encore que cette Sémence a ſur tout acquis dans les Métaux la nature fixe, ce qui a obligé les Philosophes de la chercher particuliérement en eux, afin d'avoir une Médecine fixe, qui ne se consumât pas aisément, ni ne s'envolât à une douce chaleur. Sois donc prudent, mon cher Lecteur, dans l'extraction de cette Sémence : Si tu veux parvenir à l'Oeuvre Philosophique, que cela te suffise.

CHANT DEUXIEME.
Strophe VIII.

Mais toute Sémence est inutile, si elle demeure entiére, si elle ne pourrit, & ne devient noire ; car la Corruption précéde toujours la Génération. C'est ainsi que procéde la Nature dans toutes ses Opérations ; & nous, qui voulons l'imiter, nous devons aussi noircir avant de blanchir, sans quoi nous ne produirons que des Avortons.

Chapitre VIII.

Notre Poëte enseigne ici briévement ce que nous avons déja expliqué, à sçavoir que sans la putréfaction, il est impossible d'atteindre au but désiré, qui est la délivrance du Soufre, ou Sémence, renfermée dans la prison des Elémens : Et en effet, il n'y a que ce seul moyen, car si la Sémence n'est jettée en terre pour y pourrir, elle demeure inutile, la Nature nous enseignant de procéder par la corruption à la multiplication des Sémences. Or cette corruption ne s'accomplit que dans un Menstruë approprié, comme nous l'avons fait voir en parlant des Animaux & des Végétaux. Dans les Animaux, le Menstruë est placé dans la matrice, où le Sperme se corrompt ; & à l'égard des Végétaux, leur Menstruë se trouve dans la terre, où les Sémences sont réincrudées & corrompuës. Pour ce qui est des Minéraux, leur Menstruë est renfermé dans leur propre matrice, qui est prise pour leur terre : Mais comme dans les Animaux, les matrices doivent être confortées, & les Fémelles nourries des meilleurs alimens, sans quoi l'Embrion auroit de la peine à être poussé dehors, ou resteroit très-infirme ; & comme il faut aussi dans les Végétaux que la terre soit labourée, purifiée, appropriée, & fumée, autrement en vain y jetteroit-t'on du Grain ; il en est de même des Minéraux, & surtout de nos Métaux dans la procréation de l'Elixir ; car si la Sémence aurifique n'est jettée dans une terre bien préparée, jamais l'Artiste ne viendra à bout de ce qu'il souhaite, parce qu'autrement la matrice sera infectée de vapeurs puantes, &

de

de Soufres impurs. Sois donc très-circonspect dans la culture de cette terre, après quoi jettes-y ta Sémence, & sans doute elle te rapportera beaucoup de fruit.

Fin du second Chant.

CHANT TROISIEME,

Strophe I.

O vous ! qui pour faire de l'Or par le moyen de l'Art, ètes sans cesse parmi les flammes de vos charbons ardens ; qui tantôt congelez, & tantôt dissolvez vos divers Mêlanges en tant & tant de maniéres, les dissolvant quelquefois entiérement, quelquefois les congelant seulement en partie ; d'où vient que comme des Papillons enfumez, vous passez les jours & les nuits à rôder autour de vos fourneaux.

CHAPITRE PREMIER.

LE front des Chimistes, toujours moite de la sueur qu'il distille sans cesse, marque bien la dissolution de leur cerveau ; mais il a beau s'en élever des vapeurs, elles sont si noires & si impures, que bien loin que leur ignorance soit purgée par ce moyen, & leur tête purifiée, elles ne font que découvrir leur folie. C'est le supplice des Damnés que d'avoir toujours envie de voir la Lumière, & d'être dans de perpétuelles Ténébres : Il en est de même de ces Chimistes ; car quoique la Lumière se léve pour les autres, ils demeurent toujours ensévelis dans un profond sommeil, & leurs yeux sont dans un aveuglement qui ne finit point. Quel moyen de chasser d'autour d'eux les Ténébres qui les environnent, & comment dissoudre la grossiéreté de leur esprit, si le feu continuel de leurs Fourneaux a tellement raréfié leur entendement, qu'il ne leur en reste presque plus. Vous les voyez sans-cesse occupez à anatomiser toutes sortes de Mixtes par leurs Calcinations, Dissolutions, Cohobations, & Sublimations, s'imaginant avoir distinctement, par ce moyen, les diverses Substances des Elémens, & donnant à leurs Mêlanges, à leurs Huiles, & à leurs folles Confections divers noms, comme d'Air, de Feu, & semblables. Quelle extravagance de prétendre purger les Corps de leur crasse, & de leur impureté, par le moyen des Eaux corrosives, & contre nature, qui corrompent & détruisent la Nature, renfermée dans les Mixtes. Ces Eaux dissolutives des Philosophes ne doivent point moüiller les mains, parce qu'elles sont du genre des Esprits mercuriels & permanens, qui ne s'attachent qu'aux choses qui sont de leur propre nature : Et s'ils lisoient les Auteurs, ils verroient qu'ils enseignent que nulle Eau ne peut dissoudre les Corps d'une véritable Dissolution, que celle qui demeure avec eux dans une même Matiére, & sous une même Forme, & que les Métaux dissouts peuvent derechef recongeler. Mais, en vérité, quelle convenance y a-t'il entre les Eaux de ces Gens-là, & leurs Corps ? nulles sans doute ; car au lieu de se joindre à eux, elles surnagent au-dessus, & demeureroient de la sorte au feu jusqu'au jour du Jugement. Malheureux qu'ils sont, ils prétendent être fort habiles, & ne se sont jamais donné la peine d'apprendre ce qu'il faut nécessairement sçavoir avant toutes choses.

Il n'y a pas moins d'habileté à connoître l'Eau des Philosophes, qu'il y en a à connoître leur Soufre ; & l'ouvrage de la Solution est aussi caché chez eux, que l'Or qu'ils entendent qu'il faut dissoudre est mistérieux. Cela est cause que les Ignorans prennent d'abord l'Or vulgaire, ou quelqu'un des autres Métaux, & qu'ils essayent de le dissoudre avec le Mercure, ou avec quelqu'autre Minéral corrosif, ce qu'ils font vainement. Quelle folle raison leur peut perfuader qu'un Corps terreſtre ſera conjoint avec une Humidité aqueuſe ſans un *Milieu*, qui puiſſe unir ces deux Natures, tous les Philoſophes ordonnant expreſſément de combiner les Elémens par des *Milieux*, & enſeignant que jamais les Extrêmes ne peuvent être unis ſans une nature participante des deux ? Mais les pauvres Gens ne ſçavent rien de ce qu'il faut ſçavoir, & ils veulent édifier ſans avoir un bon fondement : Ils joignent enſemble diverſes choſes ſelon leur caprice & ſans éxamen, & ils s'imaginent tout poſſible & tout aiſé. Il y en a pluſieurs d'entr'eux qui raiſonnans ſuivant la capacité de leur petit cerveau, établiſſent pour un Axiôme indubitable, Que la Matiére eſt Une ; qu'il faut la diſſoudre & purifier, puis en extraire ce qu'elle a de pur, & enſuite la joindre avec un Mercure bien lavé ; après quoi, ſans autre induſtrie, & ſans autre feu que celui des charbons, on doit la commettre aux ſoins de la Nature. Ceux qui raiſonnent de la ſorte ſont les plus doctes, & prétendent entendre parfaitement les paroles des Philoſophes ; mais les pauvres Ignorans n'en comprennent pas la véritable intention. Car avant de commettre l'ouvrage à la Nature, il faut, à l'éxemple du Laboureur, que l'Artiſte choiſiſſe le Grain qui lui eſt néceſſaire ; qu'il le dépure, & qu'ensuite il le mette dans une terre bien cultivée ; après quoi il peut sans difficulté le confier aux soins de la Nature, à l'aide d'une simple chaleur, administrée au dehors Qu'ils commencent donc par entendre ce que c'est que notre Grain, ce que c'est que la culture de notre terre, & après ils pourront dire qu'ils sçavent quelque chose. Mais puisque nous avons touché ce qui regarde la Solution, il est à propos que nous l'éxaminions avec un peu d'attention.

Les Auteurs disent qu'il y a trois sortes de Solution dans l'Ouvrage Phisique : La prémiére, qui est la Solution ou Réduction du Corps cru & métallique dans ses Principes, à sçavoir en Soufre & en Argent vif : La deuxiéme, est la Solution du Corps Phisique : Et la troisiéme, est la Solution de la Terre minéralle. Ces Solutions sont si envelopées de termes obscurs, qu'il est impossible de les entendre sans le secours d'un Maître fidelle. La prémiére Solution se fait, lorsque nous prenons notre Corps Métallique, & que nous en tirons un Mercure & un Soufre ; c'est là que nous avons besoin de toute notre industrie, & de notre Feu occulte artificiel pour extraire de notre Sujet ce Mercure ou cette Vapeur des Elémens, la purifier après l'avoir extraite, & ensuite par le même ordre naturel, délivrer de ses prisons le Soufre, ou l'Essence du Soufre ; ce qui ne peut se faire que par le seul moyen de la Solution, & de la Corruption, laquelle il faut parfaitement connoître : Le signe de cette Corruption est la noirceur, c'est-à-dire qu'on doit voir dans le Vase une certaine fumée noire, laquelle est engendrée de l'Humidité corrompante du Menstrue naturel ; car c'est d'elle que dans la commotion des Elémens, se forme cette Vapeur. Si donc tu vois cette Vapeur noire, sois certain que tu es dans la droite voie, & que tu as trouvé la véritable méthode d'opérer. La deuxiéme Solution se fait, quand le Corps Phisique est dissout, conjointement avec les deux Substances ci-dessus, & que dans cette Solution tout est purifié, & prend la Nature Céleste ; c'est alors que tous les Elémens subtiliez préparent le fondement d'une nouvelle Génération, & c'est là proprement le véritable Cahos Philosophique, & la vraie prémiére Matiére des Philosophes, comme l'enseigne le Comte Bernard ; car c'est seulement après la Conjonction de la Fémelle & du Mâle, du Mercure & du Soufre, qu'elle doit être ditte la prémiére Matiére, & non auparavant. Cette Solution est la véritable réincrudation, par laquelle on a une Sémence très pure, & multipliée en vertu ; car si le Grain demeuroit en terre sans être réincrudé & réduit dans cette prémiére Matiére, en vain le Laboureur attendroit-il la Moisson desirée. Tous les Spermes sont inutiles pour la multiplication, s'ils ne sont auparavant réincrudez : C'est pourquoi il est très-nécessaire de connoître parfaitement cette réincrudation, ou réduction en prémiére Matiére ; par laquelle seule se peut faire cette deuxiéme Solution du Corps Phisique. A l'égard de la troisiéme Solution, c'est proprement cette humectation de la Terre, ou Soufre Phisique & Minéral, par laquelle l'Enfant augmente ses forces ; mais comme elle a principalement son raport à la Multiplication, nous renverrons le Lecteur à ce que les Auteurs en ont écrit. Voilà ce que nous avions à dire briévement sur le sujet de la Solution, afin que le Lecteur puisse bien comprendre tout ce qui appartient à la Théorie, & qu'avec ce secours il lise plus hardiment les Ecrits des Philosophes, & se dépêtre plus facilement de leurs filets.

CHANT TROISIEME.
Strophe II.

Cessez désormais de vous fatiguer en vain, de peur qu'une folle espérance ne fasse aller toutes vos pensées en fumée. Vos travaux n'opérent que d'inutiles sueurs, qui peignent sur votre front les heures malheureuses que vous passez dans vos salles retraites. A quoi bon ces flammes violentes, puisque les Sages n'usent point de charbons ardens, ni de bois enflammez pour faire l'Oeuvre Hermétique ?

Chapitre II.

Nous devrions dans ce Chapitre, pour suivre l'ordre de notre Poëte, parler du travail ridicule des Artistes vains; mais parce que nous en avons déja dit quelque chose, & que nous aurons encore occasion d'en parler, nous n'y insisterons pas pour le présent, de crainte d'être trop prolixes, nous nous contenterons seulement d'avertir le Lecteur sur le sujet du Feu, qu'il ne faut pas entendre un feu de charbon, de fumier, de lampe, ni de quelqu'autre genre que ce soit ; mais que c'est le Feu dont use la Nature, ce Feu si fort caché chez les Philosophes, & dont ils ne parlent que très-obscurément ; la construction duquel est aussi difficile qu'elle est sécrette, & si les Artistes la sçavoient, nous pouvons assurer hardiment qu'ils n'auroient qu'à entreprendre l'Oeuvre des Philosophes pour y réüssir : Mais afin que le Lecteur soit convaincu de nos bonnes intentions sur ce sujet, nous allons passer à l'explication du Chapitre qui suit.

CHANT TROISIEME.

Strophe III.

C'est avec le même Feu dont la Nature se sert sous terre, que l'Art doit travailler, & c'est ainsi qu'il imitera la Nature. Un Feu vaporeux, mais qui n'est pourtant pas léger ; un Feu qui nourrit & ne dévore point ; un Feu naturel, mais que l'Art doit faire ; sec, mais qui fait pleuvoir ; humide, mais qui desseche. Une Eau qui éteint, une Eau qui lave les Corps, mais qui ne moüille point les mains.

CHAPITRE III.

JE ne m'étonne pas si plusieurs, & presque tous ont erré faute de connoître le Feu ; car c'est comme si quelqu'un manquoit d'instrumens nécessaires à son

Art ; il est sûr qu'il ne viendroit jamais au but qu'il se propose, & ne feroit rien que d'estropié & d'imparfait. Afin donc que vos Ouvrages soient parfaits, ô Enfans de l'Art, servez-vous de ce Feu instrumental, par lequel seul toutes choses se font parfaites. Ce Feu est répandu par toute la Nature, car sans lui elle ne sçauroit agir, & par tout où la vertu végétative est conservée, là aussi ce Feu est caché. Ce Feu se trouve toujours joint à l'Humide radical des choses, & accompagne continuellement le Sperme cru des Corps : Mais, quoi qu'il soit ainsi répandu par toute la Nature inférieure, & dispersé dans les Elémens, il ne laisse pas d'être inconnu au monde, & ses actions ne sont pas assez considerées. C'est ce Feu qui cause la corruption des choses, car c'est un Esprit très-cru, ennemi du repos, qui ne demande que la guerre & la destruction. C'est une chose qu'on ne sçauroit trop admirer dans la Nature que tout ce qui se trouve exposé à l'Air, tout ce qui est dans l'Eau, ou sous la Terre se réduit à rien, & retourne dans son prémier Cahos. Les Pierres les plus solides, les plus fortes Tours, les plus superbes Edifices, les Marbres les plus durs, & tous les Métaux enfin, excepté l'Or, sont réduits en poudre après une longue suite de temps. Le Vulgaire ignorant a accoutumé d'attribuer une chose si surprenante au temps qui dévore tout ; & cela vient de ce qu'il ignore ce qui est caché dans les Elémens, & sur-tout dans l'Air. C'est une flamme invisible & insensible, qui insensiblement consume tout, & l'envelope sous un profond silence. Ce Feu dont nous parlons est diffus dans l'Air, parce qu'il est tout aërien de sa Nature. Par son Esprit cru il décompose les Mixtes, & détruisant les Ouvrages de la Nature, il réduit toutes choses dans leur prémier Estre par le moyen de la corruption : C'est par lui que les couvertures de plomb de certains Bâtimens, sont après un long temps converties en une roüille blanche, qui ressemble à la Céruse artificielle, & qui étant lavée par l'eau des pluyes, se confond avec elle & se perd. Le Fer, tout de même, est changé en scorie peu à peu, & une partie après l'autre : Les cadavres des Animaux, leurs ossemens, les troncs des Arbres, aussi-bien que leurs racines quasi terrifiées, les Marbres, les Pierres, les Métaux, enfin tout ce qui est dans la Nature tombe par succession de temps, & est réduit au néant par cette seule Cause, & par ce seul Feu secret.

Ce Feu est quelquefois appellé Mercure par les Philosophes, par une équivoque de nom ; parce qu'il est de nature aërienne , & que c'est une vapeur très-subtile, participant du Soufre avec lequel elle a contracté quelque souillure ; & nous disons de bonne foi, Que qui connoît le Sujet de l'Art, connoît aussi que c'est là principalement que réside notre Feu, toutefois envelopé de féces & d'impuretés ; mais il ne se communique qu'aux vrais Sages, qui le sçavent constituer & purifier. Il a tiré du Soufre une imperfection, & une siccité adustible, qui fait qu'on doit agir avec lui sagement & avec précaution, si on veut s'en bien servir ; autrement il devient inutile. Faute de ce Feu, la Nature cesse souvent d'agir dans les Corps, & où entrée lui est déniée, là ne se fait aucun mouvement vers la génération, la Nature laissant son Ouvrage imparfait dès que cet Agent n'a plus son action libre. Ce Feu est dans un continuel mouvement, & sa flamme vaporeuse tend perpétuellement à corrompre, & à tirer les choses de puissance en acte ; comme il se voit dans les Animaux, lesquels ne seroient jamais portez à la génération, ne rechercheroient jamais l'accouplement, & ne songeroient jamais à la production de leurs semblables, sans ce Feu prompt à se mouvoir, qui excite & réveille leur propre feu lorsqu'il est engourdi : C'est lui qui est la véritable Cause du mouvement libidineux, par lequel l'Animal est porté à se joindre à son semblable, & y est excité par un aiguillon très-picquant; ce qui fait qu'en certain temps les Animaux sont tellement incitez à l'acte de la génération, que malgré tous les obstacles, oubliant toute tristesse, & méprisant toute douleur, ils s'y portent de toute leur puissance, & en suivent tous les mouvemens avec joie. Qui des Hommes seroit assez fou pour souhaiter toutes les saletés attachées à cet action? Qui voudroit se donner toutes les peines qui servent ordinairement de moyen pour y parvenir? & Qui ne craindroit de s'exposer aux maladies, qui dérivent de cette source, si on n'y étoit forcé par un mouvement violent, & entraîné par les Loix de la Nature. C'est ce Feu, lequel répandu dans les membres, agite tout le Corps, usurpant un pouvoir tirannique sur les facultés qui lui sont soumises, & soumettant toute notre volonté aux appétits de l'Ame; de sorte qu'on peut dire, si quelqu'un résiste à ses flammes, que ce n'est que par un secours Divin, & par le frain d'une raison toute puissante. Cet Esprit très-subtil s'insinuë dans les entrailles, les émeut fortement, & par son feu allume toute la masse du sang. C'est par sa chaleur que le Feu interne est excité & comme invité au combat de Vénus, car elle se porte avec violence aux Vases spermatiques, & les échauffe tellement, que la Sémence pleine d'Esprits se dilatant, & rompant les bornes de sa prison, ne demande qu'à être jettée dans la matrice de la Femme, afin de s'y multiplier dans son propre vaisseau, en faisant passer sa vertu générative de puissance en acte.

Ce Feu éxerce un semblable pouvoir dans le Règne Végétable ; mais, quoi qu'il s'y trouve renfermé dans tous les Corps, néanmoins, parce que les Elémens y sont plus grossiers que dans le Règne Animal, il n'est pas excité si aisément, & il a besoin de l'industrie de l'Art, & qu'on appelle à son secours l'Air, ou quelqu'autre Elément, afin d'être rendu plus actif & plus prompt à opérer : Ce qui se remarque à l'arrivée du Printemps, & dans l'Esté ; car alors les pores des Corps étans ouvers, ce Feu, répandu dans les Elémens de l'Eau, de la Terre & de l'Air, s'insinuë dans ces Corps, & fait voir son action dans l'ouvrage de la végétation. Sans ce Feu la Nature, accablée sous le fais des excrémens, ne feroit que languir, au lieu qu'étant réveillée par ce mouvement vif & pressant, elle agit sans-cesse ; & devenuë plus vigoureuse, elle épand sa vertu au long & au large.

On peut dire la même chose des Minéraux, & comme ils s'engendrent dans les Cavernes de la Terre, il est aisé à cet Esprit de feu de s'y conserver à cause de la solidité des Lieux ; ce qui fait que la Nature y engendre plus commodement les Métaux, sur-tout si les Lieux ont dèja été purifiez par ce même Feu. Mais comme il arrive quelquefois, à cause de la froideur du Lieu, que les pores du Corps sont bouchez, & que cela fait qu'ils demeurent sans action, pleins d'obstructions & d'excrémens ; alors cet Esprit est obligé de vaguer dans ces antres, & y suscite souvent des mouvemens violens, après avoir abandonné son Corps. Mais pour le mieux faire connoître ce Feu, sçache qu'il s'envelope ordinairement d'excrémens sulphureux ; parce qu'il appette la nature chaude, & qu'il se revêt d'un habillement salin, ce qui fait que la Terre étant pleine de Soufres, les Métaux s'y engendrent très-aisément, pourvû que les autres Causes matérielles y interviennent. Mais après que la Nature a achevé la génération des Corps métalliques, il ne se fait point de multiplication à cause des empêchemens dont nous avons parlé ci-devant, & que ce Feu s'évanoüit subitement. De là vient aussi que les Métaux, qui ont souffert le feu de fusion, demeurent comme morts, parce qu'ils sont privez de leur Moteur externe;

ferne ; & c'est ce qui oblige l'Artiste, quand la Nature a cessé d'agir, de la secourir en doublant ses poids, & en y introduisant un plus grand dégré de feu.

Enfin nous disons que ce Feu, à cause de la siccité sulfureuse dont il participe, veut être humecté, afin de s'insinuer plus librement dans le Sperme humide féminin, & le corrompre par son humidité superfluë ; mais à cause de sa qualité volatile & séche, il est très-difficile de l'attraper, & il faut le pêcher avec un rez bien délié par un moyen qui soit propre à cela. C'est dans cette occasion que l'Artiste doit connoître parfaitement les simpathies des choses & leurs propriétés, & qu'il doit être versé dans la Magie naturelle. Le Menstruë doit être éguisé par ce Feu, afin que ses forces en soient augmentées ; & il ne suffit pas à l'Artiste de connoître le Feu, il faut encore qu'il sçache l'administrer, & qu'il entende parfaitement les dégrés de sa proportion ; mais comme cela dépend de l'expérience & de l'habileté des Maîtres, nous n'en dirons pas davantage présentement.

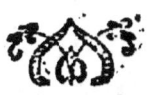

CHANT TROISIEME.
STROPHE IV.

C'est avec un tel Feu que l'Art, qui veut imiter la Nature, doit travailler, & que l'un doit suppléer au défaut de l'autre. Nature commence, l'Art acheve, & lui seul purifie ce que la Nature ne pouvoit purifier. L'Art a l'industrie en partage, & la Nature la simplicité; de sorte que si l'un n'applanit le chemin, l'autre s'arrête tout aussi-tôt.

CHAPITRE IV.

Nous avons fait voir ci-dessus en quoi consiste l'habileté de l'Art, à sçavoir, à secourir la Nature, & sur-tout dans l'administration du Feu, tant externe qu'interne. Ce dernier sert pour l'abbréviation de l'Oeuvre, & consiste dans l'addition d'un Soufre plus mûr & plus digest, par le moyen duquel la Sublimation Phisique se parfait entiérement; car le Feu augmente le Feu, & deux Feux unis, échauffent davantage & convertissent les Elémens passifs en leur nature, bien plus aisément que ne sçauroit faire un seul. C'est donc un très-grand artifice que de sçavoir secourir le Feu par le Feu, & tout l'Art de la Chimie n'est autre chose que de bien connoître les Feux, & les sçavoir bien administrer.

Les Philosophes nous parlent dans leurs Livres de trois sortes de Feux, le Naturel, l'Innaturel, & le Feu contre-nature.

Le Naturel est le Feu masculin, le principal Agent; mais pour l'avoir, il faut que l'Artiste emploie tous ses soins & toute son étude; car il est tellement languissant dans les Métaux, & si fort concentré en eux, que sans un travail très-opiniâtre, on ne peut le mettre en action.

L'Innaturel est le Feu féminin, & le Dissolvant universel, nourrissant les Corps, & couvrant de ses aîles la nudité de la Nature; il n'y a pas moins de peine à l'avoir que le précédent. Celui-ci paroît sous la forme d'une fumée blanche, & il arrive très-souvent que sous cette Forme il s'évanoüit par la négligence des Artistes. Il est presque incompréhensible, quoique par la Sublimation Phisique il apparoisse corporel & resplandissant.

Le Feu contre-nature est celui qui corrompt le Composé, & qui le prémier a la puissance de dissoudre ce que la Nature avoit fortement lié. Il est voilé sous une infinité de noms, afin d'être mieux caché aux Ignorans, & pour bien le connoître, il faut beaucoup étudier, lire & relire les Auteurs, & comparer toujours ce qu'ils disent avec la possibilité de la Nature. Il y a outre cela divers Feux, comme de fumier, de bain, de cendres, d'écorces d'Arbres, de noix, d'huile, de lampe & autres qui tous sont compris mistiquement sous la Catégorie de ces trois Feux, ou par eux-mêmes, ou en partie, ou en tant qu'unis ensemble; mais parce qu'il faudroit un gros volume pour expliquer tous ces noms, & plusieurs autres encore qui se trouvent dans les Livres, il suffira pour le présent, & dans le dessein que nous avons d'éviter la prolixité, d'en avoir donné quelque idée, d'autant mieux que notre Poëte a si clairement décrit les propriétés de ce Feu, qu'il semble n'être pas besoin d'un plus grand éclaircissement.

CHANT TROISIEME.
Strophe V.

A quoi donc servent tant & tant de Substances différentes dans des Cornuës, dans des Alembics, si la Matiére est unique aussi-bien que le Feu? Oui, la Matiére est unique, elle est par tout, & les Pauvres peuvent l'avoir aussi-bien que les Riches. Elle est inconnue à tout le monde, & tout le monde l'a devant les yeux; elle est méprisée comme de la bouë par le Vulgaire ignorant, & se vend à vil prix; mais elle est prétieuse au Philosophe, qui en connoit la valeur.

CHAPITRE V.

PResque tous les Philosophes conviennent entr'eux sur l'unité de la Matiére, & affirment unanimement qu'elle est une en nombre & en espéce ; mais plusieurs d'entr'eux entendent parler de la Matiére Phisique, qui est une Substance mercurielle, & à cet égard ils disent qu'elle est une, parce qu'en effet il n'y a qu'un seul Mercure en toute la Nature, quoi qu'il contienne en soi diverses qualités, par lesquelles il varie, selon la diverse domination & altération de ces qualités. Pour moi, je n'entens point ici cette sorte d'unité, mais celle qui regarde le Sujet Phisique, que l'Artiste doit prendre à la main, & qui sans aucune équivoque est unique ; car notre Oeuvre ne se fait point de plusieurs Matiéres, l'Art n'étant pas capable de mêler les choses avec proportion, ni de connoître les poids de la Nature. Il n'y a donc qu'une Nature, qu'une Opération, & enfin qu'un seul Sujet, lequel sert de base à tant d'Opérations merveilleuses.

Ce Sujet se trouve en plusieurs lieux, & dans chacun des trois Règnes ; mais si nous regardons à la possibilité de la Nature, il est certain que la seule Nature métallique doit être aidée de la Nature, & par la Nature : C'est donc dans le Règne minéral seulement ou réside la Sémence métallique, que nous devons chercher le Sujet propre à notre Art, afin de pouvoir opérer facilement. Mais quoi qu'il y ait plusieurs Matiéres de cette sorte ; il y en a une pourtant qu'il faut préférer aux autres : Il y a divers âges dans l'Homme, mais l'âge viril est le plus propre à la génération : Il y a diverses Saisons dans l'année, mais l'Automne est la plus propre à cueillir la moisson : Enfin, il y a divers Luminaires dans le Ciel, mais le Soleil est le seul propre à illuminer. Apprens donc à connoître quelle est la Matiére la plus propre, & choisis la plus facile. Nous rejettons sur-tout, toutes les Matières, dans lesquelles l'Essence métallique n'est pas renfermée, non-seulement en puissance, mais aussi en acte très-réel; & ainsi tu n'erreras pas au choix de ta Matière. Où n'est pas la Splendeur métallique, là ne peut-être la Lumière de notre Sperme. Laisse donc chacun dans son erreur, & prends garde de te laisser surprendre aux fourberies, & aux illusions, si tu veux réüssir dans ton dessein : Et sçaches certainement que tout ce qui est nécessaire à l'Art est renfermé dans ce seul & unique Sujet. Il est vrai qu'il faut aider la Nature afin qu'elle fasse mieux son ouvrage, & qu'elle l'achève plus promptement, & cela par un double moyen, lequel, sur toutes choses, il te faut connoître.

Ce Sujet non-seulement est un, mais il est outre cela méprisé de tout le monde, & à le voir on n'y reconnoît aucune excellence. Il n'est point vendable, car il n'est d'aucun usage hors l'Oeuvre Philosophique, & lorsqu'il est dit par les Philosophes que toute Créature en use, qu'il se trouve dans les boutiques, & qu'il est connu de tout le monde, ils entendent par là ou l'Espéce ou la Substance interne du Sujet, qui, étant mercurielle, se trouve en toutes choses. Bien des Gens l'ont souvent dans leurs mains, & le rejettent par ignorance, ne croyant pas qu'il puisse y avoir rien de bon en lui, comme il m'est arrivé plusieurs fois à moi-même. Mais afin de te le marquer plus clairement, voici une nouvelle leçon que je vais te donner. Sçache donc que le Soufre Philosophique n'est autre chose que le Feu très-pur de la Nature, dispersé dans les Elémens, & renfermé par cette même Nature dans notre Sujet, & dans plusieurs autres, où il a déja reçu quelque coction, par laquelle il est en partie congelé & fixé; toutefois sa fixité n'est encore qu'en puissance, parce qu'il est enveloppé de beaucoup de vapeurs volatiles, qui sont cause qu'il s'envole aisément & s'évanouit dans les airs : Car lorsque dans un Sujet la partie volatile surmonte la fixe, toutes deux deviennent volatiles, & cela est selon les régles, & la possibilité de la Nature. Cette Lumière ne se trouve donc point actuellement fixe sur la Terre, sans être surmontée des qualités contraires, hormis dans l'Or ; ce qui fait que l'Or est le seul de tous les Corps où les Elémens sont dans une proportion égale, & par conséquent fixe & constant au feu. Mais lorsque cette vertu fixe est surmontée par une plus grande partie volatile de même nature qu'elle, & qu'elle se trouve jointe à des excrémens

vaporeux

vaporeux, alors elle perd cette fixité pour un temps, quoi qu'elle l'ait toujours en puissance. Notre Soufre, lequel est requis pour l'Oeuvre, est la splendeur du Soleil, & de la Lune de la nature des Corps Célestes, & revêtu d'un semblable Corps. Ainsi il faut que tu cherches soigneusement en quel Sujet cette splendeur peut être & s'y peut conserver, & sçache que là où est cette splendeur, là est la Pierre tant recherchée. Il est de la nature de la Lumiére de ne pouvoir paroître à nos yeux sans être revêtuë de quelque Corps, & il faut que ce Corps soit propre aussi à recevoir la Lumiére : Là où est donc la Lumiére, là doit aussi être nécessairement le véhicule de cette Lumiére. Voilà le moyen le plus facile pour ne point errer. Cherche donc avec la lumiére de ton esprit, la Lumiére qui est envelopée de Ténébres, & apprens de là que le Sujet le plus vil de tous, selon les Ignorans, est le plus noble selon les Sages, puisqu'en lui seul la Lumiére repose, & que c'est par lui seul qu'elle est retenuë & conservée. Il n'y a aucune nature au monde, excepté l'Ame raisonnable, qui soit si pure que la Lumiére, ainsi le Sujet qui contient la Lumiére doit être très-pur, & le Vase, qui doit servir à tous les deux, ne doit pas non plus manquer de pureté. Voilà comment dans un Corps très-abject est renfermée une chose très-noble, & cela afin que toutes choses ne soient pas connuës de tous.

CHANT TROISIEME.
Strophe VI.

C'est cette Matière, si méprisée par les Ignorans, que les Doctes cherchent avec soin, puisqu'en elle est tout ce qu'ils peuvent désirer. En elle se trouvent conjoints le Soleil & la Lune, non les vulgaires, non ceux qui sont morts. En elle est renfermé le Feu, d'où ces Métaux tirent leur vie ; c'est elle qui donne l'Eau ignée, qui donne aussi la Terre fixe ; c'est elle enfin qui donne tout ce qui est nécessaire à un Esprit.

Chapitre VI.

Notre Poëte continuë dans ce Chapitre d'enseigner à sa manière ordinaire, ce que nous avons dèja dit du Sujet de l'Art ; mais afin de ne pas ennuyer par des répétitions, nous dirons seulement ici que dans ce Sujet sont renfermez le Sel, le Soufre & le Mercure des Philosophes, lesquels doivent être extraits l'un après l'autre par une Sublimation Phisique parfaite & accomplie : Car d'abord on doit tirer le Mercure en forme de vapeur ou de fumée blanche, & ensuite dissoudre l'Eau ignée, ou le Soufre par le moyen de leur Sel bien purifié, volatilisant le fixe, & conjoignant les deux ensemble dans une union parfaite. A l'égard de cette Terre fixe, dont notre Poëte dit qu'elle est contenuë dans notre Sujet, nous disons qu'en elle gît la perfection de la Pierre, le véritable Lieu de la Nature, & le Vaisseau où se réposent les Elémens. C'est une Terre fusible & ignée, très-chaude & très-pure, laquelle doit être dissoute & inhumée, pour être renduë plus pénétrante, & plus propre à l'usage des Philosophes, & pour être enfin le second Vaisseau de toute la perfection. Car comme il est dit au sujet du Mercure que le Vaisseau des Philosophes est leur Eau, aussi peut-on dire à l'égard de cette Terre, que le Vaisseau des Philosophes est leur Terre. La Nature, comme une prudente Mére, t'a donné, mon cher Lecteur, dans ce seul Sujet tout ce que tu peux désirer afin que tu en tires le noyau, & que tu le prépares pour ton usage.

Cette Terre, par sa Sécheresse ignée & innée, attire à soi son propre Humide, & le consume ; & à cause de cela elle est comparée au Dragon qui dévore sa queuë

Au reste elle n'attire & n'affimile à foi fon Humide que parce qu'il eft de fa même nature. Par où fe decouvre la fottife de ceux qui effayent vainement d'unir & de congéler par le moyen de leurs Eaux, des chofes tout-à-fait oppofées & auffi éloignées entr'elles, que le Ciel l'eft de la Terre, dans lefquelles il ne fe fait pas la moindre attraction. La chaleur externe n'eft pas capable de congéler l'Eau, à quelque dégré que foit mife cette chaleur; bien loin de cela, elle la diffout, & la raréfie en l'élevant dans les airs. Mais la chaleur interne de notre Terre Phifique opére bien plus naturellement; auffi en arrive-t'il une fûre & parfaite congélation.

CHANT TROISIEME.
Strophe VII.

Mais au lieu de considérer qu'un seul Composé suffit au Philosophe, vous vous amusez, Chimistes insensez, à mettre plusieurs Matiéres ensemble; & au lieu que le Philosophe fait cuire à une chaleur douce & solaire, & dans un seul Vaisseau, une seule Vapeur qui s'épaissit peu à peu, vous mettez au feu mille ingrédiens differens; & au lieu que Dieu a fait toutes choses de rien, vous au contraire, vous réduisez toutes choses à rien.

Chapitre VII.

Notre Auteur se mocque en cet endroit de tous les vains travaux des Chimistes vulgaires, & sur-tout de ceux qui travaillent sur diverses Matiéres à la fois; ce qui répugne entiérement à la vérité de la Science; car ces Substances sont séparées ou par la Nature ou par l'Art: Si c'est par la Nature, quoi qu'ils fassent, ils ne pourront jamais conjoindre ce que la Nature a disjoint, & toujours la Substance aqueuse surnagera; ce qu'il y a même à considérer, c'est qu'ils ne connoîtront jamais le juste poids, parce qu'ils n'ont pas en leur pouvoir la balance de la Nature, laquelle, par ses attractions, pése les Essences des choses ; & ainsi il arrivera que ces Ignorans, bien loin de fortifier ces attractions, les détruiront, ne considérant pas que l'estomac de l'Animal attire seulement ce qui lui est nécessaire, & rejette le reste par les excrémens. Il leur est donc impossible de connoître ce véritable poids & par conséquent leur erreur est sans reméde ; car prenant des choses contraires & déja séparées par la Nature, dans lesquelles il ne se peut faire d'attraction, jamais le poids ne se trouvera.

Que si ces Substances sont séparées par l'Art, le poids de la Nature ne s'y trouvera pas non plus, étant détruit & dissipé par la discontinuité des Elémens, & une partie demeurera toujours séparée de l'autre. Ainsi ceux-là n'errent pas moins, qui, prenant deux Matiéres, prétendent les travailler, les purifier & les conjoindre par leurs sophistiques opérations, que ceux qui, ne prenant qu'un seul Sujet, le divisent en plusieurs parties, & par une vaine Dissolution croyent les réunir de rechef. Notre Art ne consiste point en pluralité, & quoi qu'il soit ordonné presque dans tous les Traités des Philosophes de prendre tantôt une chose & tantôt une autre, à sçavoir une partie fixe & une partie volatile, ou bien de prendre de l'Or ou quelqu'autre Corps, le purifier, le calciner & le sublimer, tout cela n'est que tromperie & qu'un pur mouvement d'envie pour abuser les Hommes; mais quand ils auront reconnu leurs erreurs par leur propre expérience, alors ils verront que je n'ai enseigné que la vérité.

CHANT TROISIEME.
Strophe VIII.

Ce n'est point avec les Gommes molles ni les durs Excrémens, ce n'est point avec le Sang ou le Sperme humain; ce n'est point avec les Raisins verts, ni les Quintessences herbales, avec les Eaux fortes, les Sels corrosifs, ni avec le Vitriol Romain, ce n'est pas non plus avec le Talc aride, ni l'Antimoine impur, ni avec le Soufre, ou le Mercure, ni enfin avec les Métaux même du vulgaire qu'un habile Artiste travaillera à notre grand Oeuvre.

Chapitre VIII.

Ceux qui travaillent sur les Animaux, les Végétaux, & sur tout ce qui en dépend, se trompent fort lourdement; &

quiconque peut s'imaginer de telles choses, n'est pas digne de porter le nom de Philosophe : Car quelle convenance, je vous prie, y a t'il entre les Animaux & les Métaux, soit matérielle, soit formelle ? Diront-ils, pour s'excuser, que les Animaux, les Végétaux, & les Minéraux ont un même Principe de Substance en général, étans tous sortis d'un seul & même Cahos ? De tels Ignorans ne connoissent guéres la Nature, & n'ont jamais apperçu sa Lumiére ; aussi seroit-ce du temps perdu que de s'amuser à réfuter une si vaine opinion, d'autant plus qu'on ne doit jamais disputer contre ceux qui nient les Principes. On se contente donc de leur dire, Qu'au lieu d'entreprendre tant de vaines Opérations sur des raisons aussi foibles, il leur seroit encore plus pardonnable d'anatomiser les Elémens de l'Air ou de l'Eau commune, dans lesquels ils pourroient trouver ces mêmes Substances & moins souillées d'excrémens. On peut dire la même chose à ceux qui s'amusent à travailler sur les Gommes & sur les Raisines, qui ne sont proprement que des excrémens de l'Humide radical des Végétaux, que la Nature a rejettée comme une superfluité : Ce n'est pas qu'il n'y ait eu quelque légére altération des Elémens, & qu'elles ne renferment quelque vertu spécifique, capable d'action ; mais que cela est bien éloigné de la Nature mineralle, dans laquelle seule on doit chercher ce qu'il faut pour notre Oeuvre.

Ceux-là se précipitent encore dans une abîme d'erreurs qui travaillent sur les Sels, & sur les Eaux fortes & corrosives ; car ces choses n'ont point en elles cet admirable Soufre Phisique, la Nature n'étant jamais que dans sa propre nature ; & de plus, elles n'ont point cette splendeur métallique qu'il nous faut nécessairement trouver. Ces sortes d'Eaux ne sçauroient jamais nous être utiles, car ce sont des Humidités contre nature qui la dissipent & la détruisent par leurs impuretés, & leurs Esprits puants ; & bien loin de nous servir de leur ministére pour notre Art, nous devons au contraire les éviter comme une peste.

Mais que dirons-nous de ceux qui travaillent sur le Vitriol ? car il semble qu'ils ont touché droit au but, le Vitriol contenant en soi les Principes desquels se forme l'Essence Métallique : & ainsi ayant le Principe, il n'est pas mal-aisé d'arriver à la Fin. Nous disons qu'ils se trompent comme les autres, parce que ce Principe est trop éloigné, & qu'il nous faut prendre une Matière prochaine & spécifiée, dans laquelle la Nature ait pésé ses Spermes, & y ait renfermé une Sémence prolifique. Or le Vitriol ne contenant point cette Semence métallique, laquelle, comme nous avons dit, ne se trouve pas dans le Sang encore cru, mais seulement dans un Corps amené à un certain terme de perfection, c'est à bon droit qu'il est rejetté, & qu'il ne peut être pris pour notre Matiére. Il en est de même du Soufre & de l'Argent vif vulgaires, en chacun desquels il manque quelque chose, sçavoir en celui-ci l'Agent propre, & en l'autre la Matiére düë, ou le Patient ; à cause dequoi ils sont rejettez de tous les Philosophes. Il faut dire encore la même chose des autres Minéraux, dans lesquels on ne sçauroit trouver cette splendeur & cette Essence métallique, dont nous avons parlé.

Mais pour ce qui regarde l'Antimoine, il semble qu'il soit en état de nous donner ce que nous cherchons ; car il a une si grande affinité avec les Métaux, qu'on peut dire que c'est proprement un Métail cru : Cependant, si nous éxaminons sa composition intrinséque, il est certain que nous trouverons qu'il a de très-grandes superfluités, & entr'autres une humidité grossiére & indéfinie, qu'il est très-difficile à l'Art de purifier, à cause que sa nature est trop déterminiée au Saturne, étant proprement un Plomb ouvert & cru, transmué par l'opération de la Nature, ce qui a obligé les Philosophes de défendre qu'on s'y attachât, ni qu'on travaillât sur lui.

Ceux qui travaillent sur les Métaux, errent encore beaucoup dans le choix de la Matiére prochaine qu'il faut prendre ; car étant unique, il n'est pas nécessaire de s'amuser par trop de rafinement à faire des Amalgames, ni aucune autre vaine mixtion : Mais comme nous ayons dèja traité de leur Génération & des Causes de leur imperfection, laquelle les empêche d'être propres pour notre Oeuvre, nous renverrons le Lecteur à ce qui en a été dit.

Pour la conclusion de ce Chapitre, nous avertissons ici le Fils de la Science, qu'il doit profiter des expériences d'autrui, & se mettre en tête que puisque tant de Gens ont travaillé sur les Minéraux, par une infinité d'Opérations différentes, sans pourtant sapper au but, il faut nécessairement qu'ils ayent erré à l'égard des Principes, & des Fondemens de l'Art, comme le Comte Bernard le justifie par sa propre expérience, nous apprenant qu'il a voyagé presque par tout le Monde sans jamais trouver que des Opérateurs sophistiques, lesquels ne travailloient pas en Matiére dûe, mais toujours sur de mauvaises Matiéres, toutes lesquelles il nomme, & condamne en même temps comme inutiles pour l'Oeuvre. Il faut donc qu'il y ait une autre Voie, & une autre Matiére, que les yeux du Vulgaire ne discernent point; car si la Matiére étoit une fois connuë, il est certain qu'après beaucoup d'erreurs, on trouveroit enfin le secret de la bien travailler; mais on voit qu'ils ne la connoissent pas, à cela particuliérement qu'ils se jettent d'erreur en erreur, sans pouvoir jamais s'en dépétrer, ni discerner la moindre vérité: Ils ont toujours dans les mains des Métaux & des Minéraux, & ne sçavent point lesquels sont vifs, lesquels sont morts, lesquels sont sains, lesquels sont malades, & de cette ignorance naît encore une infinité d'autres erreurs, jusqu'à ce qu'après s'être long-temps flattez inutilement, perdant enfin tout espoir, ils ne songent plus qu'à tromper les autres.

CHANT TROISIEME.
Strophe IX.

A quoi servent tous ces divers mélanges ? puisque notre Science renferme tout le Magistére dans une seule Racine, que je vous ai dèja assez fait connoître, & peut-être plus que je ne devois. Cette Racine contient en elle deux Substances, qui n'ont pourtant qu'une seule Essence ; & ces Substances, qui ne sont d'abord Or & Argent qu'en puissance, deviennent enfin Or & Argent en acte, pourvû que nous sçachions bien égaliser leurs poids.

Chapitre IX.

Comme notre Auteur parle ici de l'égalité des poids, nous nous croyons obligez, nonobstant ce que nous en avons dèja dit, d'en instruire de nouveau le Lecteur studieux.

C'est l'office de l'Art & non de la Nature d'observer éxactement le poids en toutes choses. Mais quand la Nature a dèja ses propres poids, comme nous l'avons fait voir dans le Chapitre septiéme, la même Doctrine nous apprend à accommoder nos poids aux poids de la Nature,

& d'y travailler comme elle fait, par voie de purification & d'attraction ; c'est-à-dire, que quand nous avons bien purifié nos Substances, & que de la Nature terrestre nous les avons élevées à la dignité céleste, dans le même moment, & par la force de l'attraction nous pesons nos Elémens dans une si juste proportion, qu'ils demeurent comme balancez, sans qu'une partie puisse surpasser l'autre ; car lorsqu'un Elément égale l'autre en vertu, en sorte, par exemple, que le Fixe ne soit point surmonté par le Volatil, ni le Volatil par le Fixe, alors de cette harmonie naît un juste poids, & un mélange parfait. Cette égalité de poids se voit manifestement dans l'Or vulgaire, & c'est ce qui fait que les vertus des Elémens demeurent tranquilles en lui, sans qu'aucun domine sur l'autre ; mais au contraire, leur force, étant unie par ce moyen, il est capable de résister à toutes les qualités contraires des Elémens survenans du dehors. Dans notre Oeuvre tout de même, lorsqu'un pareil mélange est achevé, nous pouvons dire que nous avons le véritable Or vif des Philosophes, parce que la vie est bien plus abondamment en lui que dans l'Or vulgaire, & qu'il est tout rempli d'Esprits, en sorte qu'on peut le regarder aussi-tôt comme un vrai Mercure, que comme un Soufre. Cela doit suffire au sujet des poids.

CHANT TROISIEME.
Strophe X.

Oui, ces Substances se font Or & Argent actuellement, & par l'égalité de leurs poids, le volatil est fixé en Soufre d'or. O lumineux! ô véritable Or animé! j'adore en toi toutes les merveilles & toutes les vertus du Soleil. Car ton Soufre est un trésor, & le véritable fondement de l'Art, qui meurit en Elixir ce que la Nature méne seulement à la perfection de l'Or.

Chapitre X.

Les Philosophes ont écrit plusieurs choses touchant la vertu de leur Soufre, ou Pierre cachée; & comme, en cette occasion, ils n'ont point déguisé la vérité, mais au contraire l'ont éclaircie le plus qu'ils ont pû, le Lecteur pourra s'instruire suffisamment dans leurs Livres, où il trouvera que ce n'est autre chose que l'Humide radical de la Nature, revêtu & enrichi des qualités du Chaud inné, lequel a le pouvoir d'opérer des choses admirables, & même incroyables; démontrant puissamment ses vertus dans les trois Règnes. Nous avons dèja fait voir ce qu'il peut opérer sur les Animaux : A l'égard des Végétaux, il est sans doute qu'il peut en étendre si fort la vertu, qu'un Arbre portera du fruit trois ou quatre fois l'année, & bien loin que ses forces en soient diminuées, elles en seront augmentées ; car c'est un Soleil terrestre qui épand sans-cesse ses fertiles rayons du Centre à la Circonférence, fortifiant si puissamment la Nature, qu'elle multiplie au centuple. On voit que les Jardiniers ont bien sçu trouver le sécret d'avoir des Roses tous les mois, & de multiplier assez leur vertu, pour la faire aller au-delà du terme ordinaire : Pourquoi donc, par une confortation encore plus grande, ne fera t'on pas croître & multiplier les autres Végétaux ? Et pour ce qui est des Minéraux, ne doit-on pas croire qu'il fera encore sur eux de bien plus grands effets, puisqu'ils ont beaucoup plus de convenance avec sa nature fixe, & que ces effets là seront mille fois plus admirables que ne disent les Auteurs, dont la plûpart ne l'ont pas bien sçu, & les autres l'ont exprès envelopé sous le silence ? Quoiqu'il en soit, nous soutenons que par le moyen de ce grand Sécret, il sera possible à un habile Artiste d'étendre si loin la force & la vertu des choses, que ce qu'il opérera, paroîtra miraculeux & surnaturel, sur-tout s'il sçait bien

bien se prévaloir de la connoissance qu'il aura des vertus simpathiques.

À l'égard de ce qu'on dit que par notre Pierre, le Verre est rendu malleable, la chose est fort incertaine, quoique par raison elle soit possible, puisque la malléabilité ou l'extension provient d'une certaine oléaginité fixe & radicale, qui conglutine les choses, & les unit par leurs plus petites parties, en quoi notre Pierre abonde extrêmement. Le verre étant donc une très-pure portion de terre & d'eau privée de son Humide radical, comme nous avons fait voir au Chapitre du Mercure, il ne seroit pas surprenant qu'en lui redonnant un nouvel Humide radical, ses parties se conglutinassent, & fissent ensemble un certain Être homogéne. Enfin une infinité de miracles se peuvent faire par cette voie-là, lesquels ne seront pourtant que l'effet de la simple Magie naturelle, mais que les Ignorans croiront être des productions du Démon, ne faisant pas réfléxion que c'est un sacrilege & une impiété que d'attribuer à ce malin Esprit ce qui est dû à la seule Nature, ou à l'Auteur de la Nature.

Au lieu d'Epilogue, nous avertissons seulement le Lecteur, que s'il lit ces choses dans l'esprit d'une sage curiosité, & avec le désir de s'instruire, nous voulons bien consacrer avec joie cet Ecrit à son loisir, afin qu'il en puisse retirer le fruit qu'il souhaite, à proportion de l'étendüe & de la capacité de son esprit, ce que nous prions Dieu de lui accorder. Mais il doit sçavoir aussi que tout Don parfait vient du Pére des Lumiéres, & qu'il est écrit que la Sapience n'entrera jamais dans une Ame soüillée, & qu'on aura beau avoir l'esprit subtil, ou une profonde érudition, si le Très-Haut ne daigne regarder en pitié ceux qui l'invoqueront en sincérité de cœur, & ne leur accorde gratuitement ce grand Don. Quiconque donc s'approchera sans cette véritable disposition, s'en retournera sans aucun fruit. Nous protestons au reste que si nous avons avancé quelque chose contre la Foi Catholique & Chrétienne, directement ou indirectement, nous voulons que cela soit tenu pour non écrit ; reconnoissant que le principal point du Philosophe est de marcher selon la régle de JESUS-CHRIST le Rédempteur, & de craindre sur toutes choses Dieu notre Souverain Juge.

F I N du Troisiéme Volume.

TABLE

Des Chapitres contenus dans ce Troisiéme Volume.

LES douze Clefs de Philosophie de Frère Bazile Valentin, Religieux de l'Ordre de Saint Benoît, page 1
Avant-Propos, Livre I.
Livre II. Première Clef de l'Oeuvre des Philosophes, de la Préparation de la premiere Matiere, 23
Deuxiéme Clef de l'Oeuvre des Philosophes, 27
3ᵉ Clef de l'Oeuvre des Philosophes, 30
4ᵉ Clef de l'Oeuvre des Phylosophes, 33
5ᵉ Clef de l'Oeuvre des Philosophes, 36
6ᵉ Clef de l'Oeuvre des Philosophes, 40
7ᵉ Clef de l'Oeuvre des Philosophes, 43
8ᵉ Clef de l'Oeuvre des Philosophes, 47
9ᵉ Clef de l'Oeuvre des Philosophes, 56
10ᵉ Clef de l'Oeuvre des Philosophes, 61
11ᵉ Clef de l'Oeuvre des Philosophes, 65
12ᵉ Clef de l'Oeuvre des Philosophes, 68
De la premiere Matiere de la Pierre des Philosophes, 70
Livre III. Contenant en abregé une Répétition de tout ce qui est enseigné dans les

TABLE.

Traités des douze Clefs de la Pierre précieuse des Philosophes, page 72
Du Mercure. Prémier Principe de l'Oeuvre des Philosophes, 75
Du Soufre. Second Principe de l'Oeuvre des Philosophes, 76
Du Sel. Troisième Principe de l'Oeuvre des Philosophes, 77
Prémiére Addition, contenant les Enseignemens de l'Oeuvre des Philosophes, 81
Seconde Addition, pour les mêmes Opérations, ibid.
L'Azot, ou le Moyen de faire l'Or caché des Philosophes, du Frére Bazile Valentin, Prémiére Partie. 84
L'Azot, ou le Moyen de faire l'Or caché des Philosophes, Seconde Partie. 155
La Table d'Emeraude d'Hermès, ou les Paroles des Secrets de ce Philosophe 158
Les Paroles d'Hermès dans son Pimandre, 160
Le Symbole de Frére Bazile Valentin, 161
Le Symbole nouveau, 162
Matiére prémiére, 165
Opération du Mistére Philosophique. Prémiére Figure, 167
Seconde Figure, 168
Troisième Figure, ibid.
Quatriéme Figure, 169
Cinquiéme Figure, 170
Sixiéme Figure, 172

TABLE.

L'Oeuvre Universel des Philosophes, 174
Déclaration d'Adolphe, 175
Le Symbole de Saturne, 179
L'Ancienne Guerre des Chevaliers, ou le Triomphe Hermétique, 181
Entretien d'Eudoxe & de Pyrophile sur l'Ancienne Guerre des Chevaliers, 204
Lettre aux vrais Disciples d'Hermès, contenant six principales Clefs de la Philosophie secrete, 293
La Lumière sortant par soi-même des Ténèbres, 322
Poème sur la Composition de la Pierre des Philosophes, traduits de l'Italien, avec un Commentaire, Chant Prémier. ibid.
Chant deuxiéme, 326
Chant Troisiéme, 329
Avant-Propos, 334
Chant Prémier, Strophe I. 351
Chant Prémier, Strophe II. 361
Chant Prémier, Strophe III. 381
Chant Prémier, Strophe IV. 381
Chant Prémier, Strophe V. 390
Chant Prémier, Strophe VI. 401
Chant Premier, Strophe VII. 409
Chant Deuxiéme, Strophe I. 421
Chant Deuxiéme, Strophe II. 432
Chant Deuxiéme, Strophe III. 441
Chant Deuxiéme, Strophe IV. 454
Chant Deuxiéme, Strophe V. 458
Chant Deuxiéme, Strophe VI. 461

TABLE.

Chant Deuxiéme, Strophe VII. pag. 465
Chant Deuxiéme, Strophe VIII. 479
Chant Troisiéme, Strophe I. 482
Chant Troisiéme, Strophe II. 489
Chant Troisiéme, Strophe III. 490
Chant Troisiéme, Strophe IV. 498
Chant Troisiéme, Strophe V. 501
Chant Troisiéme, Strophe VI. 506
Chant Troisiéme, Strophe VII. 509
Chant Troisiéme, Strophe VIII. 511
Chant Troisiéme, Strophe IX. 517
Chant Troisiéme, Strophe X. 519

Fin de la Table du Troisiéme Volume.

www.ingramcontent.com/pod-product-compliance
Lightning Source LLC
Chambersburg PA
CBHW051406230426
43669CB00011B/1780